高等职业教育（本科）电子信息课程群系列教材

计算机网络原理及应用

主　编　唐继勇　叶　坤　孙梦娜

副主编　刘思伶　吴翰青　龚云平　何云乾

中国水利水电出版社
www.waterpub.com.cn

·北京·

内 容 提 要

本书系统地介绍了计算机网络的基本概念、基本原理、典型协议及实现技术等，全书分为 6 个模块，分别是走进网络精彩世界——计算机网络概述、规划网络宏伟蓝图——网络体系结构、构筑网络高速公路——数据通信基础、构建网络共享平台——局域网技术、扩展网络立体空间——网络互联技术，以及续写网络美丽篇章——Internet 的应用。学习模块包括学习情境、学习提示（含学习路线）、学习目标、课前评估、课堂同步、动手实践、课后检测、拓展提高等教学指导环节，注重引导读者从中华优秀文化思想和哲学思维的高度去认识计算机网络，实现了素质、知识、能力培养的有机统一。同时，本书还配有丰富且优质的教学资源，可供读者使用。

本书线索清晰、结构新颖、概念准确、内容严谨、图文并茂，并且语言精简、诙谐，书中很多内容都与生活实例类比。本书可作为高等职业教育（本科）电子信息大类专业的"计算机网络基础""计算机网络原理"等课程的教材，也可作为相关培训机构的培训资料和网络技术爱好者的参考书。本书还兼顾了读者的考研需求，对考研大纲的内容进行了介绍，纳入了一些考研真题。

图书在版编目（CIP）数据

计算机网络原理及应用 / 唐继勇，叶坤，孙梦娜主编. -- 北京：中国水利水电出版社，2025.1.
（高等职业教育（本科）电子信息课程群系列教材）.
ISBN 978-7-5226-3011-3

Ⅰ. TP393

中国国家版本馆 CIP 数据核字第 20247NJ045 号

策划编辑：寇文杰　　责任编辑：张玉玲　　加工编辑：刘 瑜　　封面设计：李 佳

书　名	高等职业教育（本科）电子信息课程群系列教材 计算机网络原理及应用 JISUANJI WANGLUO YUANLI JI YINGYONG
作　者	主　编　唐继勇　叶　坤　孙梦娜 副主编　刘思伶　吴翰青　龚云平　何云乾
出版发行	中国水利水电出版社 （北京市海淀区玉渊潭南路 1 号 D 座　100038） 网址：www.waterpub.com.cn E-mail：mchannel@263.net（答疑） 　　　　sales@mwr.gov.cn 电话：（010）68545888（营销中心）、82562819（组稿）
经　售	北京科水图书销售有限公司 电话：（010）68545874、63202643 全国各地新华书店和相关出版物销售网点
排　版	北京万水电子信息有限公司
印　刷	三河市德贤弘印务有限公司
规　格	184mm×260mm　16 开本　16.25 印张　416 千字
版　次	2025 年 1 月第 1 版　2025 年 1 月第 1 次印刷
印　数	0001—2000 册
定　价	58.00 元

凡购买我社图书，如有缺页、倒页、脱页的，本社营销中心负责调换

版权所有·侵权必究

前　言

党的二十大报告提出：坚持把发展经济的着力点放在实体经济上，推进新型工业化，加快建设制造强国、质量强国、航天强国、交通强国、网络强国、数字中国。2024年，是网络强国战略目标提出10周年，也是我国全功能接入国际互联网30周年。今天，计算机网络与各个行业有机融合，新产业、新技术、新业态不断涌现，计算机网络也迎来了更加广阔的发展空间。与此同时，社会对计算机网络人才的需求也越来越迫切。我国要实现从"网络大国"到"网络强国"的飞跃，人才是关键，而教育又是人才培养的关键。计算机网络基础课程在网络人才的教育中发挥着重要作用，它已成为计算机类专业及相关专业的学生必须掌握的基础知识，同时也是广大从事计算机应用和信息管理的人员应该掌握的基本知识。

本书依据"面向基础、面向实际应用、面向未来发展"的理念，立足于高层次技术技能人才的培养需求。本书主要内容包括计算机网络的基本概念、协议与体系结构、局域网技术、网络互联与路由等，覆盖全国研究生入学考试计算机学科专业基础综合考试（408）计算机网络课程的考核点。全书规划为6个模块，具体如下：

模块1：介绍计算机网络的基本概念、性能、组成、分类和发展趋势，这是全书的基本内容。

模块2：介绍计算机网络的体系结构，对OSI参考模型与TCP/IP参考模型进行了比较和分析，介绍了IP地址的基本概念，使学生对计算机网络体系结构有一个初步了解。

模块3：介绍数据通信的基本概念、数据传输介质、数据编码技术、信道复用技术、宽带接入技术等，为初学者学习数据通信技术奠定基础。

模块4：介绍局域网、以太网、介质访问控制、可靠传输机制、虚拟局域网、无线局域网技术等，为学生构建主流网络提供了保障。

模块5：介绍网络互联的基本概念、类型、互联网络协议TCP/IP、虚拟网络的概念及与之配合使用的ARP、ICMP等协议的作用，重点介绍了IP地址与硬件地址的关系、IP层转发分组的流程、子网与子网掩码等关键技术，以及NAT、IPv6、移动IP、SDN等扩展IP技术等，学生可以切实地了解因特网是怎样工作的。

模块6：介绍传输层的基本概念，比较深入地讨论了TCP和UDP这两种协议，详细地阐述了应用层的服务及其工作原理，主要包括Web服务、FTP服务、Telnet、DHCP、电子邮件、SNMP等服务类型，为学生提供系统的网络应用技术知识和应用指导。

本书的编写团队在进行课程研究的同时，探索出一种让课程素养新理念"进教材、进课堂、进头脑"的教学思路，以全面贯彻党的教育方针，落实立德树人的根本任务，培养德智体美劳全面发展的社会主义建设者和接班人。本书在编写过程中体现了以下4个特色。

1. 服务国家战略，产教融合校企双元，编写阵容强

教材由学校和企业共同开发，深化产教融合，强调从理论知识到实践案例再到迁移应用，适合职业院校学生认知水平。学习模块设计的学习情境、学习提示（含学习路线）、学习目标、课前评估、课堂同步、动手实践、课后检测、拓展提高等环节，实现了素质、知识、能力培养的有机统一。

2. 强化素质教育，目标聚焦同向同行，协同效应好

以习近平新时代中国特色社会主义思想为引领，落实立德树人的根本任务和社会主义核心价值观"三进"要求。本书结合"网络的产生源于生产生活的实际需求，其原理与生活中的各种道理息息相通"的课程特点，引导学生从中华优秀文化思想和哲学思维的高度去认识计算机网络，不仅利于学生掌握网络知识和网络技术，还能够帮助学生树立正确的价值观。

3. 创新编写体例，从扶到放循序渐进，借鉴价值高

本书构建了6个模块，内容上从介绍一个最简单的网络——双机互联开始，涵盖了计算机网络规划、建设、应用和管理的全过程。每个模块规划多个教学主题，以每个主题为授课单元。教师可以根据教学时长、专业方向和学生的职业兴趣进行选择性教学，满足不同专业学习"计算机网络原理""计算机网络基础"课程的不同需要。

4. 创新教材形态，多元结合资源立体，使用价值高

运用现代信息技术创新教材呈现形式，将传统教材、课堂、教学资源融合为新形态一体化教材，建立了线上与线下学习有机结合、理论学习与实践学习一体、自学与自测兼备的多元立体资源。对于比较抽象的知识点、技能点，制作短小精炼的动画、微课视频，将这些信息化资源以二维码形式嵌入教材，帮助学生更好地理解知识，直观体验复杂的工作过程，满足其随时随地进行自主学习的需要，为学生提供可听可看可感的学习体验。

本书由重庆电子科技职业大学唐继勇、叶坤、孙梦娜任主编，重庆电子科技职业大学刘思伶、北京神州数码云科信息有限公司吴翰青、重庆电子科技职业大学龚云平、何云乾任副主编。其中，模块1由何云乾编写，模块2由刘思伶编写，模块3由孙梦娜编写，模块4由吴翰青、龚云平编写，模块5由唐继勇编写，模块6由叶坤编写。

限于编者水平，书中难免存在不妥之处，恳请广大读者不吝赐教，以便编者对本书进行修正。编者联系方式：402316186@qq.com。

编　者
2024 年 8 月

目 录

前言

模块 1　走进网络精彩世界——计算机网络概述 … 1
　主题 1　认识计算机网络 … 1
　　1.1　信息交互方式概述 … 3
　　1.2　信息网络交互的特点 … 3
　　1.3　计算机网络的概念 … 3
　　　1.3.1　计算机网络的定义 … 3
　　　1.3.2　计算机网络的功能 … 4
　　1.4　计算机网络的性能指标 … 5
　　　1.4.1　速率 … 5
　　　1.4.2　带宽 … 6
　　　1.4.3　吞吐量 … 7
　　　1.4.4　时延 … 7
　　　1.4.5　往返时间 … 8
　　　1.4.6　时延带宽积 … 8
　　　1.4.7　利用率 … 9
　主题 2　计算机网络的表示 … 10
　　1.5　计算机网络拓扑结构的概念 … 11
　　1.6　计算机网络拓扑结构的表示 … 11
　　1.7　计算机网络拓扑结构的分类 … 13
　　　1.7.1　总线拓扑结构 … 13
　　　1.7.2　星形拓扑结构 … 14
　　　1.7.3　环形拓扑结构 … 14
　　　1.7.4　网状拓扑结构 … 15
　主题 3　计算机网络的组成和分类 … 15
　　1.8　计算机网络的物理构成 … 17
　　　1.8.1　终端设备 … 17
　　　1.8.2　中间设备 … 17
　　　1.8.3　传输介质 … 17
　　1.9　计算机网络的逻辑组成 … 17
　　　1.9.1　资源子网 … 18
　　　1.9.2　通信子网 … 18
　　1.10　Internet 的网络组成 … 18
　　　1.10.1　边缘部分 … 19
　　　1.10.2　核心交换部分 … 19
　　1.11　计算机网络的分类 … 19
　　　1.11.1　按数据传输方式 … 19
　　　1.11.2　按覆盖的地理范围 … 20
　　　1.11.3　按数据交换方式 … 23
　主题 4　计算机网络的发展和趋势 … 25
　　1.12　计算机网络的发展过程 … 26
　　　1.12.1　数据通信型网络阶段 … 26
　　　1.12.2　资源共享型网络阶段 … 26
　　　1.12.3　标准系统型网络阶段 … 26
　　　1.12.4　高速综合型网络阶段 … 26
　　1.13　因特网的标准化工作和管理机构 … 27
　　　1.13.1　标准化委员会 … 27
　　　1.13.2　因特网的标准化工作 … 27
　　　1.13.3　因特网的管理机构 … 27
　　1.14　计算机网络的发展趋势 … 28
　　　1.14.1　超高清视频与互联网融合催生新的应用场景 … 28
　　　1.14.2　互联网虚拟现实与增强现实技术丰富用户体验 … 29
　　　1.14.3　无线传输介质成为主流 … 29
　　　1.14.4　智能化网络的构建 … 30

模块 2　规划网络宏伟蓝图——网络体系结构 … 32
　主题 1　计算机网络协议分层结构 … 33
　　2.1　层次结构 … 34
　　2.2　网络协议及协议栈 … 35
　　　2.2.1　网络协议的概念 … 35
　　　2.2.2　网络协议的要素 … 35
　　　2.2.3　网络协议栈 … 36
　　　2.2.4　网络协议的格式 … 37
　　2.3　计算机网络体系结构 … 37
　主题 2　计算机网络模型 … 38
　　2.4　OSI 参考模型 … 39

2.4.1 OSI 参考模型的基本概念 ……… 40
2.4.2 OSI 参考模型的层次结构 ……… 40
2.4.3 OSI 参考模型的各层功能 ……… 41
2.5 TCP/IP 模型 ……… 41
2.5.1 TCP/IP 模型概述 ……… 41
2.5.2 TCP/IP 模型各层功能 ……… 42
2.5.3 5 层参考模型 ……… 43
2.5.4 5 层参考模型的各层协议数据单元 ……… 43
主题 3 计算机网络 IP 地址 ……… 44
2.6 IP 编址方式 ……… 46
2.6.1 IP 地址的表示 ……… 46
2.6.2 IP 地址的结构 ……… 46
2.7 IP 地址的分类 ……… 47
2.8 掩码的作用 ……… 48
2.8.1 掩码的概念 ……… 48
2.8.2 默认掩码 ……… 48
2.9 默认网关 ……… 49
2.10 IP 地址的配置管理 ……… 49

模块 3 构筑网络高速公路——数据通信基础 51
主题 1 数据通信方式 ……… 52
3.1 并行通信与串行通信 ……… 53
3.1.1 并行通信 ……… 53
3.1.2 串行通信 ……… 54
3.2 通信双方的交互方向 ……… 55
3.2.1 单工通信 ……… 55
3.2.2 半双工通信 ……… 55
3.2.3 全双工通信 ……… 56
3.3 异步传输与同步传输 ……… 56
3.3.1 异步传输 ……… 56
3.3.2 同步传输 ……… 57
主题 2 常见传输介质 ……… 58
3.4 传输介质的特性 ……… 59
3.5 双绞线 ……… 60
3.5.1 双绞线的分类 ……… 60
3.5.2 双绞线的特性 ……… 61
3.5.3 网线连接组件 ……… 61
3.5.4 网线的制作标准 ……… 62
3.5.5 3 种网线类型及其作用 ……… 62

3.6 同轴电缆 ……… 63
3.6.1 基带同轴电缆 ……… 63
3.6.2 宽带同轴电缆 ……… 63
3.7 光纤 ……… 64
3.7.1 光电转换 ……… 64
3.7.2 光纤分类 ……… 64
3.7.3 光纤特性 ……… 65
3.7.4 光纤的连接组件 ……… 65
主题 3 数据编码技术 ……… 66
3.8 基带编码 ……… 68
3.8.1 不归零编码 ……… 68
3.8.2 曼彻斯特编码 ……… 69
3.8.3 差分曼彻斯特编码 ……… 69
3.9 频带调制 ……… 69
3.9.1 幅移键控 ……… 70
3.9.2 频移键控 ……… 70
3.9.3 相移键控 ……… 70
3.10 混合调制 ……… 70
3.10.1 多进制调制 ……… 70
3.10.2 正交振幅调制 ……… 71
3.11 信道的极限容量 ……… 72
3.11.1 奈奎斯特定理 ……… 72
3.11.2 香农定理 ……… 73
主题 4 信道复用技术 ……… 74
3.12 频分多路复用 ……… 75
3.13 时分多路复用 ……… 76
3.13.1 同步时分多路复用 ……… 76
3.13.2 异步时分多路复用 ……… 76
3.14 波分多路复用 ……… 77
3.15 码分复用 ……… 78
3.15.1 CDM 的工作原理 ……… 78
3.15.2 CDM 的特性 ……… 79
主题 5 网络互联实体 ……… 80
3.16 RS-232C 接口标准简介 ……… 81
3.16.1 RS-232C 的机械特性 ……… 82
3.16.2 RS-232C 的电气特性 ……… 82
3.16.3 RS-232C 的功能特性 ……… 82
3.16.4 RS-232C 的规程特性 ……… 83
3.17 组帧 ……… 83

3.17.1 字节计数法……83
3.17.2 带字节填充的首位标识法……84
3.17.3 带比特填充的首位标识法……84
3.17.4 编码违例法……85
3.18 高级数据链路控制……86
3.18.1 HDLC 概述……86
3.18.2 HDLC 帧格式……87
3.19 点到点协议……88
3.19.1 PPP 帧格式……88
3.19.2 PPP 的工作原理……89
3.20 以太网上的点到点协议……89
主题 6 宽带接入技术……90
3.21 传统电话接入技术……91
3.22 ADSL 接入技术……92
3.23 混合光纤同轴接入技术……93
3.24 光纤接入技术……94
3.25 以太网接入技术……95
3.26 无线接入技术……95

模块 4 构建网络共享平台——局域网技术……97
主题 1 局域网体系结构……98
4.1 局域网概述……99
4.1.1 网络拓扑结构……99
4.1.2 网络传输技术……99
4.1.3 介质访问方法……99
4.2 以太网的发展……99
4.3 IEEE 802 实现模型……100
4.3.1 物理层的主要功能……100
4.3.2 数据链路层的主要功能……101
4.3.3 IEEE 802 系列标准……101
主题 2 介质访问技术……102
4.4 CSMA/CD 协议……104
4.4.1 CSMA/CD 的工作原理……104
4.4.2 CSMA/CD 的工作流程……106
4.4.3 总线以太网的信道利用率……107
4.4.4 CSMA/CD 的应用场合……107
4.5 以太网网卡简介……108
4.5.1 网卡与传输介质的接口……108
4.5.2 网卡与主机的接口……108
4.5.3 以太网数据链路控制器……108

4.6 MAC 地址的基本概念……108
4.6.1 MAC 地址的定义……109
4.6.2 MAC 地址的组成……109
4.6.3 MAC 地址的类型……110
4.6.4 MAC 地址的管理……110
4.6.5 MAC 地址的作用……110
主题 3 以太网帧格式与操作……111
4.7 以太网帧结构……112
4.8 差错控制……113
4.8.1 差错控制方法……113
4.8.2 海明码……114
4.8.3 奇偶校验码……116
4.8.4 循环冗余码……117
4.9 流量控制……118
4.9.1 基本停—等流量控制……118
4.9.2 滑动窗口流量控制……119
4.10 可靠传输控制……120
4.10.1 差错控制停—等协议……121
4.10.2 连续 ARQ 协议……122
4.10.3 选择重传 ARQ 协议……123
主题 4 以太网技术……125
4.11 以太网的组网规范……125
4.11.1 以太网的命名原则……126
4.11.2 物理层组网设备介绍……126
4.11.3 以太网物理层标准……127
4.12 快速以太网技术……127
4.12.1 100Mbit/s 以太网标准……128
4.12.2 100Mbit/s 以太网应用举例……128
4.13 1000Mbit/s 以太网技术……128
4.13.1 1000Mbit/s 以太网标准……129
4.13.2 1000Mbit/s 以太网应用举例……129
4.14 10Gbit/s 以太网技术……129
4.15 40/100Gbit/s 以太网技术……130
4.15.1 40/100Gbit/s 以太网的特点……130
4.15.2 40/100Gbit/s 以太网技术的应用……130
4.16 交换式以太网……130
4.16.1 交换式以太网的基本概念……130
4.16.2 交换式以太网的应用实例……131
主题 5 交换式局域网……132

4.17 交换机的工作原理 133	主题 2 IP 数据包格式 158
4.18 交换机的数据转发方式 133	5.5 IP 数据包 159
4.18.1 直通交换 134	5.5.1 首部字段功能说明 159
4.18.2 存储转发交换 134	5.5.2 分片与重组 161
4.18.3 无（免）碎片交换 134	5.5.3 IP 数据包分片操作举例 162
4.19 交换机与集线器的区别 134	主题 3 定长子网掩码划分 164
4.19.1 工作层次不同 135	5.6 划分子网的概念 165
4.19.2 转发机制不同 135	5.6.1 划分子网的原因 165
4.19.3 带宽分配方式不同 135	5.6.2 划分子网的定义 166
4.19.4 通信方式不同 135	5.7 子网掩码的概念 166
4.20 交换机的连接方式 135	5.7.1 子网掩码的表示方法 166
4.20.1 级联 135	5.7.2 子网掩码的作用 167
4.20.2 堆叠 135	5.8 定长子网掩码划分方法 167
4.20.3 级联和堆叠的区别 136	主题 4 变长子网掩码划分 170
主题 6 虚拟局域网 137	5.9 变长子网掩码的基本概念 171
4.21 冲突域与广播域 137	5.9.1 定长子网掩码划分方法的不足 171
4.21.1 冲突和冲突域 137	5.9.2 变长子网掩码的定义 171
4.21.2 广播和广播域 138	5.9.3 变长子网掩码划分方法 171
4.21.3 冲突域与广播域比较 138	5.10 CIDR 技术 173
4.22 虚拟局域网技术 139	5.10.1 CIDR 的表示方法 173
4.22.1 VLAN 的优点 140	5.10.2 CIDR 的使用条件 174
4.22.2 VLAN 的分类 140	5.11 网络地址转换技术 175
主题 7 无线局域网 141	5.11.1 NAT 的工作过程 176
4.23 无线局域网简介 142	5.11.2 NAT 的实现方式 176
4.23.1 WLAN 协议栈 142	5.12 移动 IP 技术 177
4.23.2 CSMA/CA 的工作原理 144	5.12.1 移动 IP 的概念 177
4.23.3 WLAN 的常用组件 146	5.12.2 移动 IP 的通信过程 177
4.23.4 WLAN 实现举例 147	主题 5 扩展 IP 技术 179
模块 5 扩展网络立体空间——网络互联技术 149	5.13 IPv4 协议的主要问题 179
主题 1 网络互联 150	5.14 IPv6 协议的改进措施 180
5.1 网络互联概述 151	5.15 IPv6 协议数据单元 181
5.2 IP 协议简介 152	5.16 IPv6 地址表示 182
5.3 ARP 153	5.17 IPv6 地址类型 183
5.3.1 ARP 的作用 153	5.18 IPv6 过渡技术 184
5.3.2 ARP 的工作过程 154	5.18.1 双栈技术 185
5.4 ICMP 155	5.18.2 隧道技术 185
5.4.1 ICMP 报文类型 156	5.19 IP 多播技术 186
5.4.2 ICMP 报文格式 156	5.19.1 IP 多播技术的概念 186
5.4.3 ICMP 的典型应用 156	5.19.2 IP 多播地址 187

  5.19.3 局域网上的硬件多播……………187
  5.19.4 IP 多播需要的两种协议…………188
 5.20 软件定义网络…………………………188
  5.20.1 SDN 概述………………………189
  5.20.2 SDN 架构………………………189
  5.20.3 SDN 的工作流程………………190

主题 6 互联设备……………………………192
 5.21 互联设备比较…………………………193
 5.22 路由器的基本概念……………………193
 5.23 路由器的组成部件……………………194
  5.23.1 硬件组成………………………194
  5.23.2 软件组成………………………195
 5.24 路由器的工作原理……………………196
  5.24.1 路由表…………………………196
  5.24.2 路由器的工作过程……………196
 5.25 路由器的基本配置……………………197
  5.25.1 路由器的配置方法……………197
  5.25.2 路由器的工作模式……………198

主题 7 静态路由配置………………………199
 5.26 静态路由………………………………200
  5.26.1 静态路由的概念………………200
  5.26.2 直连路由………………………201
  5.26.3 静态路由配置命令介绍………201
  5.26.4 默认路由………………………202

主题 8 动态路由协议………………………202
 5.27 动态路由协议概述……………………203
  5.27.1 动态路由协议的度量值………204
  5.27.2 动态路由协议的工作过程……205
  5.27.3 动态路由协议的分类…………205
  5.27.4 距离矢量路由协议……………206
  5.27.5 链路状态路由协议……………206
  5.27.6 边界网关协议…………………208
  5.27.7 管理距离………………………210

模块 6 续写网络美丽篇章——Internet 的应用··213
主题 1 传输层概述…………………………214
 6.1 传输层协议概述………………………215
  6.1.1 传输层的地位和上下层之间的
    关系……………………………215
  6.1.2 传输层的功能…………………215

  6.1.3 传输层提供的服务……………216
主题 2 传输层的连接管理和控制技术………218
 6.2 传输层的端口…………………………219
 6.3 传输控制协议…………………………221
  6.3.1 TCP 的主要功能………………221
  6.3.2 TCP 数据段的格式……………222
  6.3.3 TCP 连接的建立………………223
  6.3.4 TCP 连接的释放………………224
 6.4 用户数据报协议………………………225
  6.4.1 UDP 概述………………………225
  6.4.2 UDP 报文格式…………………225
  6.4.3 基于 TCP 与 UDP 的一些
    典型应用………………………226
 6.5 TCP 的可靠传输………………………226
  6.5.1 序号机制………………………226
  6.5.2 确认机制………………………227
  6.5.3 重传机制………………………227
 6.6 TCP 流量控制…………………………228
  6.6.1 滑动窗口机制…………………229
  6.6.2 发送方缓存与窗口之间的关系…229
  6.6.3 接收方缓存与窗口之间的关系…229
  6.6.4 利用滑动窗口机制实现流量
    控制的过程……………………230
  6.6.5 可能出现的死锁问题…………231
 6.7 TCP 的拥塞控制机制…………………232
  6.7.1 拥塞控制概述…………………232
  6.7.2 拥塞控制机制…………………233

主题 3 搭建网络应用平台………………………236
 6.8 C/S 工作模式与 P2P 工作模式………237
  6.8.1 C/S 工作模式…………………237
  6.8.2 P2P 工作模式…………………238
 6.9 动态主机配置协议……………………238
  6.9.1 使用 DHCP 的主要目的………238
  6.9.2 DHCP 的工作过程……………239
 6.10 Web 服务……………………………240
  6.10.1 Web 服务器…………………240
  6.10.2 Web 浏览器…………………240
  6.10.3 页面地址……………………241
  6.10.4 超文本标记语言……………241

6.11 域名系统 ……………………… 241
　6.11.1 域名的层次命名结构 ………… 242
　6.11.2 域名的表示方法 ……………… 243
　6.11.3 域名服务器和域名解析过程 …… 243
　6.11.4 域名、端口号、IP 地址、MAC
　　　　 地址之间的关系 ……………… 244
主题 4　网络资源共享服务 ……………… 245
6.12 E-mail 服务 ……………………… 245
　6.12.1 电子邮件系统 ………………… 245
　6.12.2 电子邮件的传送过程 ………… 246
　6.12.3 电子邮件地址 ………………… 246
6.13 文件传送服务 …………………… 247
　6.13.1 FTP …………………………… 247
　6.13.2 FTP 的工作过程 ……………… 247
6.14 远程登录服务 …………………… 248
　6.14.1 Telnet 的工作原理 …………… 248
　6.14.2 Telnet 的使用 ………………… 249

模块 1　走进网络精彩世界——计算机网络概述

学习情景

有人说:"没有联网的计算机只不过是一座无用的信息孤岛。"可见,计算机网络(Computer Network)在信息社会中具有举足轻重的作用。计算机网络的发展经历了从低级到高级、从简单到复杂、从地区到全球的过程,"网络就是计算机"已经变成现实,地球真正成为了一个传统意义上的村庄,网络彻底颠覆了人们的生活方式、工作方式和学习方式。当然,如果有志成为网络从业者中的一员,对网络的了解就不应该仅仅停留在它的应用层面。要想通过网络来满足我们的需求,就必须掌握计算机网络背后的技术原理。对于技术背景不深但同时又期待在这个行业施展拳脚的人来说,这难免需要经历一个从无到有的积累过程。

学习提示

本模块是总领全书的一个概述性章节,分为 4 个主题,即认识计算机网络、计算机网络的表示、计算机网络的组成和分类,以及计算机网络的发展和趋势,帮助读者对当下的热点概念建立认识,把握网络行业技术发展的脉搏。本模块的学习路线图如图 1.1 所示。

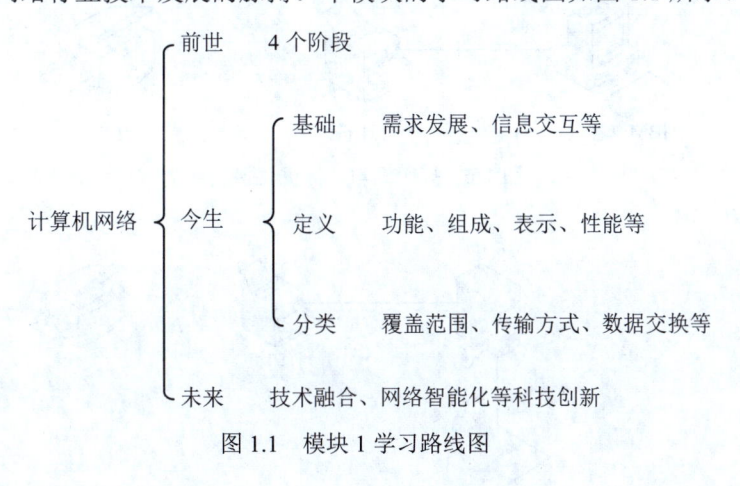

```
                  ┌─ 前世 ── 4 个阶段
                  │         ┌─ 基础 ── 需求发展、信息交互等
计算机网络 ────────┤ 今生 ───┤ 定义 ── 功能、组成、表示、性能等
                  │         └─ 分类 ── 覆盖范围、传输方式、数据交换等
                  └─ 未来 ── 技术融合、网络智能化等科技创新
```

图 1.1　模块 1 学习路线图

主题 1　认识计算机网络

学习目标

通过对本主题的学习达到以下目标。

知识目标：

- 了解信息网络交互与社会发展之间的关系。
- 理解计算机网络的定义。
- 理解计算机网络的主要功能。
- 掌握计算机网络的性能指标。

技能目标：

- 能够使用计算机网络学习与工作。
- 能够描述计算机网络的通用定义。

素质目标：

- 从计算机网络概念的角度，引导学生认识计算机网络蕴含的优秀文化思想。
- 从计算机网络应用的角度，引导学生认识计算机网络对于人类社会的重要性，引导学生认同自己的社会身份，肩负相应的社会责任。

课前评估

在搜索引擎中搜索"计算机网络"，了解计算机网络的相关定义，判断图 1.2 和图 1.3 中哪一幅图反映了计算机网络的概念。其中，IBM 兼容机是指与 IBM 兼容的计算机。

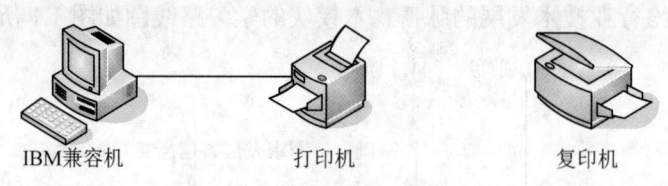

图 1.2 打印机与计算机直接相连

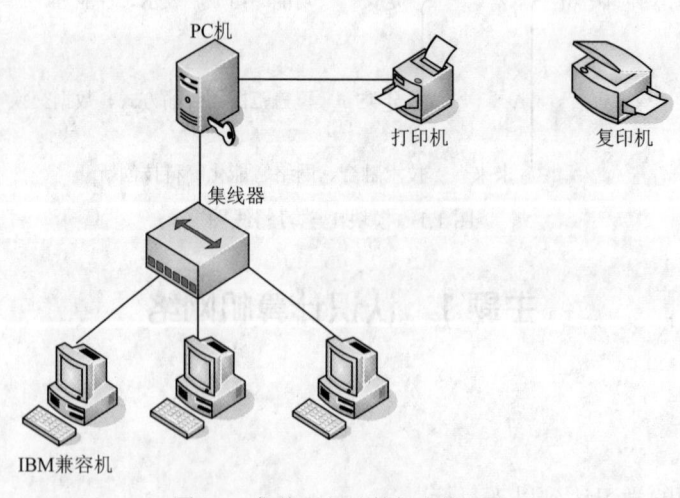

图 1.3 集线器与计算机直接相连

1.1　信息交互方式概述

在社会发展的进程中，语言交互是人类最早、最基本、最直接的信息交互（Information Interaction）方式，但它较难描述复杂的事情和抽象的问题。文字和印刷术的出现弥补了这一空缺，大大促进了社会进步。传统文字信息交互主要通过书店、图书馆、邮政和报刊发行等，它具有信息量大，能够系统地记载和传承，易于传递、学习和共享的优点，但实时性差，难于有效地和计算机、工业自动化等结合起来。

现在，我们生活在信息网络中，信息交互方式种类多，其对社会发展所带来的影响也更加深刻。信息网络已经改变了世界的时空，大家熟知的因特网（Internet）就是信息社会中最重要的信息交互方式。据统计，80%以上的人通过互联网浏览新闻或者收集信息；40%以上的人经常通过电子邮件或搜索引擎来交互信息；90%以上的人在工作和学习中依赖于互联网。很多行业已经被互联网深刻地改变了，如网上支付让现金在一些国家使用的比例逐渐减小，电子商务和网上购物已经对传统购物方式产生了颠覆性影响，可以开展世界范围内的网络直播会议等。信息网络不仅改变了现代社会人们的工作与生活方式，还产生了新的社会组织形态、新商业模式和人际交流模式。

1.2　信息网络交互的特点

网络中能够传输或存储的可识别数字符号统称为数据（Data）。全世界数据容量以每两年翻一番的速度递增，不同类型的数据展现形式不同，如可以通过文字、语音、图像、视频等媒体形式来展现。在现代社会，需要广泛解决生产、服务的协同处理需求，如电子商务的营销、物流、支付、政府服务、交通控制、工业控制等。不难发现，信息交互不但发生在人的身边，而且深入到了社会的各个角落。同时，信息交互的对象不仅仅发生在人与人之间，还可以发生在人与物之间，甚至物与物之间。信息交互要求有很高的时效性，如果重大事件的新闻要到第二天才能看到，那么传播这条新闻的价值会大大降低。另外，信息交互不仅涉及个人隐私的问题，还会涉及国家安全的问题，因此信息交互对安全性也有很高的要求。从方式上看，信息交互呈现多样性的特点，如有一对一（单播）、一对多（多播）、一对所有（广播）和多对多等。

1.3　计算机网络的概念

从前面的讨论可知，网络是信息社会中信息交互和应用的重要基础。这里的网络通常是指有线电视网、公用电话网和计算机网络，其中发展最快并起核心作用的是计算机网络。

1.3.1　计算机网络的定义

计算机网络不但与信息、通信技术和计算机技术紧密相关，还和数学、物理学、社会学等有关联。到现在为止，计算机网络的精确定义并未统一，目前普遍可以接受的定义是，计算机网络是以资源共享为目的，自治、互联的计算机系统的集

计算机网络的定义

合（Set）。这个定义从计算机网络实现的互联目的、联网对象和操作方法3个角度描述了计算机网络的基本特征。现实生活中的计算机网络示意图如图1.4所示。

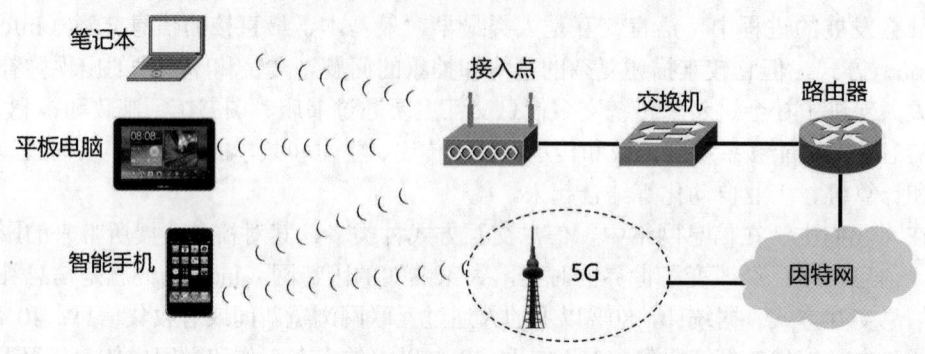

图1.4 现实生活中的计算机网络示意图

1. 互联目的

组建计算机网络的目的是实现资源共享和信息交互。对计算机网络而言，资源所在的计算机系统对用户是不透明的，当用户访问网络中某个计算机系统资源时，需要明确指定该计算机系统；而在分布式系统中则是根据计算任务的需求，自动调度系统中的计算资源，这一过程对用户而言是透明的。从这里可以看出，计算机网络和分布式系统之间是有区别的。

2. 联网对象

计算机网络是由计算机、服务器、工作站等联网对象构成的自治系统。自治系统是指能够独立工作并提供服务的系统。一台计算机和利用该计算机的接口连接多台外部设备（外设）组成的系统不能称为计算机网络，因为外设的工作必须在计算机的控制下才能提供服务。但如果这些外设是网络设备，如网络打印机，则该系统可称为计算机网络。

3. 操作方法

使用计算机网络需要采用合适的操作方法，通过传输介质将联网对象和传输设备连接起来，并遵循相同的传输规则，才能实现计算机之间的通信。

课堂同步

计算机网络可以被理解为（　　）。
A. 执行计算机数据处理的软件模块
B. 自治的计算机互联起来的集合体
C. 多个处理器通过共享内存实现的紧耦合系统
D. 用于共同完成一项任务的分布式系统

1.3.2 计算机网络的功能

时至今日，计算机网络的应用领域越来越广泛，计算机网络的功能也不断拓展，不再局限于资源共享和数据通信。计算机网络的功能可概括为以下5个方面，其主要功能示意图如图1.5所示。

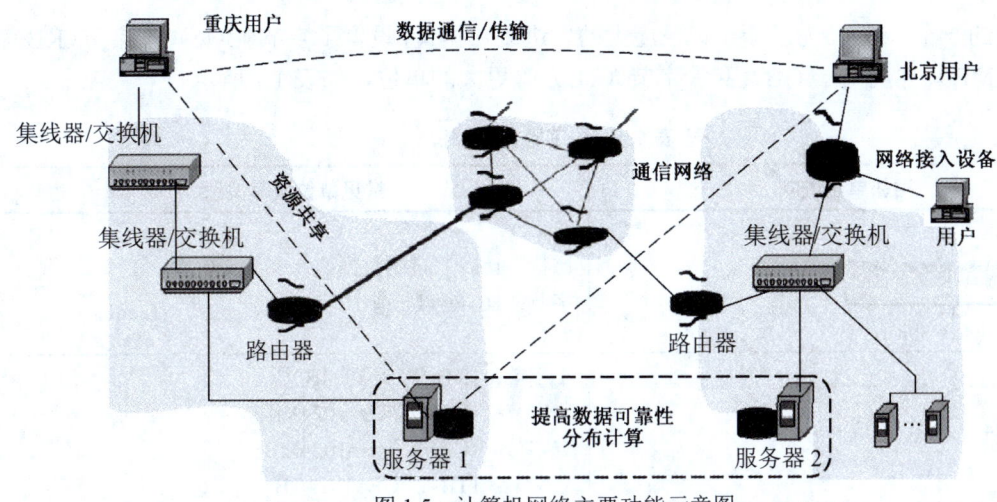

图 1.5 计算机网络主要功能示意图

1. 数据通信

数据通信（Data Communication）是计算机网络最基本的功能之一，如通过网络发送电子邮件、发短信、聊天、远程登录及开展视频会议等。

2. 资源共享

资源共享（Resource Sharing）是计算机网络的核心功能，计算机网络能使网络资源得到充分利用，这些资源包括硬件资源、软件资源、数据资源和信道资源等。

3. 分布式处理

分布式处理（Distributed Processing）是指将要处理的任务分散到各个计算机上运行，而不是集中在一台大型计算机上，这样不仅可以降低软件设计的复杂性，还可以大大提高工作效率和降低成本。

4. 集中管理

对于地理位置分散的组织和部门，可通过计算机网络来实现数据的集中管理（Centralized Management），如数据库情报检索系统、交通运输部门的订票系统、军事指挥系统等。

5. 负载均衡

负载均衡（Load Balancing）是指当网络中某台计算机的任务负荷太重时，可通过对网络和应用程序的控制和管理，将任务负荷分散到网络的其他计算机中，由多台计算机共同完成。

1.4 计算机网络的性能指标

不同的网络用户使用不同的网络应用，可能会有截然不同的使用体验，除了应用本身带来的影响之外，用于承载应用的网络本身的性能指标对用户体验也有着直接的影响。衡量计算机网络性能的指标主要有速率、带宽、吞吐量、时延、往返时间、时延带宽积和利用率。

1.4.1 速率

比特或位（bit）是信息量或二进制数据量的最小单位。在信息化和数字化时代，存储、传输和处理的数据皆是二进制数据，如"0011010101011011…"。其中，一个比特或位即二进制数据中的一个 1 或 0。为了便于记录庞大的二进制数据量，设置了字节（Byte）、千字节（KB）、兆字节（MB）、吉字节（GB）和太字节（TB）等更大的单位，如表 1.1 所示。

表 1.1 数字数据量单位

相邻单位进制	常见单位及其关系
1bit 0 1 1 0 1 1 0 1 0 … 1Byte = 8bit	比特：1bit=二进制数据的一个 1 或 0 字节：1Byte=8bit 或 1B=8bit
2^{10} 或 1024	千字节：1KB=2^{10}B=1024B 兆字节：1MB=2^{10}KB=1024KB 吉字节：1GB=2^{10}MB=1024MB 太字节：1TB=2^{10}GB=1024GB

数据的传输速率简称速率（Rate），也称为数据速率或比特率，以比特每秒（bit/s 或 bps）为最小单位（其他单位如表 1.2 所示），反映计算机网络中数据传输的快慢，如文件传输的速度、网页加载的速度等。计算机网络的实际运行速率受到多种因素的影响，如网络所使用的物理介质、网络设备的性能及网络的当前负载状况等。因此，当提到计算机网络速率时，通常指的是额定速率或标称速率，而非实际网络的运行速率。

表 1.2 数据传输速率单位

相邻单位进制	常见单位及其关系
10^3 或 1000	比特每秒：bit/s 或 bps 千比特每秒：1kbit/s=10^3bit/s=1000bit/s 兆比特每秒：1Mbit/s=10^3kbit/s=1000kbit/s 吉比特每秒：1Gbit/s=10^3Mbit/s=1000Mbit/s 太比特每秒：1Tbit/s=10^3Gbit/s=1000Gbit/s

1.4.2 带宽

在传统通信系统中，带宽（Bandwidth）是指有效发送信号时所包含的各种不同频率成分所占据的频率范围，与传输介质的材质、长度、厚度等物理性质相关，有时也称为物理带宽，其基本单位是赫兹（Hz），常用单位有千赫兹（kHz）、兆赫兹（MHz）和吉赫兹（GHz）等。例如，在图 1.6 所示的介质上传送的电话信号的标准带宽的范围为 0.3～3.4kHz，发送信号的频率在此范围内能通过该介质传输，并能被接收方有效接收，反之不能被有效接收。

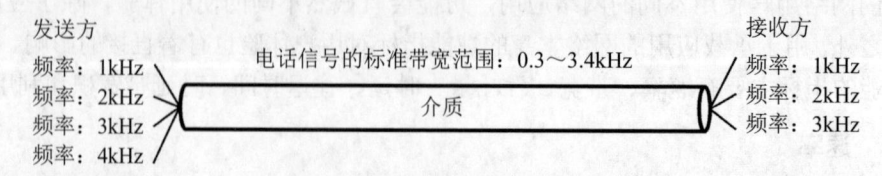

图 1.6 传统通信系统中的带宽

计算机网络中的带宽有时也称为数字带宽，是指在单位时间内所能通过的最高数据速率，用于衡量网络传送的最大能力。数字带宽的单位与网络速率的单位相同，基本单位是比特每秒（bit/s），常用单位有千比特每秒（kbit/s）、兆比特每秒（Mbit/s）和吉比特每秒（Gbit/s）等。例如，家用网络带宽有 100Mbit/s 和 500Mbit/s 等。人们常说的一条链路的带宽越大，网速就越快中的"快"不是指信号在链路上跑得快，而是指在单位时间内发送方可以发送更多的数据，接收方可以接收更多的数据。

物理带宽和数字带宽都表达了信道的承载能力，具体指的是哪一种带宽，要根据上下文而定。这两者之间关系可以使用本书 3.11 节介绍的奈奎斯特定理和香农定理来描述。

1.4.3 吞吐量

吞吐量（Throughput）是指在单位时间内通过某个网络的实际数据量，吞吐量受源网时段、路径带宽、额定速率、设备性能、服务器性能、网络拓扑等多种因素的影响。例如，在图 1.7 所示的带宽为 1Gbit/s 的网络中，R_s 是发送方向网络发送数据的速率，R_r 是接收方从网络接收数据的速率，R_{sr} 是发送方到接收方的转发路径上的最小数据发送速率（假设数据仅沿一条路径进行转发）。此时，图 1.7 所示网络的端到端吞吐量为 $\min\{R_s, R_r, R_{sr}\}$。如果 $R_{sr} > \max\{R_s, R_r\}$，即不考虑网络容量的情况下，则网络的端到端吞吐量为 $\min\{R_s, R_r\}$。

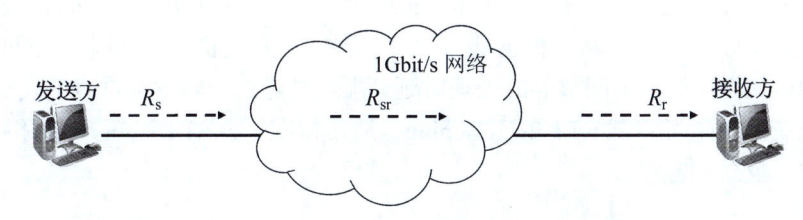

图 1.7 计算机网络中的吞吐量

1.4.4 时延

时延（Latency）是指数据从计算机网络的一端传送到另一端所需要的时间，又称延迟（Delay）。计算机网络中的时延主要有处理时延（$d_{process}$）、排队时延（d_{queue}）、传输时延（$d_{transmission}$）和传播时延（$d_{propagation}$）4 种类别，如表 1.3 所示。

表 1.3 4 种不同时延的具体含义

时延类别	含义	
处理时延	主机或路由器在收到数据时要花费一定的时间进行处理，如数据首部、差错检测等	
排队时延	数据在进入路由器后要先在输入队列中排队等待处理，还要在输出队列中排队等待转发。排队时延的长短往往取决于网络当时的通信量	
传输时延	从发送数据的第一个比特算起，到最后一个比特发送完毕所需的时间	传输延迟=数据长度 D（bit）/数据速率 R（bit/s）
传播时延	电磁波在介质中传播一定的距离时需要花费的时间	传播延迟=介质长度 L（m）/电磁波在信道上的传播速率 V（m/s）

图 1.8 给出了在计算机网络中 4 种时延的产生位置。数据在某个路由器转发时所经历的总时延（d_{total}）为 4 种时延之和，即 $d_{total} = d_{process} + d_{queue} + d_{transmission} + d_{propagation}$。在这 4 种时延中究竟

是哪一种时延占主导地位，必须具体情况具体分析。通常情况下，处理时延相对较小可以忽略不计，排队时延与网络负载有关，传输时延和传播时延是相对稳定的。

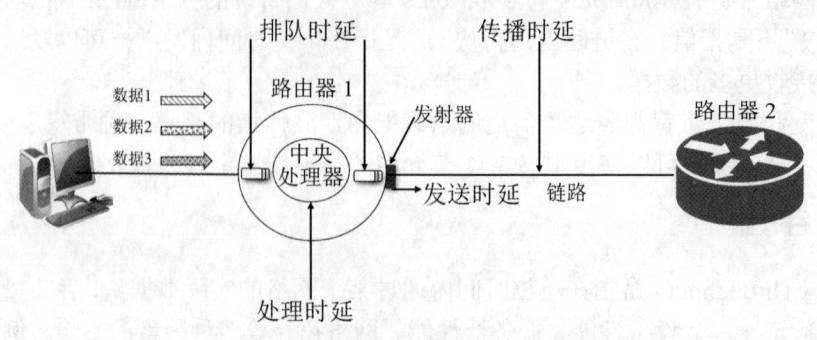

图 1.8　计算机网络中 4 种时延的产生位置

1.4.5　往返时间

在许多情况下，互联网上的数据不是单向传输，而是双向交互，因此需要知道双向交互一次所需的时间，即往返时间（Round-Trip Time，RTT）。在图 1.9 中，主机 A 要与主机 B 进行双向通信，其中的 RTT 是指从主机 A 发送数据开始，直到主机 A 收到来自主机 B 的确认信息为止花费的时间，包括各中间节点的处理时延、排队时延以及转发数据时的发送时延等。绝大多数操作系统提供了可测试 RTT 的工具 ping，通常情况下，RTT 越短，表明网络的数据传输速率就越快，反之则越慢。

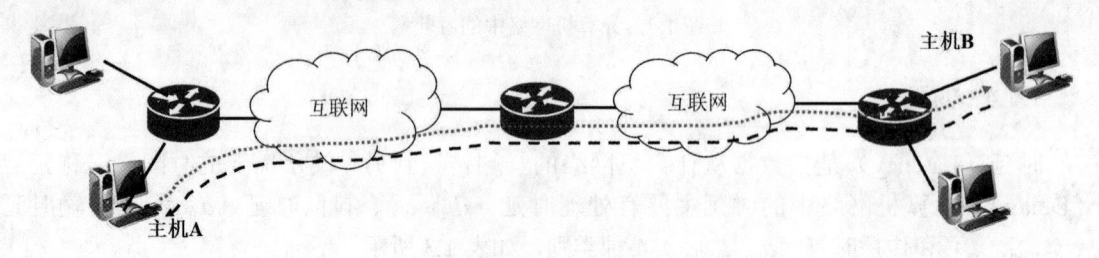

图 1.9　计算机网络中的往返时间

1.4.6　时延带宽积

时延带宽积（Delay-Bandwidth Product，BDP）是传播时延与带宽的乘积。如果将传输链路想象成管道，其长度为传播延迟，横截面积为带宽，时延带宽积则是管道的体积，即管道能够容纳的比特数，如图 1.10 所示。时延带宽积对于构造高性能网络非常重要，其物理意义是接收方在接收到发送方发送来的第一个比特时，发送方已经发送了时延带宽积量值的数据，而接收方的应答需要经过另一个传播时延长度，因此发送方在接收到返回的应答信息时已经发送了两倍时延带宽积的数据。例如，一条越洋光纤的单向时延约为 60ms，假设带宽为 10Gbit/s，则在管道中的数据约为 600Mbit，如果接收方告诉发送方停止发送，则约有 1.2Gbit（150MB）数据在管道中"飞行"。另外，如果发送方没有填满管道就停止发送，则意味着发送方没有充分利用网络资源。

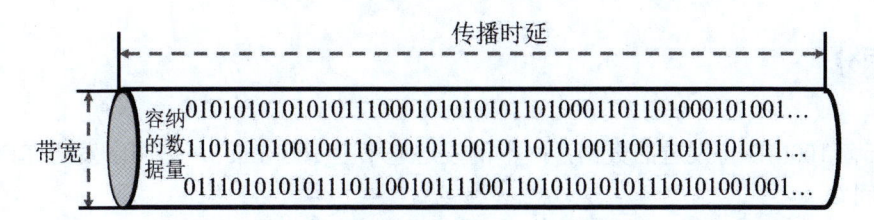

图 1.10　计算机网络中的时延带宽积

1.4.7　利用率

计算机网络中的利用率有信道利用率和网络利用率 2 种。信道利用率表示某信道有百分之几的时间是被利用的（有数据通过），或信道上传输的数据量在信道上可容纳的总数据量中的占比。如果用 L_{data} 表示发送数据的长度，D_{single} 为发送方到接收方的单边时延，B 为信道带宽，$U_{channel}$ 为信道利用率，则使用时延带宽积计算信道的利用率为

$$U_{channel}=L_{data}/(L_{data}+2B\times D_{single}) \tag{1.1}$$

从式（1.1）可以看出，当发送数据长度一定时，带宽越大，信道利用率越低。要使信道利用率达到 100%，时延带宽积必为 0，而网络的需求总是让带宽更大、信号传输更远，时延带宽积只会变得越来越大，信道利用率不可能达到 100%。由此可见，增加信道带宽和提高信道利用率是一对矛盾体。

网络利用率则是指网络中所有信道利用率的加权平均值。根据排队论，当某信道的利用率增大时，该信道所引起的时延也会迅速增加，因此信道利用率并非越高越好。网络时延 D 和网络利用率 U 之间的关系如式（1.2）所示，其中 D_0 表示信道空闲时的时延。

$$D=\frac{D_0}{1-U} \tag{1.2}$$

按照式（1.2）可以画出时延 D 与网络利用率 U 的变化关系，如图 1.11 所示。在图 1.11 中，当网络利用率达到 50%时，时延加倍。当网络利用率接近 100%时，时延趋于无穷大。因此，拥有较大主干网的互联网服务提供商（Internet Service Provider，ISP），通常会控制信道利用率不超过 50%。如果超过 50%就要准备扩容，增大线路的带宽。此外，如果信息利用率过低，则意味着通信资源没有被充分利用，造成了资源的浪费。

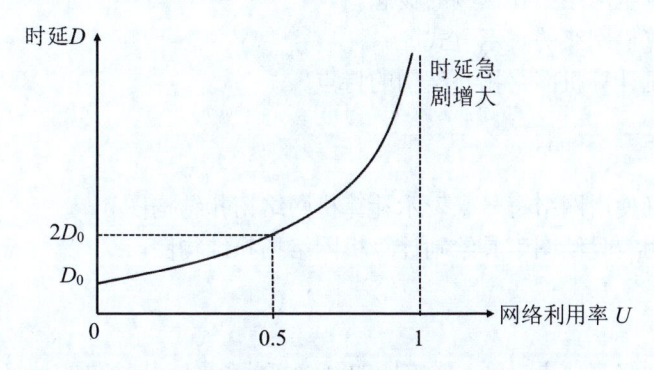

图 1.11　计算机网络中网络利用率与时延之间的关系

课堂同步

1．若有 100MB 待发送的数据，网卡的发送速率为 100Mbit/s，则网卡发送完该数据块需要多长时间？

2．两端传输距离为 1000km，传播速率为 2×10^8m/s，计算数据长度为 10^7bit，发送速率为 100kbit/s 情况下的发送时延和传播时延。

3．一条链路的带宽越宽，传输的最高数据率越高，该表述是否正确？

动手实践

研究网络协作工具

课后检测

模块 1 主题 1 课后检测

主题 2　计算机网络的表示

学习目标

通过对本主题的学习达到以下目标。

知识目标：

- 了解计算机网络拓扑结构的概念。
- 掌握计算机网络的表示方式。
- 掌握常见计算机网络拓扑结构的特点。

技能目标：

- 能够正确使用网络符号来表示计算机网络拓扑结构图。
- 能够使用常见绘图工具绘制计算机网络拓扑结构图。

素质目标：

- 未来的网络需要更灵活、更快捷的网络拓扑结构，从抽象的计算机网络拓扑结构变化形式，引导学生认识"肯定—否定—否定之否定"的规律。

课前评估

1. "点"与"线"之间的关系如图 1.12 所示。把研究的实体抽象成与其大小、形状无关的"点",实体之间的连接抽象成"线",从几何结构上看,图 1.12 反映了哪几种几何形状?从连接关系上看,图 1.12 还能反映其他几何形状么?为什么?

图 1.12　"点"与"线"之间的关系

2. N 个"点"的连接关系如图 1.13 所示。如果把网络中的研究实体,如计算机,视为一个"点",把连接实体的传输介质视为"线",则在图 1.13 所示由 N 个"点"构成的结构图中,分别有多少条"线"连接?

图 1.13　N 个"点"的连接关系

1.5　计算机网络拓扑结构的概念

把计算机网络中的终端设备(Terminal Device)和中间设备(Intermediate Equipment)抽象为"点",把传输介质(Transmission Media)抽象为"线",由"点"和"线"组成的能反映设备之间连接关系的几何图形称为计算机网络拓扑(Computer Network Topology)结构。

网络的拓扑结构影响着整个网络的设计、功能、可靠性和通信费用,是研究计算机网络的主要环节之一。在构建网络时,网络拓扑结构往往是首先要考虑的因素之一。

1.6　计算机网络拓扑结构的表示

网络图通常使用符号来表示构成网络的不同设备和连接,可以让人们容易了解大型网络中设备的连接方式,这种网络图被称为计算机网络拓扑图,计算机网络图示如图 1.14 所示。在图 1.14 中,DSLAM 为数字用户线路接入复用器(Digital Subscriber Line Access Multiplexer);CSU/DSU 为通道服务单元/数据服务单元(Channel Service Unit/Data Service Unit)。

计算机网络拓扑图有两种类型,即物理拓扑图和逻辑拓扑图。物理拓扑图用于识别网络设备和传输介质安装的物理位置,如图 1.15 所示,图中配线间 1 在 107 房间;逻辑拓扑图用于识别设备、端口和编址方案,如图 1.16 所示。要形象直观地表现网络的组织和工作方式,必须具备识别物理网络组件和逻辑表示方式的能力。

图 1.14　计算机网络图示

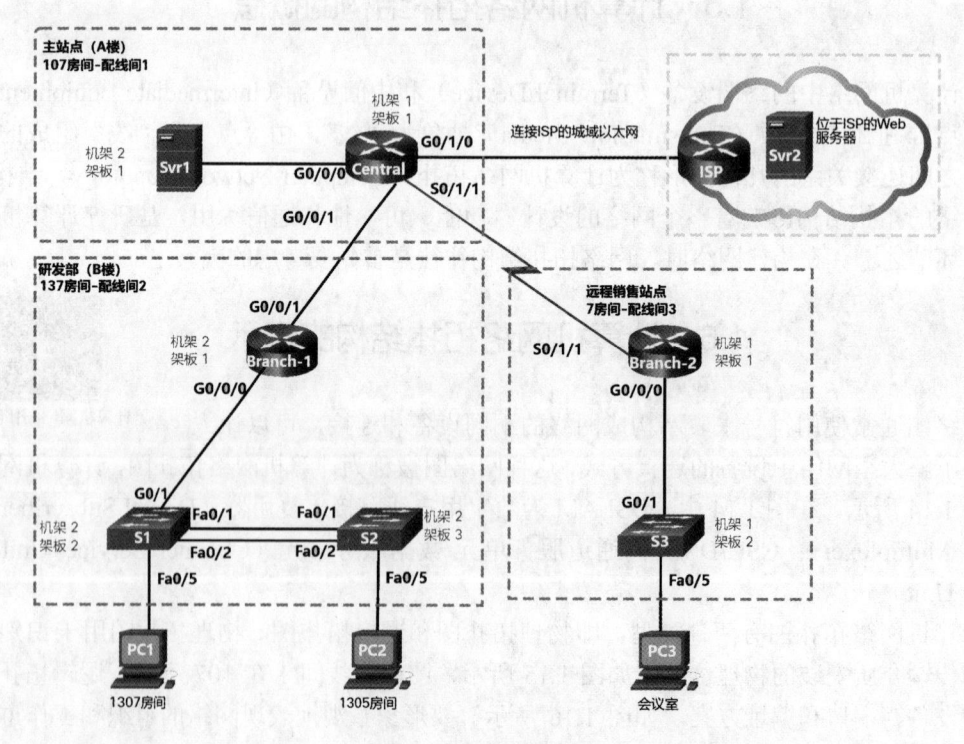

图 1.15　物理拓扑图

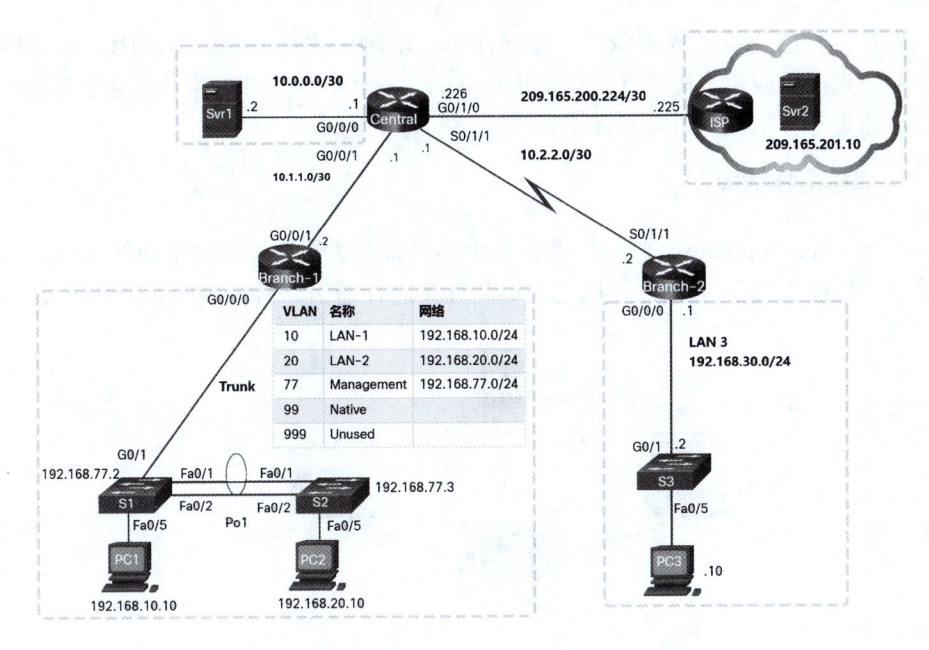

图 1.16　逻辑拓扑图

1.7　计算机网络拓扑结构的分类

不同类型的网络需要采用不同的计算机网络拓扑结构，因此计算机网络拓扑结构是组建网络首先要考虑的因素之一。根据设备之间连接方式的不同，计算机网络拓扑结构可以分为总线、星形、环形和网状等。这些拓扑结构各有利弊，在不同时期、不同场景下的计算机网络组建都有各自的用途。

1.7.1　总线拓扑结构

总线拓扑（Bus Topology）结构将所有计算机都接入同一条通信线路（即传输总线），如图 1.17 所示。计算机之间按广播方式进行通信，每台计算机都能接收总线上传播的信息，但同一时刻只允许一台计算机发送信息。

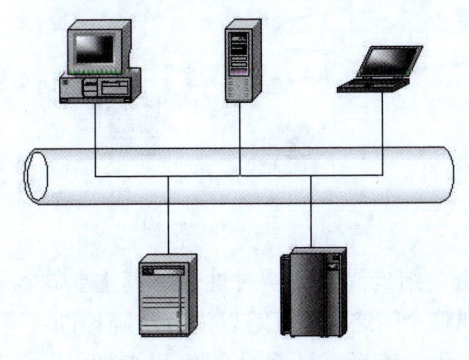

图 1.17　总线拓扑结构

总线拓扑结构的优点是成本较低、布线简单、增删计算机节点容易，因此其在早期的以太网组建中得到广泛应用。其缺点是总线是共享的，多个站点同时传输数据会引起冲突，造成传输失败；如果计算机数量过多，还会降低网络传输的速率。

1.7.2 星形拓扑结构

星形拓扑（Star Topology）结构需要一台中心设备，各计算机通过单独的通信线路直接连接中心设备，如图 1.18 所示。计算机之间不能直接进行通信，必须由中心设备转发。

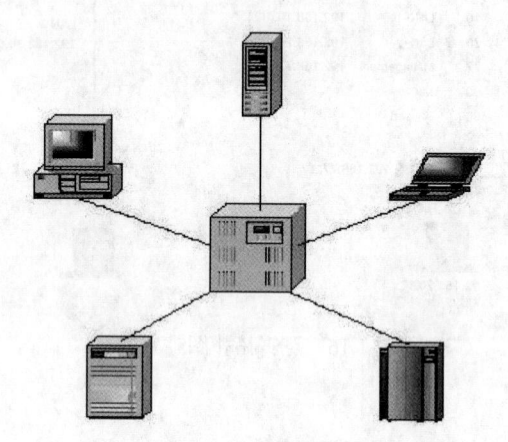

图 1.18　星形拓扑结构

星形拓扑结构的主要优点是结构简单、组网容易、控制方便，计算机故障影响范围小且容易被检测和排除。其主要缺点是通信线路数量多、利用率低；中心设备是全网可靠性的瓶颈，如果中心设备出现故障，则整个网络的通信都会瘫痪。

1.7.3 环形拓扑结构

环形拓扑（Ring Topology）结构中每台计算机都与相邻的计算机直接相连，网络中所有的计算机构成一个闭合的环，环中数据传输方向是单向的，如图 1.19 所示。

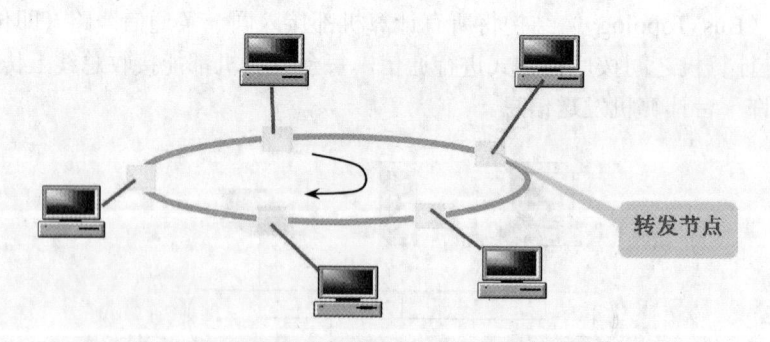

图 1.19　环形拓扑结构

环形拓扑结构的主要优点是结构简单、实时性强。其主要缺点是可靠性较差，环上任何一个节点发生故障都会影响到整个网络，而且难以进行故障诊断；当增加或删除节点时，操作步骤复杂且会干扰整个网络的正常运行。早期的令牌环网就采用了环形拓扑结构。

1.7.4 网状拓扑结构

网状拓扑（Mesh Topology）结构如图 1.20 所示，每台计算机或网络设备至少有两条通信线路与其他设备相连，该网络中无拓扑中心设备，因此也称之为无规则结构。

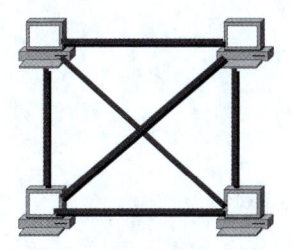

图 1.20 网状拓扑结构

网状拓扑结构的优点是可靠性高，设备之间存在多条连接路径，局部的故障不会影响整个网络的正常工作；缺点是结构复杂、协议复杂、实现困难、不易扩充。

课堂同步

总线拓扑结构和环形拓扑结构被淘汰的主要原因是（　　）。
A．网络建设费用高　　　　　　　B．网络灵活性差
C．网络吞吐量低　　　　　　　　D．网络可靠性低

动手实践

绘制网络拓扑图

课后检测

模块 1 主题 2 课后检测

主题 3　计算机网络的组成和分类

学习目标

通过对本主题的学习达到以下目标。

知识目标：

- 了解计算机网络的物理构成。
- 掌握计算机网络的逻辑组成。
- 掌握常见网络的基本特点。
- 理解分组交换的基本概念。
- 了解因特网的组成。

技能目标：

- 能够认识身边常见的计算机网络。
- 能够分析计算机网络结构。

素质目标：

- 分组交换是计算机网络的基石，引导学生逐步建立"化整为零""积零为整"的哲学思辨思维。

课前评估

不同的人对网络的看法是不同的，部分人可能根本没有网络的概念，而部分人对网络的看法可能来自家中使用的高速 Internet 连接，如数字用户线（Digital Subscriber Line，DSL）或有线电视，如图 1.21 所示。

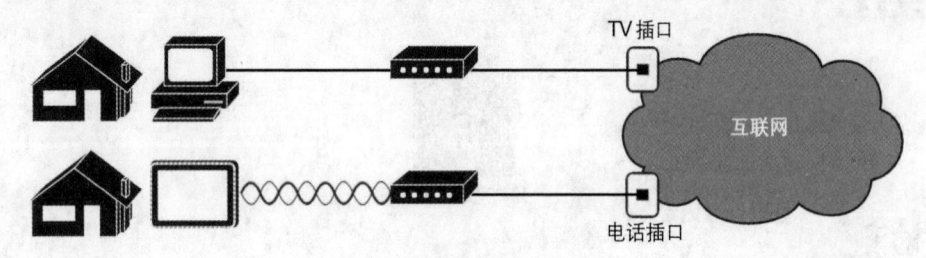

图 1.21　家庭网络接入互联网

企业网络的用户可能对他们公司的企业网络有一些了解，意识到使用网络可以完成许多任务，如图 1.22 所示。

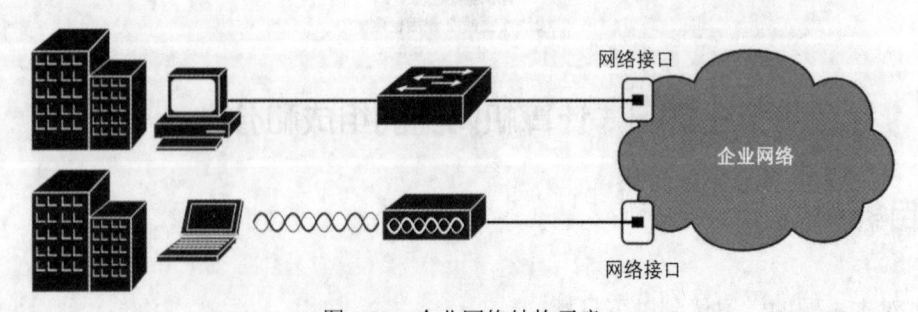

图 1.22　企业网络结构示意

请结合图 1.14 中的计算机网络图示，说出图 1.21、图 1.22 中网络的组件（Component）构成，以及它们所采用的网络拓扑的类型，尽可能说出现实生活中存在的网络名称。

1.8 计算机网络的物理构成

网络没有大小限制，它可以是小到由两台计算机组成的简单网络，也可以是大到连接数百万台设备的超级网络。网络基础设施由终端设备、网络设备和传输介质等网络组件构成，计算机网络的物理构成如图 1.23 所示，它们构成了支持网络的平台，为通信提供了稳定可靠的通道。

图 1.23 计算机网络的物理构成

1.8.1 终端设备

终端设备是发出或接收信息的设备，是人们最熟悉的设备。信息从一个终端设备发出，途经网络，然后到达另一个终端设备。为了区分不同的终端设备，在网络中对每一台终端设备都用一个地址来标识，当一台终端设备发起通信时，会使用目的终端设备的地址来指定应该将消息发送到哪里。常见的终端设备有台式计算机、笔记本电脑、工作站、服务器、智能手机、智能电视和平板等。

1.8.2 中间设备

中间设备将每台终端设备连接起来，并确保数据在网络中传输，还可以将多个独立的网络连接成更大的网络。中间设备使用目的终端设备地址和有关网络互联的信息来决定信息在网络中应该采用的路径，一些较为常用的中间设备有路由器、交换机和防火墙等。在数据流经网络时，对其进行管理也是网络设备的一项职责，包括重新生成和重新传输数据信号、维护有关网络、维护网络中存在的通道信息以及将错误和通信故障通知到其他设备等。

1.8.3 传输介质

网络中的通信都通过传输介质进行，传输介质为信息从源设备传送到目的设备提供了通道，常见的传输介质有双绞线、光纤、无线电波、通信卫星等。现代网络主要使用双绞线、光纤和无线电波 3 种传输介质来连接设备并提供传输数据的途径。不同类型的传输介质有不同的特性和优点，也有不同的用途，这些都是选择传输介质时需要考虑的因素。

1.9 计算机网络的逻辑组成

计算机网络按照所具有的数据通信和数据处理功能，可以划分为资源子网（Resource

Subnet）和通信子网（Communication Subnet）。典型的计算机网络逻辑组成示例如图 1.24 所示。

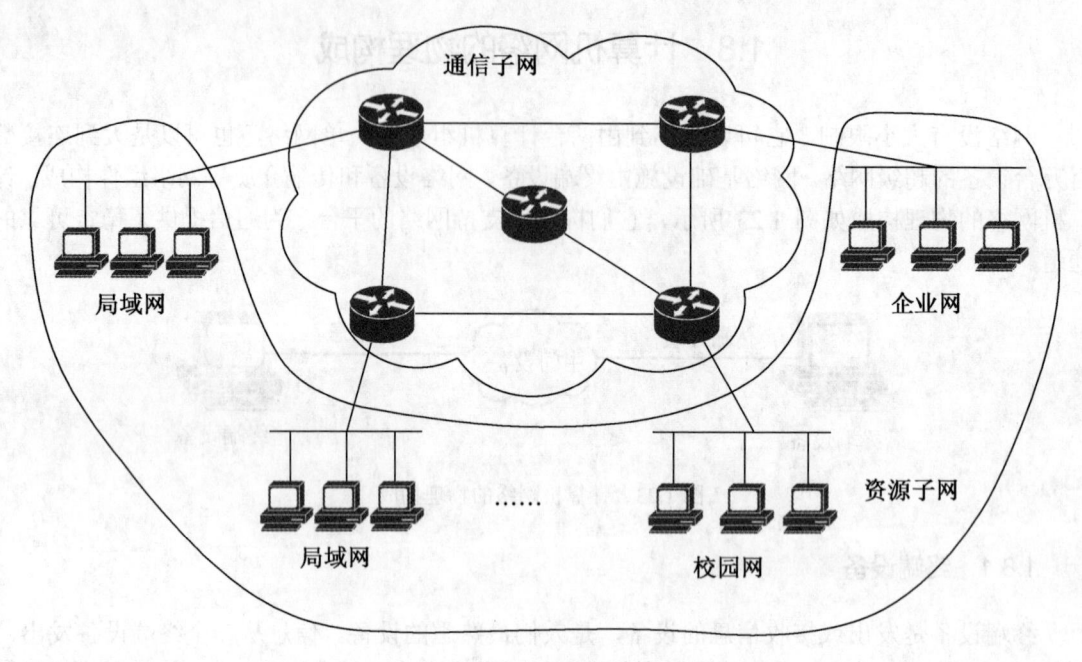

图 1.24 典型的计算机网络逻辑组成示例

1.9.1 资源子网

资源子网负责信息的处理，向用户提供各种网络资源和网络服务，它包括提供资源的主机和请求资源的终端。

1.9.2 通信子网

通信子网负责信息的传递，用于数据的传输、交换连接和通信控制，主要由网络设备和传输介质组成。

计算机网络中的通信子网和资源子网可以分别组建，通信子网可以是私有的或公有的。从图 1.24 中可以看出，通信子网构成了网络的核心，而资源子网处于网络的边缘，是建立在通信子网提供的数据通信服务基础之上的。两级子网的划分为认识计算机网络结构提供了很好的切入点。

1.10 Internet 的网络组成

随着 Internet 的广泛应用，简单的资源子网、通信子网的 2 级结构的网络模型已经很难描述现代 Internet 的结构。虽然 Internet 结构非常复杂，但根据其工作方式的不同，可以划分为边缘部分和核心交换部分，如图 1.25 所示。

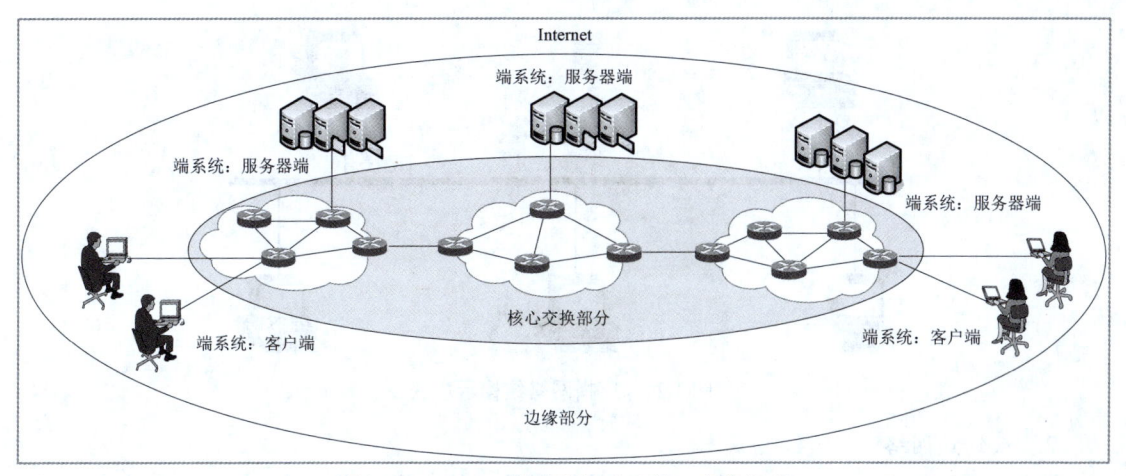

图 1.25　Internet 的边缘部分和核心交换部分

1.10.1　边缘部分

Internet 的边缘部分主要包括大量接入 Internet 的用户设备，如个人计算机（Personal Computer，PC）、视频监控设备、智能手机、智能家电、智能汽车等。边缘部分的用户设备也称为端系统（分为客户端和服务器端，它们统称为主机），是用户能够直接使用的部分，通常采用客户机/服务器（Client/Server，C/S）和对等连接（Peer-to-Peer，P2P）的通信方式来实现数据传输和资源共享功能。

1.10.2　核心交换部分

Internet 的核心交换部分是 Internet 中最复杂的部分，由大量网络和连接这些网络的路由器等构成，为边缘部分中的主机提供端到端的连通性和信息交换服务，使边缘部分中的任何一台主机能够与其他主机通信。

1.11　计算机网络的分类

由于计算机网络的广泛应用，目前在世界上已经出现了多种形式的计算机网络。计算机网络的分类方法多种多样，从不同角度观察和区分网络，有利于全面了解计算机网络的各种特性。下面介绍计算机网络的 3 种常见的分类方法。

1.11.1　按数据传输方式

1. 广播网络

广播网络（Broadcast Network）是指网络中的计算机或设备共享一条通信信道（Channel），其结构示意图如图 1.26 所示。广播（Broadcasting）的特点是任何节点发出的信息报文都可以被其他节点接收，因此要在广播网络中实现正确有效的通信，需要解决寻址（Addressing）和访问冲突（Collision）的问题。

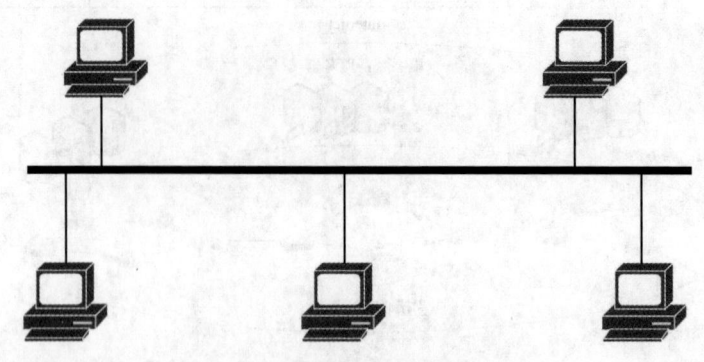

图1.26 广播网络结构示意图

2. 点到点网络

点到点网络（Point-to-Point Network）的特点是一条线路连接一对节点，信息传输采用存储转发（Store and Forward）方式。点到点网络中的计算机或网络设备以点到点的方式进行数据传输。连接两个节点的网络结构可能很复杂，任何两个节点间都可能有多条单独的链路，即从源节点到目的节点可能存在多条可达的路径，因此需要提供关于最佳路径的选择机制，其结构示意图如图1.27所示。采用存储转发与路由选择是点到点网络与广播网络的重要区别之一。

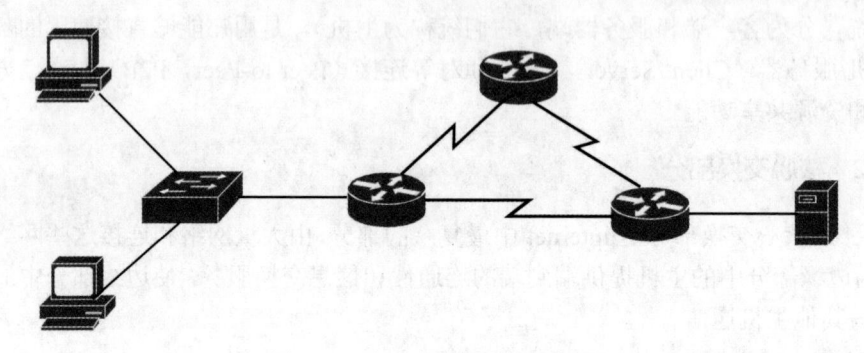

图1.27 点到点网络结构示意图

1.11.2 按覆盖的地理范围

因为地理覆盖范围的不同会直接影响到网络技术的实现与选择，所以按覆盖的地理范围对网络进行划分可以很好地反映不同网络的技术特征，是目前最为常用的一种计算机网络分类方法，如图1.28所示。

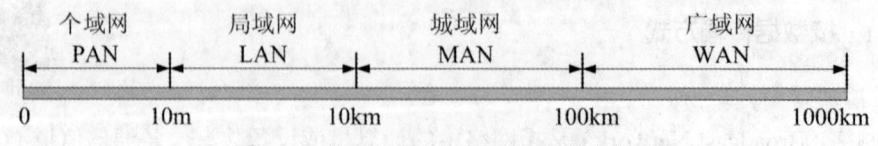

图1.28 按网络覆盖范围进行分类示意图

1. 个域网

个域网（Personal Area Network，PAN）是指围绕某个人搭建的计算机网络，覆盖范围一般小于10m，如图1.29所示，通常包含笔记本电脑、智能手机、个人数字助理（Personal Digital

Assistant，PDA）与平板等。个域网可以使用线缆（如 USB 数据线）来构建，也可以使用无线（如蓝牙）来构建，人们可以利用个域网来传输电子邮件、数码照片或音乐等文件。

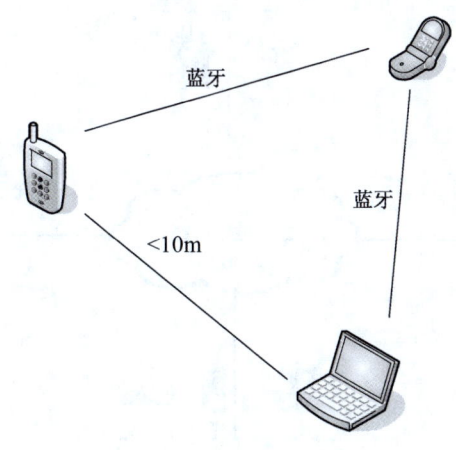

图 1.29　个域网示意图

2. 局域网

局域网（Local Area Network，LAN）是指局限在一个地点、一幢建筑或一组建筑范围内的计算机网络，如图 1.30 所示，学校、中小型企业的网络通常都属于局域网。局域网具有 3 个明显的特点：覆盖范围非常有限；数据传输具有高速率、低延迟和低误码率等特点；由个人或组织所有和管理。

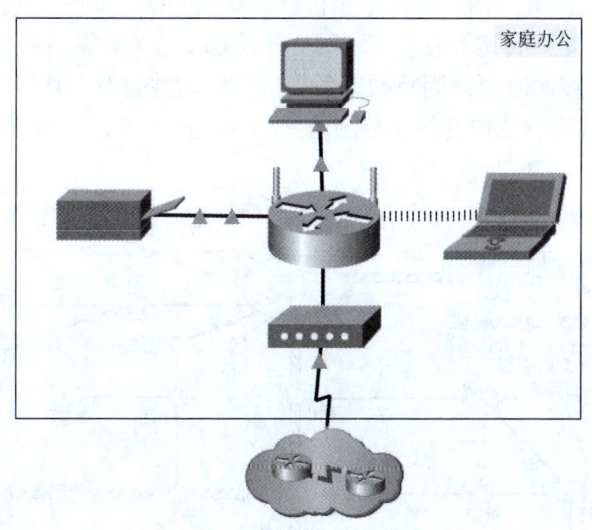

图 1.30　局域网示意图

3. 城域网

城域网（Metropolitan Area Network，MAN）也称为都市网，通常是跨越一个城市或大型校园的计算机网络，由公司或企业拥有和运作，如图 1.31 所示。城域网通常使用高容量的骨干网络技术（光纤）来连接多个局域网，能够在较大区域范围内实现大量用户之间的数据、语音、图片、视频等多种信息的传输，如城市的有线电视网络、宽带网络等。

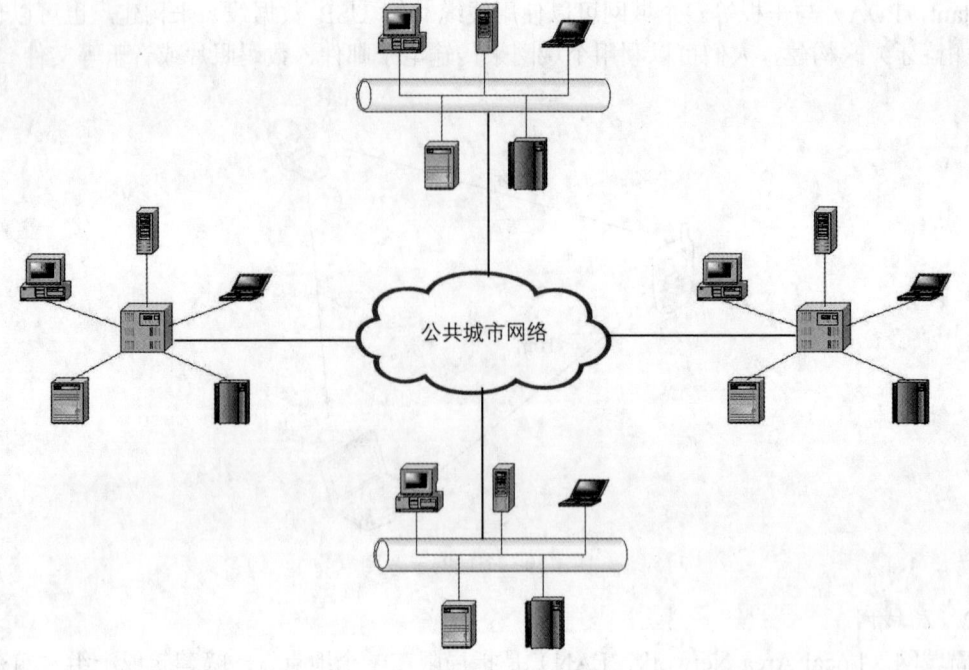

图 1.31　城域网示意图

4. 广域网

广域网（Wide Area Network，WAN）也称为远程网，是指覆盖一个国家甚至全世界的广大区域的计算机网络，如第二代中国教育和科研计算机网络，如图 1.32 所示。广域网是因特网的核心，其任务是长距离传送数据。广域网一般跨越了边界，需要利用公共的和私有的网络基础设施，因此使用广域网时要向因特网服务提供方申请并付费。由于广大的地理覆盖范围及高昂的维护费用，广域网的维护变得十分困难。与局域网相比，广域网的数据传输速率较低。

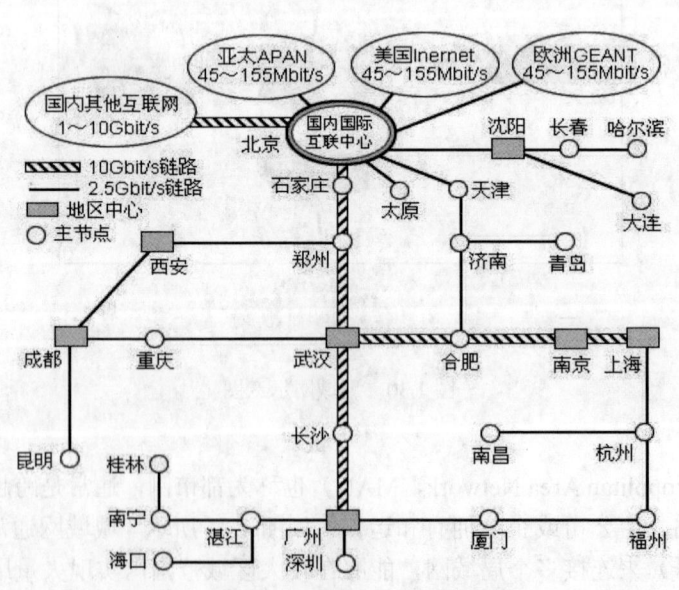

图 1.32　第二代中国教育和科研计算机网络

1.11.3 按数据交换方式

交换又称转接,是现代网络的基本特征,按数据交换方式的不同,计算机网络有电路交换、报文交换和分组交换 3 种数据交换方式。

1. 电路交换

电路交换(Circuit Switching)也称为线路交换,在源节点和目的节点之间建立一条专用的通路用于数据传输,如图 1.33 所示,是根据电话交换原理发展起来的一种直接交换方式。

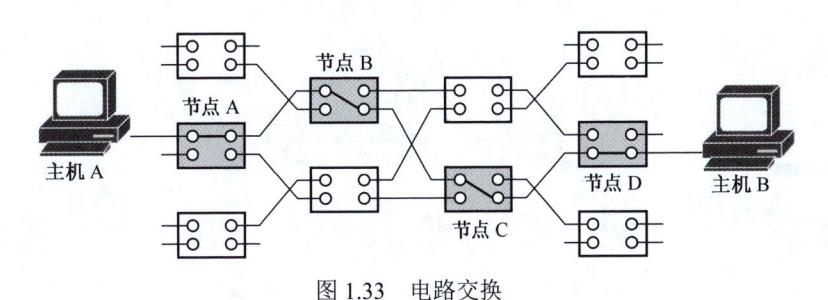

图 1.33 电路交换

电路交换的过程类似于打电话,可分为电路建立、数据传输、电路拆除 3 个步骤。电路交换方式的主要优点是数据传输可靠、迅速;主要缺点是线路利用率低。因此,电路交换适用于传输大量数据的场合,并不适用于计算机网络。

2. 报文交换

报文交换(Message Switching)又称为消息交换,采用存储转发交换原理,发送给下一个节点的是完整的报文,其长度并无限制,如图 1.34 所示。报文中包含目的地址,每个中间节点要为途经的报文选择适当路径,使其能到达目的地。

报文交换的主要优点是提高了线路的利用率;主要缺点是转发速率不高,报文经过网络的延迟时间不确定。

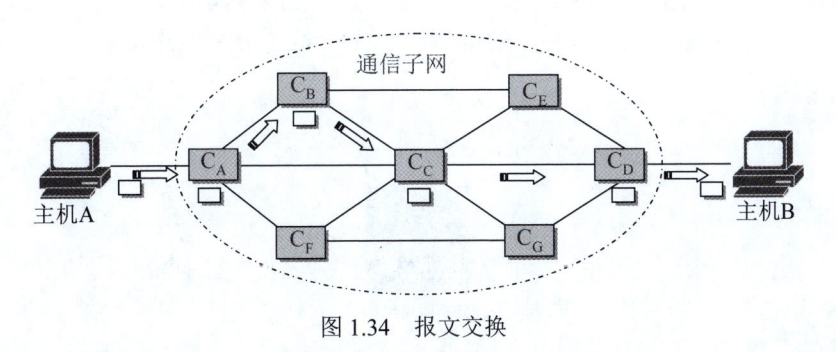

图 1.34 报文交换

3. 分组交换

分组交换(Packet Switching)将报文分解为若干个小的、按一定格式组成的分组(Packet),如图 1.35 所示。这些分组逐个被中间节点采用存储转发的方式传输,最终到达目的端,如图 1.36 所示。由于分组长度有限,可以在中间节点的内存中进行存储处理,使其转发速度大大提高。

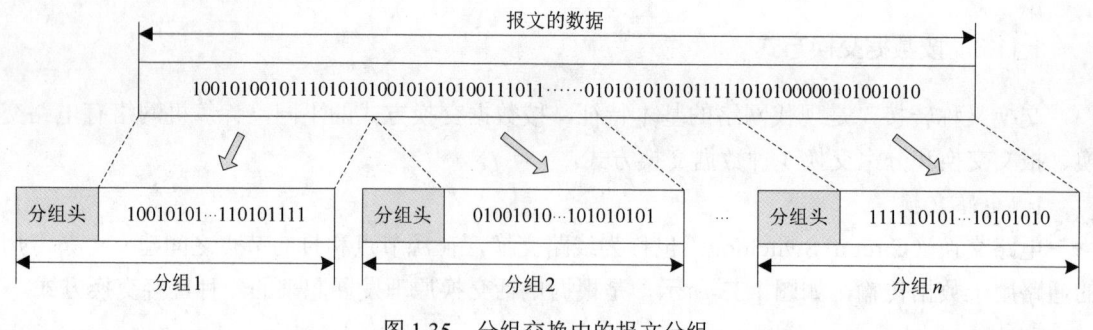

图 1.35　分组交换中的报文分组

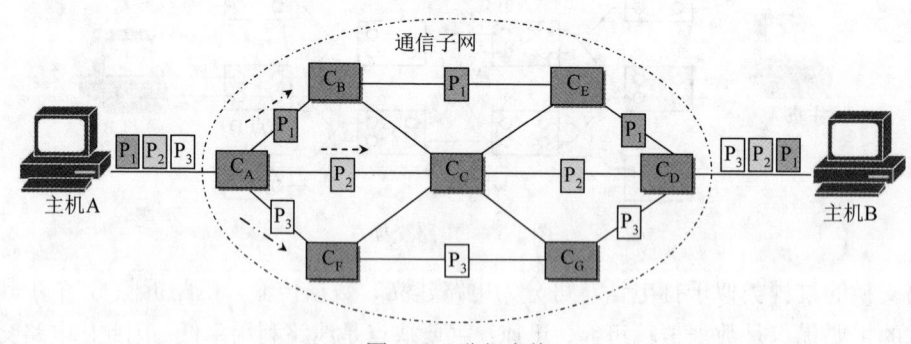

图 1.36　分组交换

分组交换的主要优点是线路利用率高、数据传输效率高和转发速率较高；主要缺点是无法确保分组的有序到达。分组交换技术广泛应用于计算机网络，适用于交换中等或大量数据的情况。

课堂同步

分组交换是互联网的基石，以下描述错误的是（　　）。
A．"天罗地网"式的选择路线　　　　B．采用存储转发方式
C．使用"化整为零，化零为整"的策略　　D．静态分配线路资源

动手实践

分析网络结构

课后检测

模块 1 主题 3 课后检测

主题 4　计算机网络的发展和趋势

学习目标

通过对本主题的学习达到以下目标。

知识目标：

- 了解计算机网络的发展过程。
- 了解 Internet 的标准化工作和管理机构。
- 了解计算机网络的发展趋势。
- 了解计算机网络领域的就业方向。

技能目标：

- 具备在计算机网络领域获得工作机会的能力。

素质目标：

- 了解计算机网络发展史上发生的里程碑事件和科学家做出的杰出贡献，树立正确的人生观和价值观，建立端正的学习态度。
- 了解我国从网络大国向网络强国迈进的过程，激发爱国情怀，增强民族自豪感。

课前评估

电话通信距今已有 300 多年的历史，电话通信系统的拓扑结构如图 1.37 所示。因特网发展至今只有 50 多年的时间，因特网的拓扑结构如图 1.38 所示。

图 1.37　电话通信系统的拓扑结构　　　　图 1.38　因特网的拓扑结构

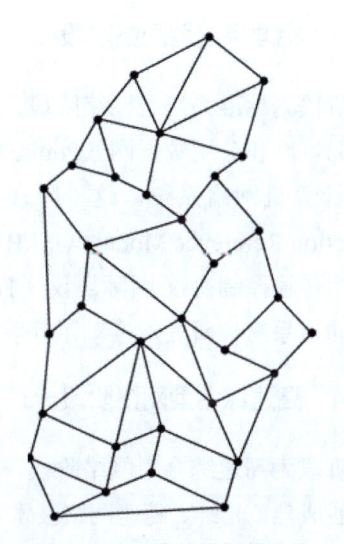

图 1.37 和图 1.38 采用的是何种类型的拓扑结构？这两种拓扑结构中，哪一种可靠性高？因特网在改变世界的过程中所带来的社会影响远比电话通信要大得多的原因是什么？

1.12 计算机网络的发展过程

任何一种新技术的出现都必须具备两个条件，即强烈的社会需求和成熟的先期技术，计算机网络技术的形成与发展也证实了这条规律。计算机网络的发展过程正是计算机技术与通信技术（Computer and Communication，C&C）的融合过程。两者的融合主要表现在两个方面：一是通信技术为计算机之间的数据传递和交换提供了必要手段；二是数字计算机技术的发展渗透到通信技术中，提高了通信网络的性能。纵观计算机网络形成与发展的历史，可以清晰地看出计算机网络技术发展的四个阶段。

1.12.1 数据通信型网络阶段

第一阶段为数据通信型网络阶段，可以追溯到 20 世纪 50 年代。在这一阶段，数据通信技术的研究（提出分组交换的概念）和应用为计算机网络的产生做好了技术准备。

1.12.2 资源共享型网络阶段

第二阶段为资源共享型网络阶段，从 20 世纪 60 年代开始。在这一阶段，美国国防部高级研究计划局（Defence Advanced Research Projects Agency，DARPA）推出了分组交换技术。基于分组交换的 ARPANET（ARPA Network）成功运行，从此计算机网络进入了一个新纪元，它的研究成果对计算机网络技术的发展和理论体系的形成产生了重要作用，并为 Internet 的形成奠定了基础。它对计算机网络技术的突出贡献：证明了分组交换的理论正确性；提出了资源子网和通信子网两级网络结构的概念；采用了层次结构的网络体系结构模型与协议体系。

1.12.3 标准系统型网络阶段

第三阶段为标准系统型网络阶段，大致从 20 世纪 70 年代中期开始。在这一阶段，各种广域网、局域网和公用数据网（Public Data Network，PDN）发展迅速，各计算机厂商相继推出自己的计算机网络系统。这一阶段的主要成果：开放系统互连参考模型（Open System Interconnection/Reference Model，OSI/RM）的研究对网络体系结构的形成与协议标准化起到了重要作用；传输控制协议/网际协议（Transmission Control Protocol/Internet Protocol，TCP/IP）完善了它的体系结构研究，推动了互联网产业的发展。

1.12.4 高速综合型网络阶段

第四阶段为高速综合型网络阶段，从 20 世纪 90 年代开始。在这一阶段，局域网技术已经逐步发展成熟，光纤、高速网络技术、多媒体和智能网络技术相继出现，整个网络发展为以 Internet 为代表的互联网，并且很快进入商业化阶段。这一时期发生了两件标志性的事件：其一，Internet 的始祖 ARPANET 正式停止运行，计算机网络逐渐从最初的 ARPANET 过渡到 Internet 时代；其二，万维网（World Wide Web，WWW）的出现把 Internet 带进全球千百万个家庭和企业，还为成百上千种新的网络服务提供了平台。

1.13 因特网的标准化工作和管理机构

标准可以分为法定标准和事实标准两大类。法定标准是指被官方认可的组织所制定的标准；事实标准是指未被官方认可的组织所确认，但在实际应用中被广泛采用的标准。标准化工作对技术的发展有着巨大的影响，缺乏国际性标准会使技术的发展处于多种技术体制并存且互不兼容的混乱状态。

1.13.1 标准化委员会

尽管世界各地存在许多标准化组织，但是大部分计算机网络标准主要由国际标准化组织（International Organization for Standardization，ISO）、国际电信联盟（International Telecommunication Union，ITU）、电子工业协会（Electronic Industries Alliance，EIA）、电气电子工程师协会（Institute of Electrical and Electronics Engineers，IEEE）和因特网工程任务组（The Internet Engineering Task Force，IETF）等机构制定并发布。

1.13.2 因特网的标准化工作

因特网的标准化工作是面向公众的，其任何一个建议标准在成为因特网标准之前，都以请求评论（Request For Comments，RFC）技术文档的形式在因特网上发表，任何人都可以从因特网上免费下载 RFC 技术文档，并可以随时对某个 RFC 技术文档发表意见和建议。制定因特网的正式标准通常要经过 4 个阶段：互联网草案（Internet Draft）→建议标准（Proposed Standard）→草案标准（Draft Standard）→因特网标准（Internet Standard）。

1.13.3 因特网的管理机构

因特网由因特网协会（Internet Society，ISOC）全面管理，其管理结构如图 1.39 所示。ISOC 下设因特网体系结构委员会（Internet Architecture Board，IAB），负责管理因特网相关协议的开发。IAD 下设因特网工程任务组（Internet Engineering Task Force，IETF）和因特网研究任务组（Internet Research Task Force，IRTF）。其中，IETF 受因特网工程指导小组（Internet Enincering Steering Group，IESG）的领导，其主要关注应用、因特网协议、路由、运行、用户服务、网络管理、传输、下一代因特网协议（Intermet Protocol next generation，IPng）和安全 9 个领域的中短期工程问题；IRTF 受因特网研究指导小组（IntermetRescarch Steering Group，IRSG）的领导，主要关注因特网协议、应用、体系结构和技术等长期研究题目。

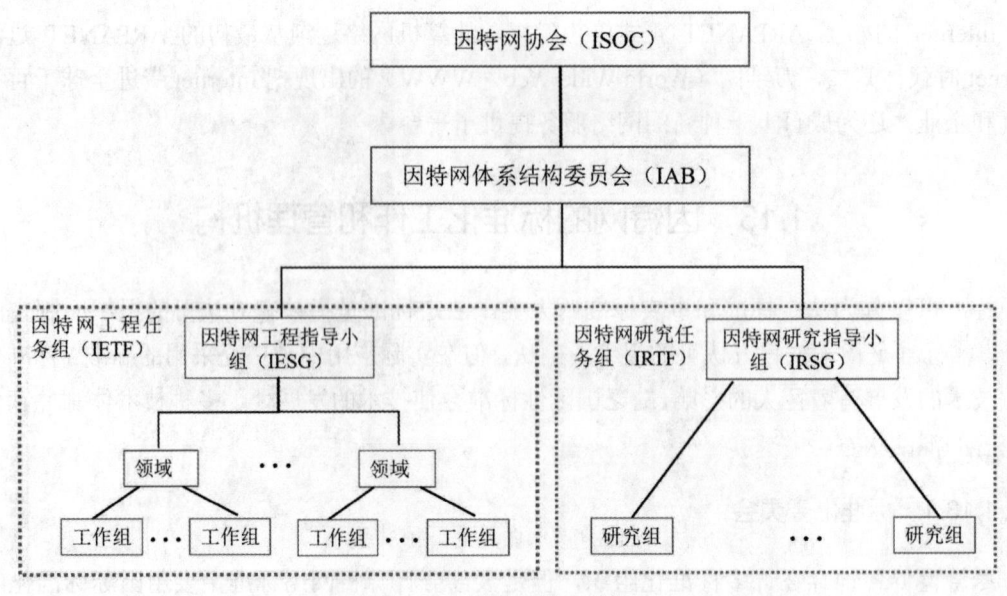

图 1.39　因特网管理结构

1.14　计算机网络的发展趋势

计算机网络涉及领域广泛、技术更新迅速，对社会发展产生了深远的影响，成为与国家发展、社会生活息息相关的重要基础设施。新型网络技术与融媒体、虚拟现实、移动通信和人工智能等新技术深度融合，为传统产业转型升级提供了强大的服务支撑平台，计算机网络成为数字化时代进行信息流通和数据处理的核心，正随着新技术的不断涌现而展现出新的发展趋势。

1.14.1　超高清视频与互联网融合催生新的应用场景

超高清视频技术通过提供前所未有的图像清晰度和细节，为用户带来了逼真和震撼的视觉体验，正引领着多媒体内容制作和传输的新浪潮。随着互联网带宽的提升和流媒体平台的技术优化，超高清多媒体内容能够更顺畅地在不同设备间传输和播放，满足了用户对高质量视听体验的需求。超高清视频的应用不限于电影和电视节目的制作与传播，还在视频会议（图 1.40）、远程教育、在线展览等领域也展现了巨大的潜力，它不仅提升了信息传递的效率和质量，还促进了文化和教育资源的广泛共享。

图 1.40　超高清视频会议沉浸式体验场景

1.14.2 互联网虚拟现实与增强现实技术丰富用户体验

虚拟现实（Virtual Reality，VR）和增强现实（Augmented Reality，AR）技术正在改变人们与数字内容互动的方式。VR 技术通过头戴设备等工具，为用户提供了沉浸式的虚拟环境，广泛应用于游戏、教育、设计等领域。AR 技术则将虚拟信息叠加到现实世界中，增强了用户与现实世界的互动，如图 1.41 所示。互联网企业可以利用 VR 或 AR 技术为用户提供更加丰富的体验。例如，在医疗领域，VR 技术可以用于模拟手术训练，而 AR 技术可以在手术过程中提供实时信息辅助；在零售行业中，AR 技术让消费者在购买前能够直观地看到家具或服装的效果，极大地提升了购物体验和满意度。

图 1.41　AR 技术在互联网中的应用场景

1.14.3 无线传输介质成为主流

5G 网络的部署使无线传输速度得到显著提升，延迟降低，可靠性增强。这些特点使无线网络逐渐成为许多应用场景中的首选连接方式。无线网络的普及促进了移动性和即时接入的发展，用户可以在不受地点限制的情况下享受高速网络服务，这对于紧急医疗、远程教育、智慧城市（图 1.42）等领域尤为重要。例如，在智慧城市建设中，无线网络能够连接各种传感器和设备，收集城市运行数据，优化交通流量管理，提高公共安全水平；在教育领域，无线网络能支持在线课堂和远程学习资源的访问，确保人们无论在何地都能接收高质量的教育资源。

图 1.42　无线网络在智慧城市中的应用

1.14.4 智能化网络的构建

在新质生产力的推动下，计算机网络与云计算、大数据、人工智能（Artificial Intelligence，AI）等新一代信息技术深度融合，网络智能化管理成为新的发展趋势，如图1.43所示。例如，网络运营商能够根据实时数据和使用模式自动调整策略，以应对需求的变化；在数据中心可以监测服务器的工作状态，预测硬件故障并自动调度备用资源，保证服务的连续性和可靠性等。智能网络还能根据用户的使用习惯和偏好，为其提供个性化的服务和内容推荐，增强用户体验和满意度。

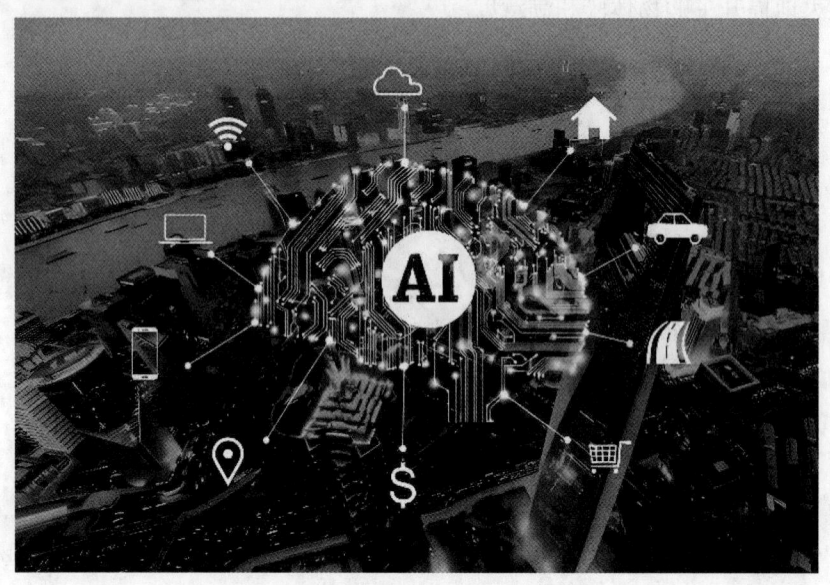

图1.43 网络智能化管理应用场景

动手实践

获得IT和网络领域就业机会

课后检测

模块1主题4课后检测

拓展提高

互联网发展留给人们的启示

互联网作为全球化的产物，已走过 50 多年的历程。在技术、商业、政治和社会的互动与博弈中，互联网已极大地改变了人们的生活和工作方式。

互联网的发展之路，既是时代的必然，又充满了偶然。请学生以时间为线索，借助互联网、文献资料，从技术创新、商业创新和制度创新 3 个维度着手，系统梳理互联网发展历程各阶段的关键事件，总结各个阶段演进的基本规律与内在逻辑，为正在到来的万物互联时代面临的机遇与挑战提供启示和警示。

建议：本部分内容课堂教学为 1 学时（45 分钟）。

模块 2　规划网络宏伟蓝图——网络体系结构

学习情景

在建筑行业中，开工前需要做大量的准备工作，如准备一套规划方案，明确建造该房屋的施工图以及掌握房屋的建造过程。同样地，构建任何计算机网络并不是单纯安装网络设备和铺设通信电缆，而是考虑如何构建现代网络的蓝图，即计算机网络体系结构。计算机网络在诞生之初并没有明确定义其体系结构，这给网络互联带来了很大的困难，为了改变这一状况，必须对计算机网络进行标准化。计算机网络体系结构是指计算机网络层次结构模型，它是各层的协议以及层次之间接口的集合。基于该思想，不同公司、机构与标准化组织定义了不同的计算机网络体系结构，其中最为著名的网络体系结构有两种：一是 1983 年发布的开放系统互连（OSI）参考模型，它为各个厂商提供了一套国际标准，确保全世界各公司提出的不同类型网络之间具有良好的兼容性和互操作性；二是在 1983 年被 ARPANET 所采用的 TCP/IP 模型，是迄今为止发展最成功的通信协议模型，它被用于最大的开放式网络系统——Internet 之上。

学习提示

本模块分为计算机网络协议分层结构、计算机网络模型和计算机网络 IP 地址 3 个主题，从层次、协议和网络体系结构的基本概念出发，对 OSI 参考模型、TCP/IP 模型进行讨论和比较，使学生明白网络体系结构和网络协议这两个概念的重要性，以便学生对计算机网络的工作过程和实现技术建立一个整体认识，为后续学习打下基础。这些内容较为抽象，需要学生在学习过程中结合日常生活中的通信实例，如邮政通信系统及信件的传递过程等信息获取和传递的例子去体会、比较与理解。本模块的学习路线图如图 2.1 所示。

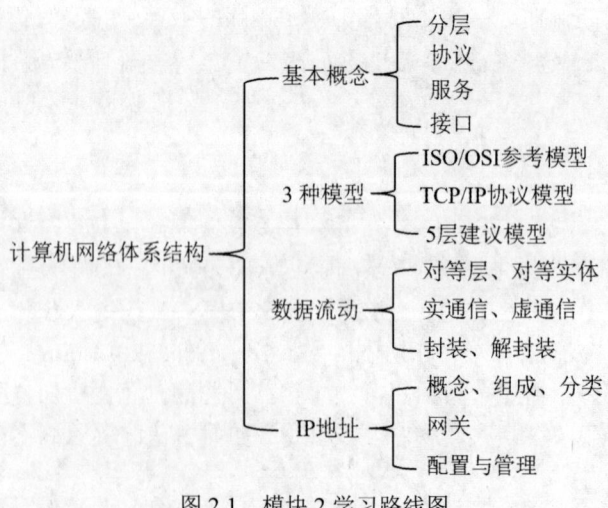

图 2.1　模块 2 学习路线图

主题 1 计算机网络协议分层结构

学习目标

通过对本主题的学习达到以下目标。

知识目标：

- 了解分层结构的好处。
- 理解计算机网络协议对网络通信的作用和遵守规则的意义。
- 掌握计算机网络体系结构的概念。

技能目标：

- 能够安装和使用协议分析工具。

素质目标：

- 通过介绍计算机网络协议的内涵，引导学生遵守规则和纪律，养成遵守法律和约定俗成的社会规则的意识。
- 通过学习协议分层和网络体系结构的概念，培养学生建立化繁为简、分而治之、从抽象到具体的分析与解决问题的思维。

课前评估

1. 图 2.2 所示为三国时期"曹冲称象"的场景，我们从这个故事中得到什么启示？在现实生活中，人们在面对复杂问题时也采用了与此类似的方法来处理，请举例说明。

图 2.2 曹冲称象

2. 假如你在重庆，需要通过书信与美国芝加哥的朋友进行沟通交流。考虑到通信距离较远，信件无法直接由你自己交到你的朋友手中，信件的分拣和投递需要交给邮政局来处理，信件的转送和运输需要交给运输部门来处理。请根据图2.3所示邮政通信系统的业务运行过程，回答下列问题。

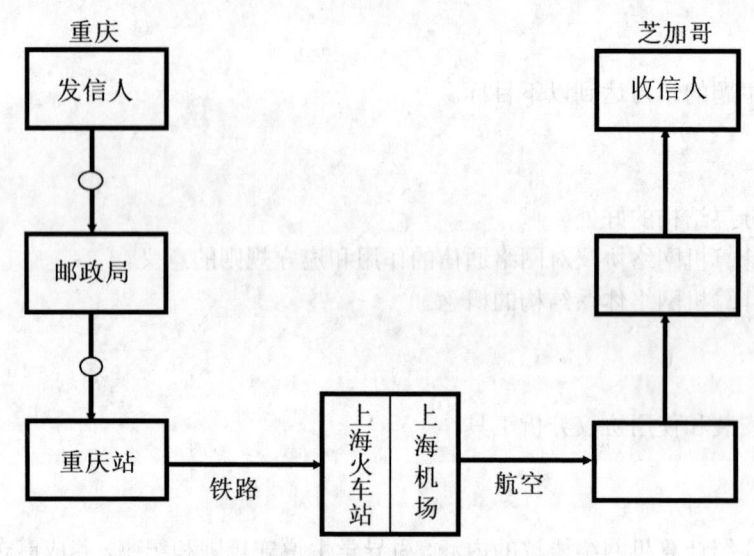

图 2.3 邮政通信系统业务的运行过程

（1）根据提示，将空白处补充完整。
（2）通信双方需要知道去对方的具体路径么？邮政局或运输部门需要了解通信双方的信件内容么？
（3）邮政通信系统从逻辑上划分为几个步骤或几个层次的优点是什么？
（4）将邮政通信系统业务运行过程进一步抽象，画出抽象模型图。

2.1 层次结构

邮政系统涉及世界各地亿万民众信件传送的复杂问题。从图 2.3 可知，不同地区的邮政系统都具有相同的层次，不同层次上明确了不同的功能。邮政系统的设计方法体现了人们处理复杂问题的一种基本思路，大大降低了复杂问题处理的难度，我们可以从中汲取有益的经验。计算机网络是一个复杂的系统，我们将划分层次结构（Hierarchial Structure）作为处理计算机网络问题的基本方法。

根据计算机网络两级子网（通信子网和资源子网）的逻辑结构，可以看出计算机网络层次划分的轮廓，计算机网络的功能被划分为 5 个层次，如图 2.4 所示。

（1）主机、端系统、通信子网和网络中节点间的物理连接处，应划分为一个层次，用于实现物理连接，位置在网络中的各个节点上。
（2）网络中相邻节点之间实现可靠的数据传输，应划分为一个层次，位置在相邻节点上。
（3）源主机和目的主机节点之间实现跨网络的数据传输，应划分为一个层次，位置在传输路径上的各个节点上。

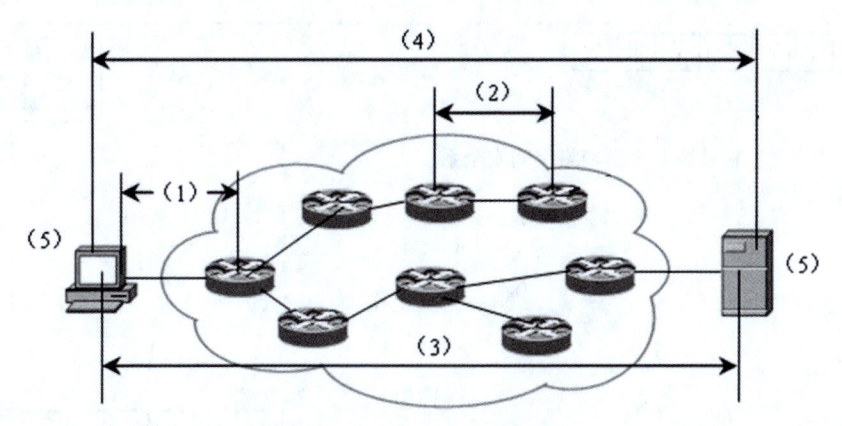

图 2.4 计算机网络的层次划分

（4）源主机和目的主机上实现不同应用进程的可靠传输，应划分为一个层次，位置在端节点上。

（5）网络应用之间的可靠传输，应划分为一个层次，位置在端节点上。

2.2 网络协议及协议栈

世界各地的人们之所以可以自由地通信，是因为实际的邮政通信系统已覆盖全球，并且有一套固定的邮寄信件的规则。例如，发信人写信的时候将收信人的地址、邮政编码写在信封的左上角，将自己的地址和邮政编码写在信封的右下角，以确保邮政通信系统有条不紊地工作。与此类似，计算机网络系统也需要制定完善的规则。

2.2.1 网络协议的概念

计算机网络由互连的多个节点构成，网络中的节点需要交换数据和控制信息。要做到有条不紊地进行各种信息的交换和传输，每个节点必须遵循网络通信规则。在计算机网络中，网络协议（Protocol）是指通信双方为了实现通信而设计的约定或会话规则。

需要说明的是，网络协议是需要不断发展和完善的，随着网络应用和服务内容的增加，必须研究和制定新的网络协议或修改原有的网络协议。

2.2.2 网络协议的要素

网络协议通常由语义、语法和时序三部分组成。

（1）语法（Syntax）：数据与控制信息的结构或格式，定义怎么做。

（2）语义（Semantics）：标识通信双方可以理解的、确定的意义，定义做什么。

（3）时序（Timing）：通信双方能分辨出通信的开始与结束，以及执行动作的先后顺序，定义何时做。

以信封书写规范为例来介绍协议三要素，如图 2.5 所示。邮件信封的书写格式：寄信人邮政编码、地址和姓名，收信人地址、姓名和邮政编码。整个封面的格式类似网络协议中的"语法"，封面格式中所填写的内容类似网络协议中的"语义"，人们遵守这种格式的填写规则就是网络协议中的"同步"或"时序"关系。

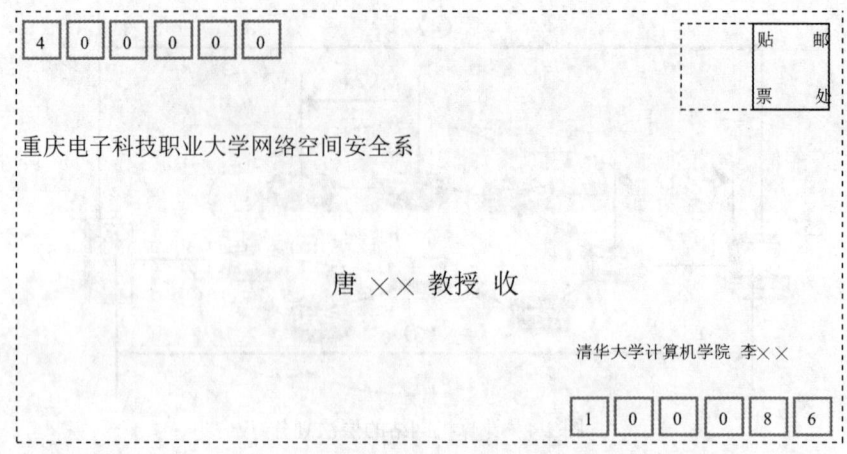

```
┌─────────────────────────────────────────────────────┐
│ 4 0 0 0 0 0                              贴 邮       │
│                                          票 处       │
│                                                     │
│   重庆电子科技职业大学网络空间安全系                    │
│                                                     │
│                                                     │
│            唐××  教授  收                          │
│                                                     │
│                              清华大学计算机学院 李××  │
│                                      1 0 0 0 8 6    │
└─────────────────────────────────────────────────────┘
```

图 2.5　信封书写规范

2.2.3　网络协议栈

网络协议是网络中计算机设备之间使用的通信语言，是按对等层协议，即通信双方能理解的格式设计的，类似于信封书写规范。例如，要保证覆盖全世界的邮政通信系统行畅通无阻地运行，就必须制定发信人与收信人、邮政局与邮政局、运输部门与运输部门之间的一系列规则，协议分层模型如图 2.6 所示。

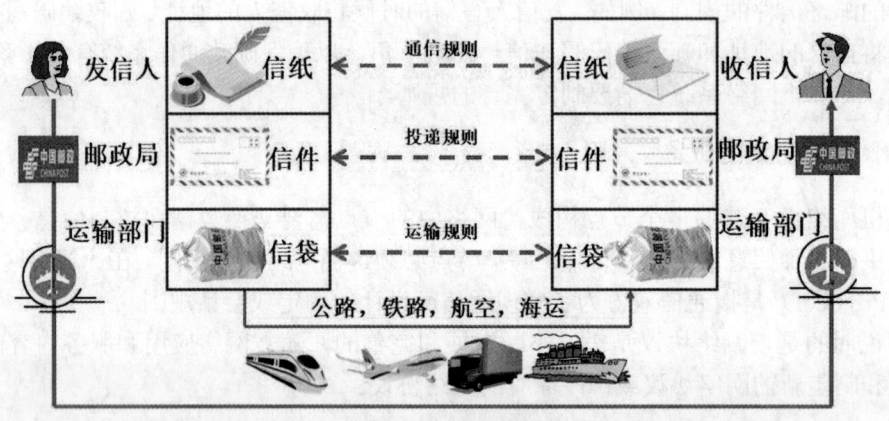

图 2.6　协议分层模型

为特定系统制定的一组协议称为协议栈（Stack）。例如，人们熟知的 TCP/IP 栈就是一系列以 TCP 和 IP 为核心的协议，是 Internet 的通信语言。如今，计算机连接 Internet 都要进行 TCP/IP 设置，TCP/IP 成了 Internet 中人与人之间通信的"牵手协议"。

课堂同步

结合图 2.6，理解协议的含义。协议是指在（　　）之间进行通信的规则或约定。
A．同一节点的上下层　　　　　　B．不同节点
C．相邻实体　　　　　　　　　　D．不同节点的对等实体

2.2.4 网络协议的格式

计算机网络中使用协议数据单元（Protocol Data Unit，PDU）来描述网络协议，它是由二进制数据表示的、可以彼此理解的、有结构的数据块，如图 2.7 所示。PDU 由控制部分（包括协议头部分和协议尾部分）和数据部分组成，控制部分由若干字段组成，表示通信中用到的双方可以理解和遵循的协议和规则；数据部分一般为上一层的 PDU。

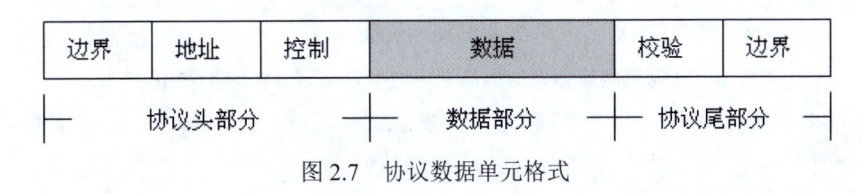

边界	地址	控制	数据	校验	边界

协议头部分　　　　数据部分　　　协议尾部分

图 2.7　协议数据单元格式

网络协议是分层来描述的，因此计算机网络中的每一层都有对应的 PDU。人们经常说的协议打包（封装，Encapsulation）指的是在发送方，高层的 PDU 传递到低层时，成为该层 PDU 的数据部分的内容。图 2.6 中左边部分很好地反映了这一过程，发信人在信纸上写好内容后封装为信件，交由邮政局进行投递处理，然后分拣打包成邮袋交给运输部门处理，该过程可简单描述为信纸→信件→信袋。在接收方，从低层向高层逐层剥离出数据部分的过程，即为拆包（解封装，Decapslulation），目的是使对等层之间能够彼此理解规定的协议，如图 2.6 中右边部分，执行了与左边部分完全相反的数据处理过程，即信袋→信件→信纸。

2.3　计算机网络体系结构

从前面的讨论中我们知道，计算机网络是一个复杂的系统，它按照人们化整为零、分而治之的方法去解决复杂问题，把计算机网络要实现的功能划分到不同的层次上，不同系统中的同一层次构成对等层，对等层之间通过协议进行通信，理解彼此定义好的规则和约定，层次实现的功能则由 PDU 来描述。为了确保这些协议之间不存在逻辑上的矛盾、规范上的冲突或者用途上的重合，需要一个框架来规范协议与协议之间的关系、协议处理数据的顺序和协议的用途等，即计算机网络体系结构，这是一个关于计算机网络层次和协议的框架，并不涉及具体的功能实现。

图 2.8 所示为计算机网络体系结构从专用模型发展到开放的 TCP/IP 模型的过程。1974 年，国际商业机器分司（IBM）研制出世界上第一个网络体系结构，称为系统网络体系结构（Systems Network Architecture，SNA）。1975 年，美国数字设备公司（DEC）发布了自己的数字网络体系结构（Digital Network Architecture，DNA）。这些体系结构均采用分层设计，但是层次和功能的划分有所不同。这些专用的网络模型运行良好，但根据某公司网络体系结构生产的网络产品不能与其他公司的网络产品兼容。现今，计算机网络都使用同一个 TCP/IP 模型，但人们在讨论技术问题时最频繁引用的参考模型，却是国际标准化组织在 1977 年就开始定义、直到 1984 年才予以公布的 OSI 参考模型。

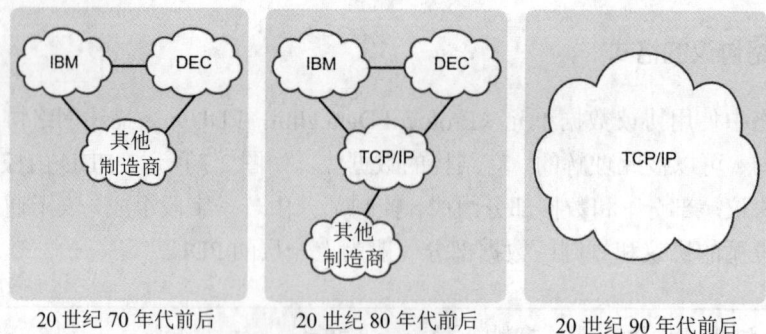

图 2.8　计算机网络体系结构从专用模型发展到开放的 TCP/IP 模型

动手实践

安装并使用 Wireshark

课后检测

模块 2 主题 1 课后检测

主题 2　计算机网络模型

学习目标

通过对本主题的学习达到以下目标。

知识目标：

- 了解 OSI 参考模型的概念。
- 掌握 OSI 参考模型的分层、服务和功能。
- 掌握 TCP/IP 模型的层次结构及各层功能。

技能目标：

- 能够安装 TCP/IP 栈并掌握验证 TCP/IP 栈正常工作的方法。

素质目标：

- 通过介绍为异构网络互联提供了理论指导的 OSI 参考模型和应用实践解决方案的 TCP/IP 模型，引导学生在处理个人、社会的矛盾问题时，能够灵活运用求同存异的智慧。

课前评估

1. 网络模型也称为网络架构或网络蓝图，指的是一组综合性文档。这些文档分别描述了实现网络所需的一小部分功能，它们共同定义了计算机网络运行过程。请结合所学知识，回答下列问题。

（1）是否有必要为每一个计算机网络系统分别设计一个分层结构模型？

（2）在构建计算机网络时，目前有没有可供借鉴的网络分层结构模型？

2. 图 2.9 是邮政通信系统业务运行过程的分层结构描述，反映了服务、接口和协议之间的关系，请仔细观察并回答下列问题。

（1）是否要求通信的两端具有相同的层次？不同系统的相同层次是否具有相同的功能？

（2）服务反映了相邻层之间_____功能的调用关系，本层向相邻上层提供服务，利用相邻下层的服务。例如，图中的邮政局利用了相邻下层南京站提供的运输服务，同时向相邻上层发信人提供信件投递服务。

（3）接口是相邻层之间完成服务请求和服务提供的信息交换点，如图中画圈的位置，请说出发信人与邮政局相邻层之间的接口名称是_____。

（4）不同系统的相同层次之间的信息交互是通过_____协议来实现的。

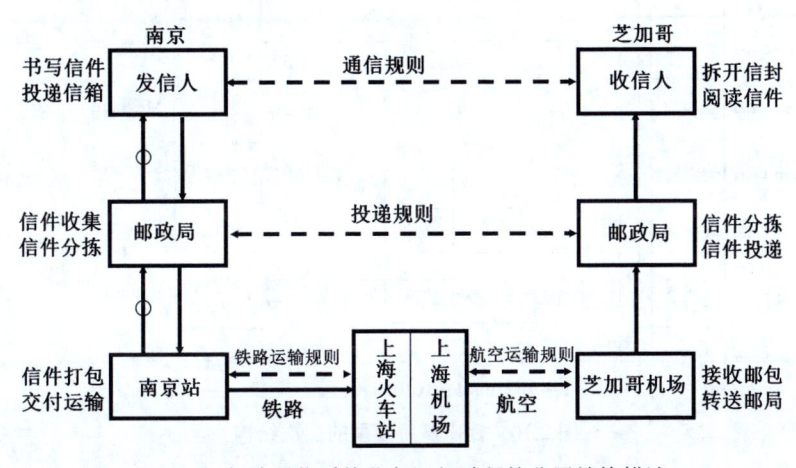

图 2.9 邮政通信系统业务运行过程的分层结构描述

2.4 OSI 参考模型

在实际工作过程中，如果新构建一个网络体系结构，其过程是极其烦琐的。在网络领域中，最常用的方法是选取一个模板或范例。常见的网络模型有两种基本类型：协议模型和参考模型。协议模型提供了与特定协议栈结构精确匹配的模型，例如美国国防部开发的 TCP/IP 模型成为了 Internet 赖以发展的工业标准。参考模型为各类网络协议和服务之间保持一致性提供了通用参考，如 ISO 开发的 OSI 参考模型。

2.4.1 OSI 参考模型的基本概念

在术语"开放系统互连参考模型"中,"开放"表示能使任何两个遵守参考模型和相关标准的系统进行通信;"互连"是指将不同的系统互相连接起来,以达到相互交换信息、共享资源的目的;OSI 参考模型主要解决不同网络系统之间互连的兼容性问题(Compatibility Problem),它不是一个标准,而是一种在制订标准的过程中所使用的概念性框架。

2.4.2 OSI 参考模型的层次结构

OSI 参考模型包括 7 个独立但又相关的层次,从下向上分别是物理层、数据链路层、网络层、传输层、会话层、表示层和应用层,如图 2.10 所示。

从图 2.11 可知,在 OSI 参考模型中,应用层没有上层,向用户提供网络服务;物理层没有下层,与介质相连实现真正的数据通信;其余各层次中都有紧邻的上层和下层;对等层之间通过对等层协议实现通信。层、服务与接口之间的关系如图 2.11 所示。层与层之间是服务与被服务的关系,每层都有其服务接口,相邻层可通过接口使用服务,每层只需知道下一层为"我"提供哪些服务,和"我"必须为上一层提供哪些服务。

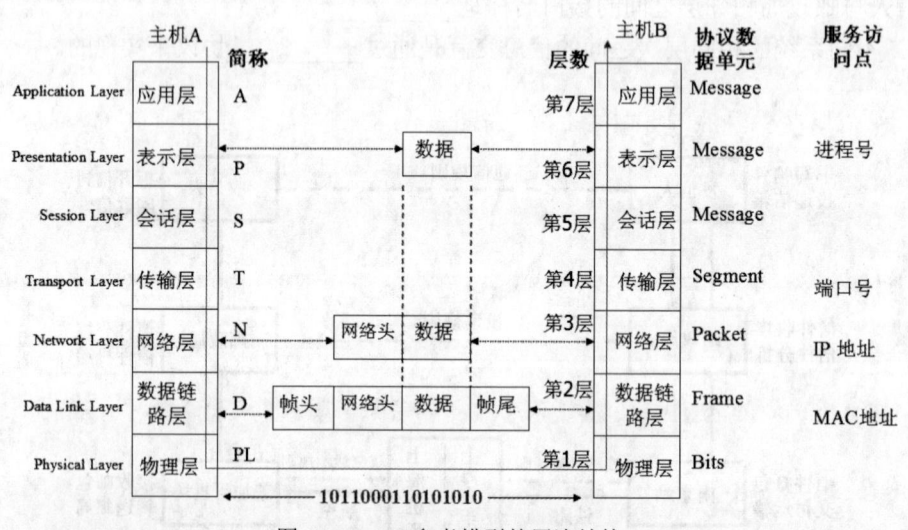

图 2.10 OSI 参考模型的层次结构

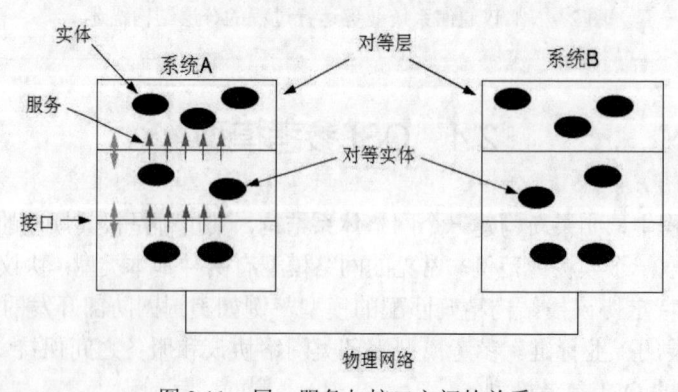

图 2.11 层、服务与接口之间的关系

2.4.3 OSI 参考模型的各层功能

OSI 参考模型从下向上定义了 7 个层级，并且分别定义了这些层级可以提供的服务，能够实现的功能，如表 2.1 所示。

表 2.1 OSI 参考模型各层提供的服务和功能

层次名称	提供服务	主要功能	功能说明（以对话为例）
应用层	为用户的应用进程提供网络服务（启动应用程序）	提供用户与网络应用之间的接口	谈话何时开始与结束
表示层	为应用进程之间传输信息提供传输服务	数据格式变换、加密与解密、压缩与解压缩	有些话要悄悄说、有些话要简单明了
会话层	提供一个面向用户的连接服务	通信身份确认、通信连接与断开	说话要有开始、过程和结尾
传输层	提供通信系统之间端到端的数据传输服务	流控、差控、拥塞控制、数据复用与分用	保证别人能听见说的话，不能想当然
网络层	提供源节点和目标节点之间的数据传输服务	寻址、路由、流控、差控、拥塞控制、异构网络互联	说话目标、内容、语速
数据链路层	提供相邻节点之间的可靠数据传输服务	寻址、成帧、流控、差控、链路管理	会说字与词，并能纠正
物理层	在传输介质上提供原始比特流的透明传输服务	定义网络设备与传输介质之间该如何沟通	能够相互听懂的发音

需要注意的是，相邻节点、点到点（主机到主机）与端到端（进程到进程）通信在概念上是有明显区别的，其通信范围分别为图 2.4 中的（2）、（3）、（4）所标识的范围。很显然，点到点通信是端到端通信的基础，端到端通信是点到点通信的延伸。另外，在数据链路层、网络层和传输层上，都需要实现差错控制、流量控制等功能。

2.5 TCP/IP 模型

OSI 参考模型提供了网络故障诊断和描述网络的通用语言，而 TCP/IP 模型则不同，它已被广泛应用到 Internet 中。TCP/IP 模型就像是一栋没有设计图纸的实际建筑，人们往往会根据自己的需要对这栋建筑进行测绘，以还原它的图纸。

2.5.1 TCP/IP 模型概述

TCP/IP 也采用分层体系结构，共 4 层，即网络接口层、网络层、传输层和应用层。每一层提供特定功能，层与层之间相对独立。TCP/IP 模型层次结构及协议族如图 2.12 所示。

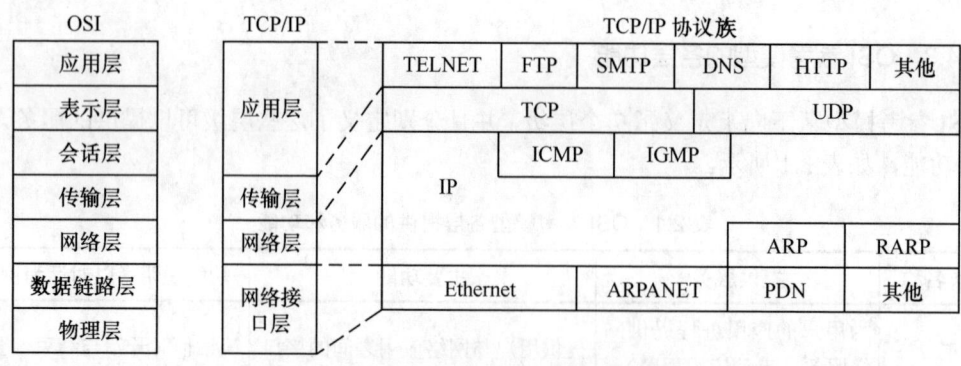

图 2.12 TCP/IP 模型层次结构及协议族

2.5.2 TCP/IP 模型各层功能

1. 网络接口层

网络接口层没有定义任何实际协议，仅定义了网络接口。开发 TCP/IP 的主要目的是实现底层异构网络的互联。不同类型网络存在不同功能的物理层与数据链路层，无法定义统一的物理层和链路层的协议与功能，任何类型的网络通过定义该类型网络对应的接口层，就可实现连接在该网络上两个节点之间的数据传输。因此，任何已有的数据链路层协议和物理层协议都可以用来支持 TCP/IP 模型，充分体现出 TCP/IP 的兼容性与适应性，它也为 TCP/IP 的成功奠定了基础。

网络接口层的典型例子：以太网（Ethernet）、令牌环网（Token Ring）、点到点协议（Point-to-Point Protocol，PPP）、串行线路网际协议（Serial Line Internet Protocol，SLIP）等。

2. 网络层

网络层的主要功能是把数据包通过最佳路径送到目的端（包括寻址、路由选择、封包/拆包等操作）。它是网络转发节点（如路由器）上的最高层（网络节点设备不需要传输层和应用层）。

网络层的典型例子：网际控制报文协议（Internet Control Message Protocol，ICMP）、地址解析协议（Address Resolution Protocol，ARP）、反向地址解析协议（Reverse Address Resolution Protocol，RARP）和网际组管理协议（Internet Group Management Protocol，IGMP）等。

3. 传输层

传输层的主要功能是提供进程间（端到端）的传输服务。例如，传输控制协议（Transmission Control Protocol，TCP）和用户数据报协议（User Datagram Protocol，UDP）。

（1）TCP 是面向连接的传输协议。在数据传输之前建立连接，把数据分解为多个数据段进行传输，在目的站重新装配这些数据段，必要时重新传输没有收到或接收错误的数据段，因此它是"可靠"的。

（2）UDP 是无连接的传输协议。在数据传输之前不建立连接，对发送的数据报不进行校验和确认，它是"不可靠"的，主要用于请求/应答式的应用和语音、视频应用。

4. 应用层

应用层的主要功能是该层协议为文件传输、电子邮件、远程登录、网络管理、Web 浏览等应用提供了支持，有些协议的名称与以其为基础的应用程序同名。

应用层的典型例子：文件传输协议（File Transfer Protocol，FTP）、简单邮件传输协议（Simple Mail Transfer Protocol，SMTP）、邮局协议第 3 版本（Post Office Protocol-Version 3，POPv3）、远程登录（Telnet）、超文本传送协议（Hypertext Transfer Protocol，HTTP）、简单网络管理协议（Simple Network Management Protocol，SNMP）、域名系统（Domain Name System，DNS）等。

课堂同步

在图 2.12 所示的 TCP/IP 模型中，最为关键的是（   ），可以为各式各样的应用提供服务，同时允许（   ）在由各种各样的网络构成的互联网上运行。

A．网络接口层　　　　B．TCP　　　　　C．IP　　　　　　D．UDP

2.5.3　5 层参考模型

通过以上的分析比较，OSI 参考模型的成功之处在于层次结构模型的研究思路，TCP/IP 模型的成功之处在于网络层、传输层和应用层体系成功应用于 Internet 中。但是，OSI 参考模型过"碎"，高层中很多可以融合的功能进行了过细也过于理论化的区分，TCP/IP 模型却又稍"糙"，低层中本应进行区分的功能却没有通过该模型表现出来。另外，OSI 参考模型中的会话层和表示层在 TCP/IP 模型中并不是必须的。因此，实际应用中功能区分最科学的模型既不是 OSI 参考模型，也不是 TCP/IP 模型，而是这两种模型的混合体。在学习计算机网络时往往采取折中的办法，即综合两种模型的优点，采用图 2.13 所示的 5 层参考模型，从上到下分别是应用层、传输层、网络层、数据链路层和物理层。本书也将采用 5 层参考模型进行讨论。

OSI 参考模型	TCP/IP 模型	5 层参考模型
高层（5～7）	应用层	应用层
传输层（4）	传输层	传输层
网络层（3）	网络层	网络层
数据链路层（2）	网络接口层	数据链路层
物理层（1）		物理层

图 2.13　5 层参考模型

2.5.4　5 层参考模型的各层协议数据单元

5 层参考模型各层传递的协议数据单元的名称如表 2.2 所示。

表 2.2　5 层参考模型各层传递的协议数据单元的名称

5 层参考模型的层次名称	协议数据单元名称
应用层	应用数据
传输层	数据段或数据报

续表

5 层参考模型的层次名称	协议数据单元名称
网络层	数据包或分组
数据链路层	数据帧
物理层	比特流

动手实践

捆绑网络协议

课后检测

模块 2 主题 2 课后检测

主题 3 计算机网络 IP 地址

学习目标

通过对本主题的学习达到以下目标。

知识目标：

- 掌握 IP 地址的基本概念。
- 掌握 IP 地址的分类。
- 理解掩码的作用。
- 了解默认网关的作用和 IP 地址的管理方法。

技能目标：

- 能够进行二进制值和十进制值之间的相互转化。
- 能够进行 IP 地址的相关运算。

素质目标：

- 通过对 IP 地址概念的学习，明确 IP 地址在因特网中寻址的重要意义，引导学生明白实现目标需要正确的方向和明智的决策，避免出现"南辕北辙"的情况。

课前评估

1. 在安装家用宽带路由器或者调试局域网时，会进行 IP 地址的配置操作。在深入学习 IP 地址之前，掌握二进制值与十进制值之间的转换方法是掌握 IP 编址方式的前提。

（1）位置记数法即根据数字在数字序列中所占用的位置来表示不同的值。请根据图 2.14 步骤序列中的提示，完成二进制值到十进制值的转换，并将结果填在空白处。

十进制值								
基数	2	2	2	2	2	2	2	2
幂	7	6	5	4	3	2	1	0
位	128	64	32	16	8	4	2	1
比特	0	1	0	0	0	1	1	1

二进制值

图 2.14 使用位置计数法将二进制值转换为十进制值

（2）十进制值转换为二进制值采用的方法类似天平称重，如图 2.15 所示。请仔细观察图 2.15，并在图 2.16 中的空白处填写十进制值 215 对应的二进制值。

示例 192　　192≥128

位置值	128	64	32	16	8	4	2	1
比特值	1							

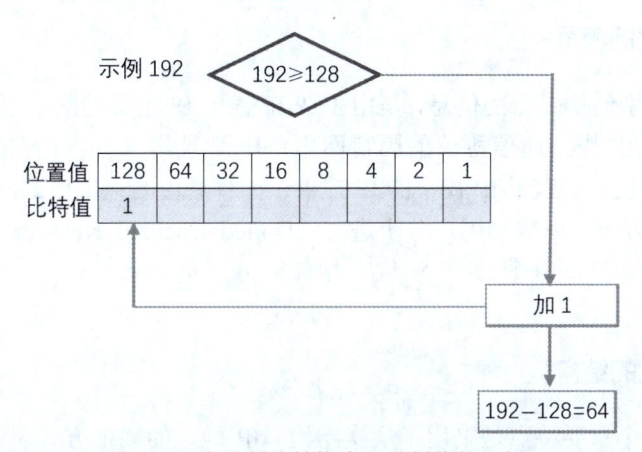

加 1

192−128=64

图 2.15 十进制值转换为二进制值的示例

十进制值				215				
基数	2	2	2	2	2	2	2	2
幂	7	6	5	4	3	2	1	0
位	128	64	32	16	8	4	2	1
比特								

图 2.16 十进制值转换为二进制值

2. 逻辑"与"(AND)运算是数字逻辑中使用的二进制运算之一。这种运算用于在数据网络中确定 IP 地址的网络部分。运算规则是 1 和任何数相与,执行复制操作;0 和任何数相与,执行置 0 操作。请将 10.138.120.24 和 255.255.255.224 执行"与"运算后的结果填写在图 2.17 中的空白处。

主机地址	10	138	120	24
子网掩码	255	255	255	224
二进制主机地址	00001010	10001010	01111000	00011000
二进制子网掩码	11111111	11111111	11111111	11100000
二进制网络地址				
十进制网络地址				

图 2.17 逻辑"与"运算操作

2.6 IP 编址方式

在计算机网络中,地址是一种标识符,用于标识网络系统中的实体。用作地址的标识符包含标识对象(我是谁)、对象的位置(我从哪里来)及到达对象所在位置(我要到哪里去)3个要素。

2.6.1 IP 地址的表示

IP 地址用于识别通信对象的信息,是由 TCP/IP 栈中 IP 定义的网络层地址。在以 TCP/IP 栈为通信协议的因特网中,IP 地址用来标识与 TCP/IP 网络连接的任何主机或路由器的接口。TCP/IP 栈中的 IP 提供了一种通用的地址格式,该地址为 32 位的二进制数。为了使用方便,一般采用点分十进制(Dotted Decimal Notation)表示法来表示(将 32 位等分成 4 个部分,每个部分 8 位,相邻部分用英文句号分开,以十进制表示),如 192.168.10.1。

2.6.2 IP 地址的结构

IP 地址的另一个重要特点是采用了层次结构。IP 地址的编址方式明显携带了位置信息,它不仅包含了主机本身的地址信息,还包含了主机所在网络的地址信息。因此,当主机从一个网络移到另一个网络时,主机的 IP 地址必须进行修改以便正确地反映这个变化,否则将不能通信。实际上,IP 地址与生活中的邮件地址非常相似。生活中的邮件地址描述了信件收发人的地理位置,也具有一定的层次结构(如城市→区→街道等)。如果收件人的位置发生变化(如从一个区搬到了另一个区),那么邮件的地址就必须随之改变,否则邮件就不可能送达收件人。

32 位的 IP 地址包含网络号(Network ID)与主机号(Host ID)两部分,如图 2.18 所示。

网络号	主机号

图 2.18 IP 地址的层次结构

（1）Network ID：每个网络区域都有唯一的网络标识码。

（2）Host ID：同一个网络区域内的每一台主机都必须有唯一的主机标识码。

2.7 IP 地址的分类

在 32 位的 IP 地址表示形式中，哪些位代表 Network ID，哪些位代表 Host ID？这个问题看似简单，意义却很重大，因为当地址长度确定后，Network ID 长度将决定整个互联网中能包含网络的数量，Host ID 长度则决定每个网络能容纳主机的数量。

在 Internet 中，网络数是一个难以确定的因素，而不同种类的网络规模也相差很大。有的网络具有成千上万台主机，而有的网络仅仅只有几台主机。为了适应各种网络规模，IP 地址被划分成 A、B、C、D 和 E 共 5 类，分别通过 IP 地址的前几位加以区分，如表 2.3 所示。由表 2.3 可知，利用 IP 地址的前 4 位就可以分辨出它的地址类型。

表 2.3　5 类 IP 地址

地址类	第 1 个二进制八位数范围（十进制）	第 1 个二进制八位数的比特位	地址的网络部分（N）和主机部分（H）	默认掩码（十进制）	可能的网络数量和每个网络可能的主机数量
A	1～127	**0**0000000～**0**1111111	N.H.H.H	255.0.0.0	128（2^7）个网络 每个网络 16777214（$2^{24}-2$）台主机
B	128～191	**10**000000～**10**111111	N.N.H.H	255.255.0.0	16384（2^{14}）个网络 每个网络 65534（$2^{16}-2$）台主机
C	192～223	**110**00000～**110**11111	N.N.N.H	255.255.255.0	2097150（2^{21}）个网络 每个网络 254（2^8-2）台主机
D	224～239	**1110**0000～**1110**1111	不适用（组播）	—	—
E	240～255	**1111**0000～**1111**1111	不适用（实验）	—	—

在 5 类 IP 地址中，只有 A 类、B 类、C 类可供 Internet 中的主机使用。在使用时，还需要排除以下几种特殊的 IP 地址，如表 2.4 所示。

表 2.4　特殊的 IP 地址

Network ID	Host ID	源地址使用	目的地址使用	代表的意义
0	0	可以	不可以	本地网络上的本地主机（源 IP 地址为 0.0.0.0，目的 IP 地址应为 255.255.255.255）
0	Host ID	可以	不可以	在本网络上的某个主机
全 1	全 1	不可以	可以	只在本网络上进行广播（受限广播）
Network ID	全 1	不可以	可以	对特定 Network ID 上的所有主机广播（直接广播）
Network ID	全 0	不可以	不可以	本地网络本身，不能分配给主机，用于路由
127	任何数	可以	可以	用作本地软件回送测试

2.8 掩码的作用

使用 TCP/IP 栈的主机在进行通信时，如何得知通信主机双方在相同的网段内呢？

2.8.1 掩码的概念

掩码（Mask）采用与 IP 地址相同的格式，由 32 位长度的二进制数构成，也被分为 4 个 8 位组并采用点分十进制来表示。但在掩码中，所有与 IP 地址中的网络位部分对应的位取值为 1，而与 IP 地址中的主机位部分对应的位则取值为 0。

2.8.2 默认掩码

A 类、B 类、C 类网络的默认掩码如表 2.5 所示。

表 2.5 A 类、B 类、C 类网络的默认掩码（二—十进制对应）

类别	二进制子网掩码	十进制子网掩码
A	11111111.00000000.00000000.00000000	255.0.0.0
B	11111111.11111111.00000000.00000000	255.255.0.0
C	11111111.11111111.11111111.00000000	255.255.255.0

掩码主要有两个作用：一是用来分割 IP 地址的主机号和网络号，并且 IP 地址和掩码必须成对使用；二是用来划分子网（Subnet）。

分割 IP 地址的主机号和网络号的方法：（IP 地址）AND（掩码）=Network ID，即将给定 IP 地址与掩码对应的二进制位做逻辑"与"运算（规则："1"和任何数相与，结果为任何数；"0"和任何数相与，结果为 0），所得的结果为 IP 地址的 Network ID。下面举例说明。

假定甲主机的 IP 地址为 202.197.147.3，使用默认掩码 255.255.255.0，试求这个 IP 地址的 Network ID 是多少？

IP 地址与掩码对应的二进制位做逻辑"与"运算的过程如图 2.19 所示。

```
202.197.147.3   ──→  11001010·11000101·10010011·00000011
255.255.255.0   ──→  11111111·11111111·11111111·00000000
"与"后的结果    ──→  11001010·11000101·10010011·00000000
                ──→      202   ·   197   ·   147   ·    0
```

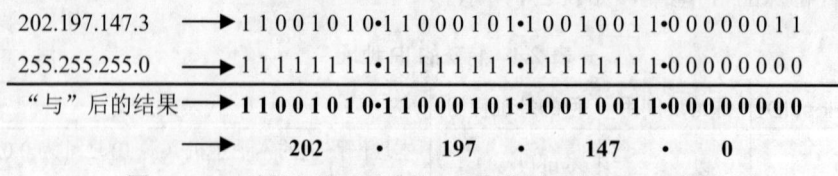

图 2.19 IP 地址与掩码对应的二进制位做逻辑"与"运算的过程

若乙主机的 IP 地址为 202.197.147.18（掩码为 255.255.255.0），当甲主机要和乙主机通信时，甲主机和乙主机会分别将自己的 IP 地址和掩码做逻辑"与"运算，得到两台主机的 Network ID 都是 202.197.147.0，因此判断这两台主机是在同一个网络区域，可以直接通信。如果两台主机不在同一个网络区域内（Network ID 不同），则无法直接通信，必须通过默认网关或路由器等设备进行通信。

> 课堂同步

根据图 2.20 并结合表 2.3 说明 A 类地址可供分配的最大网络个数。

2.9 默认网关

网关（Gateway）是指一个网络通向其他网络的 IP 地址。默认网关是指一台主机如果找不到可用的网关，就把数据包发给默认网关，由默认网关来处理数据包。因此，一台主机的默认网关是不可以随便指定的，必须正确指定，否则无法与其他网络的主机通信。图 2.20 所示默认网关使用示意图中，路由器是网关；IP 地址 192.168.1.1、192.168.2.1、192.168.3.1、202.1.1.1 分别为网络 1、网络 2、网络 3、网络 4 的默认网关。

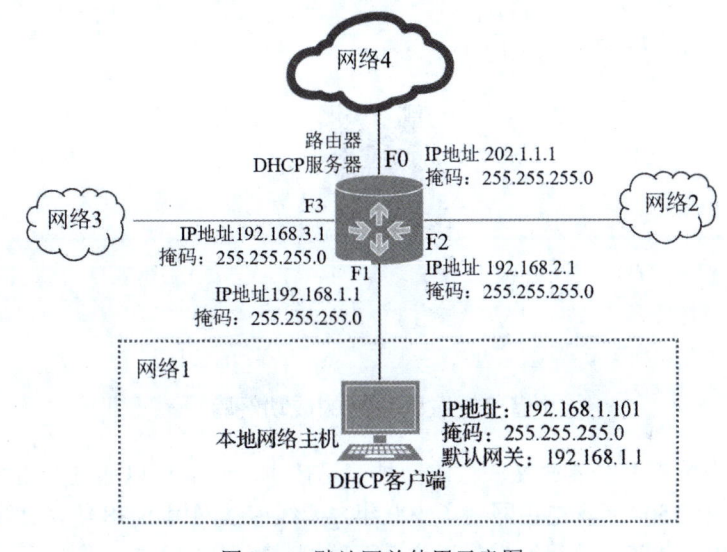

图 2.20 默认网关使用示意图

2.10 IP 地址的配置管理

因特网的 IP 地址是由中央管理机构分配的。一个组织加入因特网时，会从因特网的网络信息中心获得网络前缀，然后负责组织内部的地址分配，这样既解决了全局唯一性问题，又分散了管理负担。

IP 地址的分配可以采用静态和动态两种方式。静态分配是指由网络管理员为主机指定一个固定不变的 IP 地址并手动配置到主机上，如图 2.20 中路由器（路由器是一台特殊功能的主机）的 4 个接口 F0、F1、F2 和 F3 就采用静态分配 IP 地址方式。从这里可以看出，IP 地址的作用是标识主机的网络连接，并非标识网络中的主机。动态分配主要通过动态主机配置协议（Dynamic Host Configuration Protocol，DHCP）来实现。采用 DHCP 进行动态主机 IP 地址分配的网络环境中至少具有一台 DHCP 服务器（图 2.20 中的路由器也兼作 DHCP 服务器），DHCP

服务器上拥有可供其他主机申请使用的 IP 地址资源,客户机(如图 2.20 中的本地网络主机)通过 DHCP 请求向 DHCP 服务器提出关于地址分配或租用的要求。

何时使用静态分配 IP 地址方式?何时使用动态分配 IP 地址方式?最重要的决定因素是网络规模的大小。大型网络和远程访问网络适合动态分配方式,而小型网络适合静态分配方式。最好是普通客户机的 IP 地址使用动态分配方式,而服务器等特殊主机使用静态分配方式,采用两者相结合的方式来对 IP 地址进行管理。

动手实践

计算网络地址

课后检测

模块 2 主题 3 课后检测

拓展提高

借鉴互联网发展的成功经验

互联网是人类历史上发展速度最快的一种信息技术。我们可以通过一组数据来说明:从开始商用到用户数达 500 万,电话网用了 100 年,无线广播网用了 38 年,有线电视网用了 13 年,而互联网只用了 4 年。这组数据足以说明互联网技术是成功的。

关于互联网发展的成功经验,早在 1996 年发表的 RFC 1958 中已经有过说明。计算机领域著名专家安德鲁·S. 特南鲍姆(Andrew S.Tanenbaum)在《计算机网络(第 5 版)》中关于互联网的讨论部分总结了互联网设计的十大原则。

请查阅相关材料,总结互联网发展有哪些成功的经验,这些经验为云计算、大数据、人工智能、移动互联网、物联网等所形成的网络生态系统提供了哪些借鉴。

建议:本部分内容课堂教学为 1 学时(45 分钟)。

模块 3　构筑网络高速公路——数据通信基础

学习情景

数据通信是计算机网络的一个主要功能，即主机之间通过网络接口发送和接收数据帧，在介质上传输比特流，涉及物理层和数据链路层的相关内容。物理层处理的是点到点的通信问题，数据链路层实现的是相邻节点间的数据传输。

物理层并不需要考虑使用的具体传输介质或中间设备，其主要工作体现在对底层所使用的传输介质（如双绞线、同轴电缆和光纤等）特性（包括机械特性、电气特性、功能特性、规程特性）的规定上。对于数据通信系统而言，它关心的是数据用什么样的电信号来表示，以及如何去传输这些电信号，内容涉及通信的距离、速率、效率和可靠性等技术细节，如数据通信方式、数据编码与调制、数据同步传输、信道复用和网络接入等。

数据链路层利用物理层提供的比特流透明传输服务，解决组帧、差错控制、流量控制和主机标识等问题，实现相邻节点间可靠的数据传输功能。相邻节点的主机间可以构成点到点链路和广播多路访问链路的直连网络。不同的协议，其组帧的方法也不尽相同，如点到点协议（Point to Point Protocol，PPP）和高级数据链路控制（High-level Data Link Control，HDLC）是点到点链路上被广泛使用的组帧方法。有关广播多路访问链路的组帧方法及差错控制、流量控制和主机标识等内容，将在模块 4 的章节中进行介绍。

学习提示

本模块划分为数据通信方式、常见传输介质、数据编码技术、信道复用技术、网络互联实体和宽带接入技术 6 个主题，介绍数据通信、数据编码、数据传输和多路复用等基本概念，阐述物理层的主要功能、常用标准和常见设备等内容，帮助学生理解数据通信的传输原理和实现方法，为后续的学习打下坚实的基础。本模块的学习路线图如图 3.1 所示。

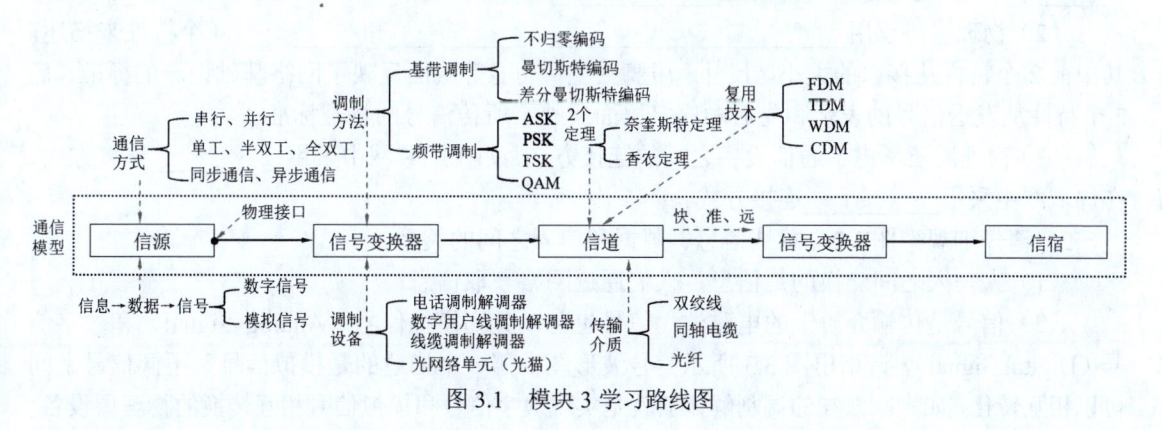

图 3.1　模块 3 学习路线图

主题 1　数据通信方式

学习目标

通过对本主题的学习达到以下目标。

知识目标：

- 了解并行通信与串行通信的特点。
- 了解单工、半双工和全双工通信方式的特点。
- 掌握异步传输和同步传输的概念。

技能目标：

- 能够使用网络仿真工具。

素质目标：

- 通过学习单工、半双工、全双工 3 种通信方式的特点，明确其存在的意义与应用价值，引导学生思考人生的价值：无论平凡伟大，都可以活出自己的精彩。
- 由计算机内部采用并行通信，在通信线路上使用串行通信的选择依据，引导学生要以辩证的方式看待问题，条件不同则处理结果不同，具体问题具体分析。

课前评估

1. 计算机网络是计算机技术与通信技术紧密结合的产物。物理层定义了中间设备与传输介质之间的沟通方法，它所关注的内容与传输介质相关，但与看得见摸得着的有线传输介质和中间设备不同。

　　（1）物理层的协议数据单元是_____，不能直接在介质上传输，需将其_____或_____，变成适合介质传输的_____。

　　（2）物理层协议用_____、_____、_____和_____ 4 个特性来描述，其中前 2 个特性从接口的大小、尺寸、引脚数量、功能等层面反映了网络基础设施的标准，后 2 个特性从发送信号的表示和先后顺序等层面反映了所传信号的物理标准。

　　（3）物理层还考虑了通信设备之间的连接方式，如在广域网中采用_____连接方式、在局域网中采用_____连接方式。

2. 请仔细观察图 3.2，总结信息、数据和信号之间的关系。

　　（1）人与人之间交换的是信息，人们通过网络获取信息。

　　（2）信号是传输介质上的电磁波。信号也可以分为模拟信号（Analog Signal）和数字信号（Digital Signal），请指出图 3.3 所示信号波形图中哪一个描述的是模拟信号？不同信号之间可以相互转化，如大家熟知的调制解调器就是实现数字信号和模拟信号相互转换的物理层设备。

图 3.2　信息、数据和信号之间的关系

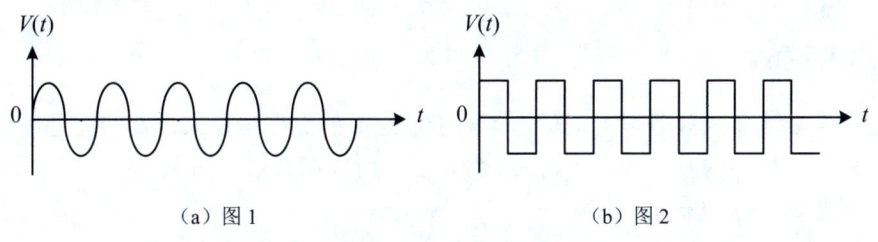

11001110 01000101 01010100 01010111 01001111 01010010 11001011

（a）图1　　　　　　　　　（b）图2

图 3.3　信号波形图

（3）信息是通过解释数据而产生的，数据是通过信号进行传输的。数据可以分为模拟数据和数字数据，如人们说话的声音是_____、计算机处理的是_____。

3.1　并行通信与串行通信

数据通信方式（Data Communication Mode）按照数据传输与需要的信道数可划分为并行通信方式和串行通信方式。如果数据有多少位就需要多少条信道，则每次传输数据时，一条信道只传输字节中的一位，一次传输一个字节，这种传输方法称为并行通信（Parallel Communication）。如果数据传输时只需要一条信道，则数据字节有多少位就需要传输多少次才能传输完一个字节，这种方法称为串行通信（Serial Communication）。

3.1.1　并行通信

在并行通信中，一般有 8 个数据位同时在两台设备之间传输，如图 3.4 所示。发送方与接收方有 8 条信道，发送方同时发送 8 个数据位，接收方同时接收 8 个数据位。计算机内部各部件之间的通信是通过并行总线进行的，如并行传送 8 位数据的总线称为 8 位数据总线、并行传送 16 位数据的总线称为 16 位数据总线等。

并行通信的特点如下。

（1）数据传输速率高。

（2）数据传输占用信道较多，费用较高，所以只能应用于短距离传输。

（3）一般应用于计算机系统内部传输或者近距离传输。

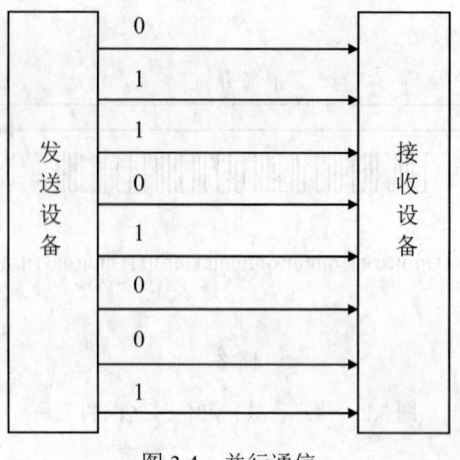

图 3.4　并行通信

3.1.2　串行通信

并行通信需要 8 条或 8 条以上的信道,对于近距离的数据传输来说费用还是可以负担的,但在进行远距离数据传输时,这种方式就不经济了。所以在数据通信系统中,较远距离的通信就必须采用串行通信,如图 3.5 所示。

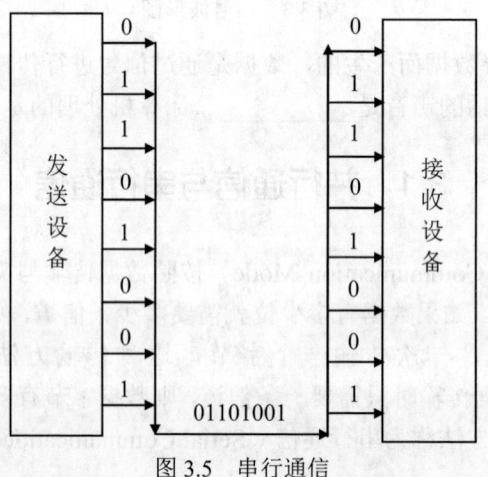

图 3.5　串行通信

串行通信每次在线路上只能传输 1 位数据,其传输速率一般要比并行通信慢得多。虽然串行通信传输速率慢,但在发送方和接收方之间只需一根传输线,成本大大降低,且串行通信使用于覆盖面很广的公用电话交换网络(Public Switched Telephone Network,PSTN)。因此,在现行的计算机网络通信中,串行通信应用更广泛。

串行通信的特点如下。

(1) 数据传输速率慢。

(2) 数据传输占用信道较少,费用较低,所以适用于远距离传输。

(3) 一般应用于计算机网络中远距离传输。

3.2 通信双方的交互方向

数据在通信信道上传输是有方向的。根据数据在通信信道上传输的方向和特点，通信方式划分为单工通信（Simplex Communication）、半双工通信（Half-Duplex Communication）和全双工通信（Full-Duplex Communication）。

3.2.1 单工通信

单工通信（单向通信）指通信信道是单向信道，数据信号仅沿一个方向传输，发送方只能发送不能接收，而接收方只能接收不能发送，任何时候都不能改变信号传送方向，例如无线电广播和电视都属于单工通信，如图 3.6 所示。

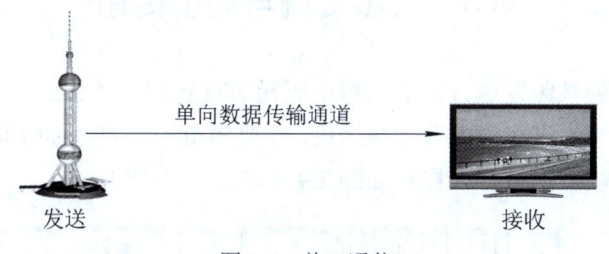

图 3.6 单工通信

3.2.2 半双工通信

半双工通信（双向交替通信）是指信号可以沿两个方向传输，但同一时刻一个信道只允许单方向传送，即两个方向的传输只能交替进行，而不能同时进行，当改变传输方向时，要通过开关装置进行切换，如图 3.7 所示。半双工信道适合于会话式通信，例如公安系统使用的"对讲机"和军队使用的"步话机"。半双工通信在计算机网络系统中适用于终端与终端之间的会话式通信。

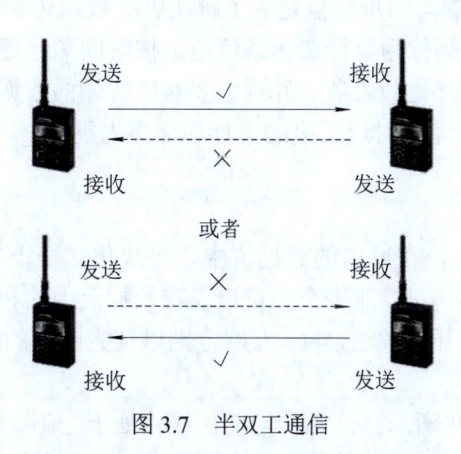

图 3.7 半双工通信

3.2.3 全双工通信

全双工通信（双向同时通信）是指数据可以同时沿相反的两个方向进行双向传输，如图 3.8 所示。例如两台电话机之间的通信，它相当于两个方向相反的单工通信组合在一起，通信的一方在发送信息的同时也能接收信息。全双工通信一般将接收信道与发送信道分开，按各个传输方向分开设置发送信道和接收信道。

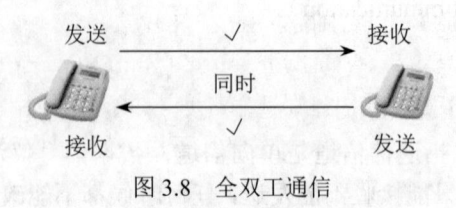

图 3.8 全双工通信

3.3 异步传输与同步传输

同步是指接收方要按照发送方发送的每个码元的重复频率及起止时间来接收数据。因此，接收方不仅要知道一组二进制位的开始与结束，还要知道每位的持续时间，这样才能做到用合适的取样频率对所接收数据进行取样，如图 3.9 所示。

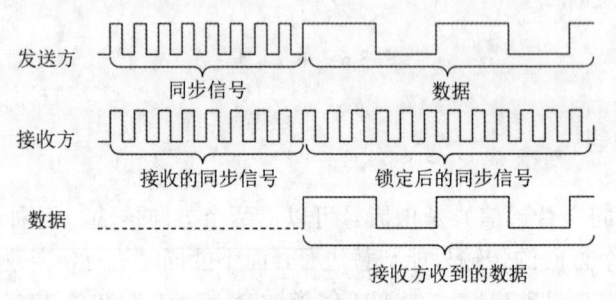

图 3.9 同步传输

数据传输的方式有两种：异步传输（Asynchronous Transmission）和同步传输（Synchronous Transmission）。引入异步传输与同步传输是为了解决串行数据传输中通信双方的字符的同步问题。由于串行通信是以二进制位为单位在一条信道上按时间顺序逐位传输的，这就要求发送方按位发送，接收方按时间顺序逐位接收，并且还要对所传输的数据加以区分和确认。因此，通信双方需要采取同步措施，尤其对远距离的串行通信更为重要。

3.3.1 异步传输

异步传输也称字符同步，在通信的数据流中，每次传送一个字符且字符间异步。字符内部各位同步被称为字符同步方式，即每个字符出现在数据流中的相对时间是随机的，接收方预先并不知道，而每个字符一开始发送，收、发双方则以预先固定的时钟速率来传送和接收二进制位。

异步传输过程如图 3.10 所示。开始传输前，线路处于空闲状态，连续输出"1"。传输开始时首先发一个"0"作为起始位，然后出现在通信线路上的是字符的二进制编码数据。每个字符的数据位长可以约定为 5 位、6 位、7 位或 8 位，一般采用 ASCII 编码。接着是奇偶校验（Parity Check）位，可以根据情况约定是否需要奇偶校验。最后是表示停止位的"1"信号，这个停止位可以约定持续 1 位或 2 位的时间宽度。至此，一个字符传送完毕，线路又进入空闲状态，持续传输"1"，经过一段时间后，下一个字符开始传输时又发出起始位。

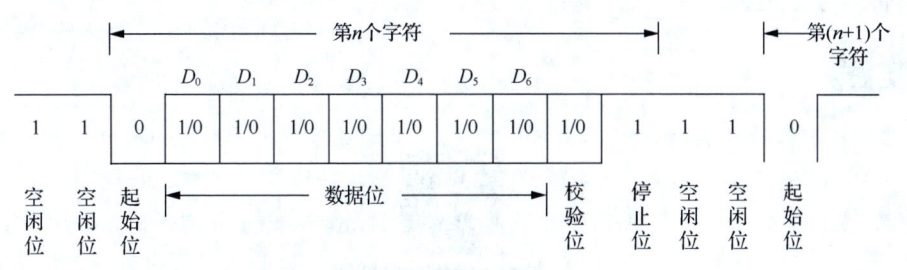

图 3.10 异步传输过程

异步传输对接收时钟的精度要求降低了，它的最大优点是设备简单、易于实现。但是，它的效率很低，因为每一个字符都要加起始位和终止位，辅助开销比例比较大。例如，采用 1 个起始位、8 个数据位、2 个停止位时，其传输效率为 8/11≈73%。因此，异步传输常用于低速线路中，如计算机与调制解调器之间的通信等。

3.3.2 同步传输

同步传输也称帧同步。通常，同步传输方式的信息格式是一组字符或一个二进制位组成的数据块（帧）。同步传输不需要对每一个字符附加起始位和停止位，而是在发送一组字符或数据块之前要先发送一个同步字符（通常用 01101000 表示）或一个同步字节（通常用 01111110 表示），用于接收方进行同步检测，从而使发送方和接收方进入同步状态。在同步字符或同步字节之后，可以连续发送任意多个字符或数据块，数据发送完毕后，使用循环冗余校验（Cyclic Redundancy Check，CRC）技术，将生成的帧校验字符存放在帧的尾部，再使用同步字符或字节来标识整个发送过程的结束。同步传输过程如图 3.11 所示。

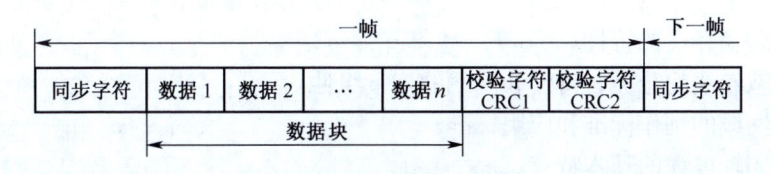

图 3.11 同步传输过程

在同步传输时，因为发送方和接收方将整个字符组作为一个单位传输，且附加位又非常少，从而提高了数据传输的效率，所以这种方法一般用在高速传输数据的系统中，如计算机之间的数据通信。

另外，在同步传输中，要求收、发双方之间的时钟严格同步，而使用同步字符或同步字节，只是用于同步接收数据帧，只有保证接收方接收的每一个比特都与发送方保持一致，接收方才能正确地接收数据，这就要使用位同步的方法。对于位同步，可以使用一个额外的专用信道发送同步时钟来保持双方同步（外同步），也可以使用编码技术将时钟编码到数据中，在接收方接收数据的同时就获取到同步时钟（内同步）。两种方法相比，后者的效率最高，使用最为广泛。

课堂同步

同步传输中，_____用于数据帧接收同步，_____用于收发双方时钟同步，_____对同步时钟精度要求高，_____传输效率高。

动手实践

网络模拟器的基础使用

课后检测

模块3主题1课后检测

主题2　常见传输介质

学习目标

通过对本主题的学习达到以下目标。

知识目标：

- 了解传输介质的特性。
- 了解双绞线的分类、特性和网线的连接组件。
- 掌握网线的制作标准和应用标准。
- 了解同轴电缆的基本特点。
- 了解光纤通信系统、光纤分类及其特性。

技能目标：

- 能够制作标准网线。
- 能够使用网线正确连接网络设备。

素质目标：

- 传输介质的覆盖范围对数据的传输质量有决定性影响，引导学生从客观需求出发，兼顾各方，合理取舍，坚持需求是第一要素和底线。

课前评估

在进行网络通信之前，必须在本地网络上建立一个物理连接。物理连接可以通过有线连接，也可以通过无线连接，如图 3.12 所示。请尽可能地列举图 3.12 中所包含的有线传输介质和无线传输介质。

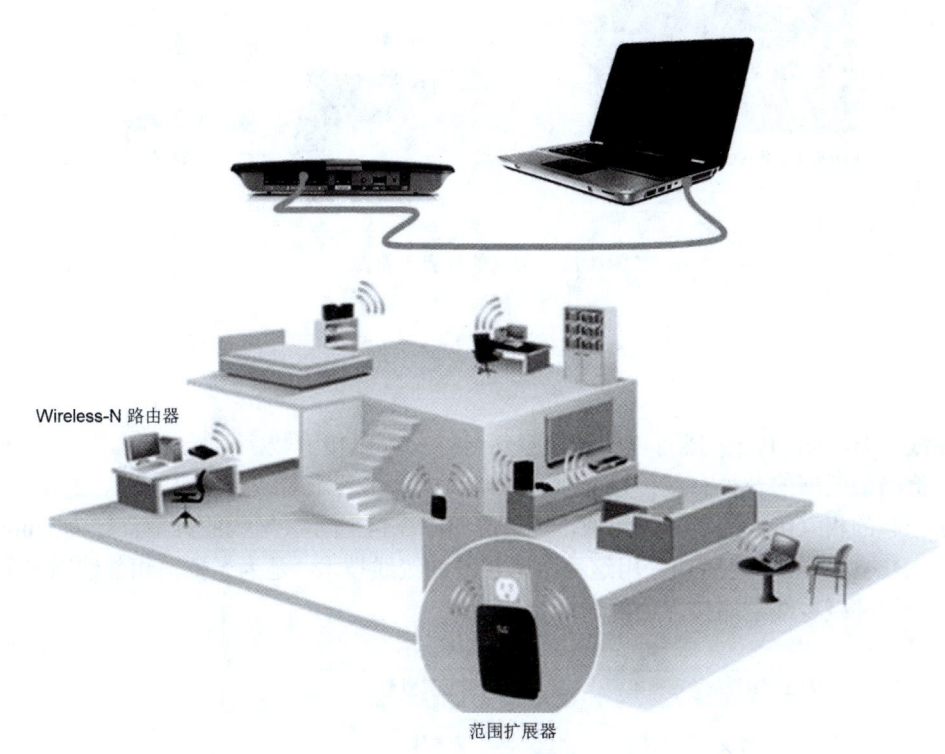

图 3.12　物理连接

3.4　传输介质的特性

传输介质的特性对数据的传输质量有决定性影响，通常分为物理特性、传输特性、抗干扰特性、地理范围和相对价格等。

（1）物理特性。传输介质的物理特性包括物质构成、几何尺寸、机械特性、温度特性和物理性质等。

（2）传输特性。传输介质的传输特性包括衰减特性、频率特性和适用范围等。

（3）抗干扰特性。传输介质的抗干扰特性是指在介质内传输的信号对外界噪声干扰的承受能力，常见的外界干扰源如图 3.13 所示。

（4）地理范围。传输介质的地理范围是指根据前面的 3 种特性，保证信号在失真允许范围内所能达到的最大距离。

（5）相对价格。传输介质的相对价格取决于传输介质的性能和制造成本。

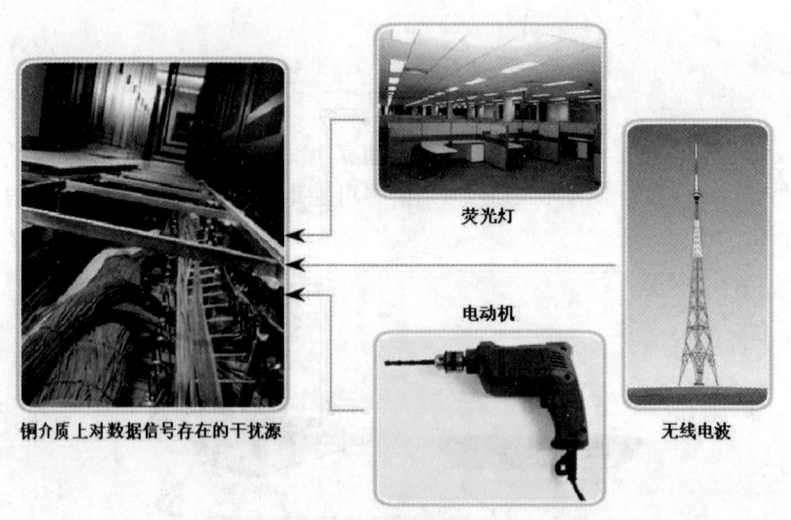

图 3.13　常见的外界干扰源

3.5　双　绞　线

双绞线（Twisted Pair）既可以传输模拟信号，又可以传输数字信号。双绞线是目前使用最广泛、价格最低廉的一种有线传输介质。双绞线内部由若干对（通常是 1 对、2 对或 4 对）两两绞在一起的相互绝缘的铜导线组成，其结构如图 3.14 所示。导线的典型直径为 1mm 左右（通常在 0.4～1.4mm）。之所以采用这种两两相绞的绞线技术，是为了抵消相邻线对之间所产生的电磁干扰并减少线缆端接点处的近端串扰。

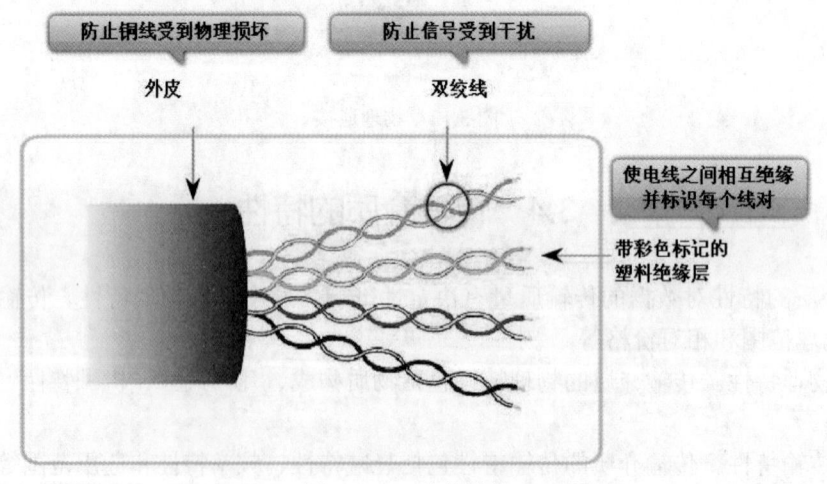

图 3.14　双绞线结构

3.5.1　双绞线的分类

双绞线是计算机网络中常用的传输介质，分类方法很多，这里介绍其中的 3 种分类方式。

（1）按照是否有屏蔽层，双绞线可以分为屏蔽双绞线（Shielded Twisted Pair，STP）和非屏蔽双绞线（Unshielded Twisted Pair，UTP）。与 UTP 相比，STP 由于采用了良好的屏蔽层，抗干扰性较好。STP 的屏蔽方式有 3 种：单屏蔽－铝箔屏蔽；单屏蔽－编织屏蔽；双屏蔽－铝箔屏蔽+铝箔屏蔽。使用最为普遍的是单屏蔽－编织屏蔽。STP 结构如图 3.15 所示。

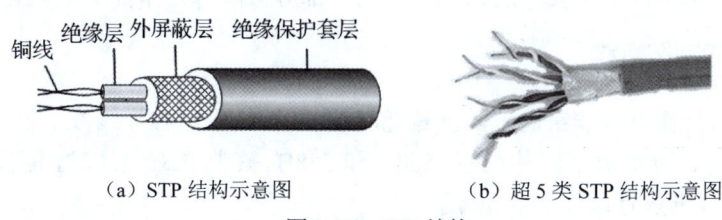

（a）STP 结构示意图　　　（b）超 5 类 STP 结构示意图

图 3.15　STP 结构

（2）按照美国电子工业协会或电信工业协会（Telecommunications Industry Association，TIA）的规定，最高传输频率分为：3 类（16MHz）、5 类（100MHz）、5E 类（100MHz）、6 类（250MHz）、6A 类（500MHz）、7 类（600MHz）、7A 类（1000MHz）。

（3）按照对数，双绞线可以分为 2 对双绞线、4 对双绞线及大对数电缆。大对数电缆一般分为 25 对、50 对、100 对等，可为用户提供更多的可用对数，常用于高速数据或者语音通信。

3.5.2　双绞线的特性

用双绞线传输数字信号时，它的数据传输速率与电缆的长度有关。局域网中规定使用双绞线连接网络设备的最大长度为 100m。当距离较短时，数据传输速率可以高一些。典型的数据传输率为 10Mbit/s、100Mbit/s 和 1000Mbit/s 等。

双绞线的品牌有很多，安普（AMP）是最常见，也是最常用的一种，其质量好，价格便宜；西蒙（Simon）在综合布线系统很常见，与安普相比档次要高许多，当然价格也高许多；其他还有朗讯（Lucent）、丽特（NORDX/CDT）、IBM 等品牌。

使用双绞线作为传输介质的优点在于其技术和标准非常成熟，价格低廉，安装也相对简单；缺点是双绞线对电磁干扰比较敏感，并且容易被窃听。双绞线目前主要在室内使用。

3.5.3　网线连接组件

RJ-45 接头俗称水晶头，双绞线的两端必须都安装水晶头，以便连接在以太网卡、集线器（Hub）或交换机（Switch）的 RJ-45 接口上。水晶头由金属片和塑料扣构成，特别需要注意的是它的引脚序号，当金属片面对人们的时候从右至左引脚序号依次为 1～8，如图 3.16 所示。

图 3.16　引脚序号

水晶头也可分为几种档次，一般像 AMP 这样的名牌大厂的质量好些，价格也很便宜，约为 1.5 元一个。质量差的主要体现为接触探针是镀铁的，容易生锈，造成接触不良、网络不通。质量差的另一点表现是塑料扣扣不紧（通常是变形所致），也很容易接触不良，造成网络中断。水晶头虽小，在网络中却很重要，网络中有相当一部分故障都是水晶头的质量差造成的。

3.5.4 网线的制作标准

双绞线网线的制作方法非常简单，就是把双绞线的 4 对 8 芯导线按一定规则插入到水晶头中。EIA/TIA 568 标准提供了两种顺序：568A 和 568B。在制作双绞线时，需按 EIA/TIA 568B 或 EIA/TIA 568A 标准进行，如表 3.1 所示。

表 3.1　EIA/TIA 568B 和 EIA/TIA 568A 标准线序

线序	1	2	3	4	5	6	7	8
EIA/TIA 568B	白橙	橙	白绿	蓝	白蓝	绿	白棕	棕
EIA/TIA 568A	白绿	绿	白橙	蓝	白蓝	橙	白棕	棕

3.5.5　3 种网线类型及其作用

网线有直通网线、交叉网线和全反电缆 3 种类型。

1. 直通网线

直通网线（Straight-Through Cable）可用于将计算机连接到集线器或交换机的以太网口，或者用于连接交换机与交换机（电缆两端连接的端口必须只有一个端口被标记上 X）。

2. 交叉网线

交叉网线（Cross-Over Cable）用于将计算机与计算机直接相连、交换机与交换机直接相连（电缆两端连接的端口必须同时被标记上 X，或者都未标记 X），直通网线和交叉网线的线序排列如图 3.17 所示。

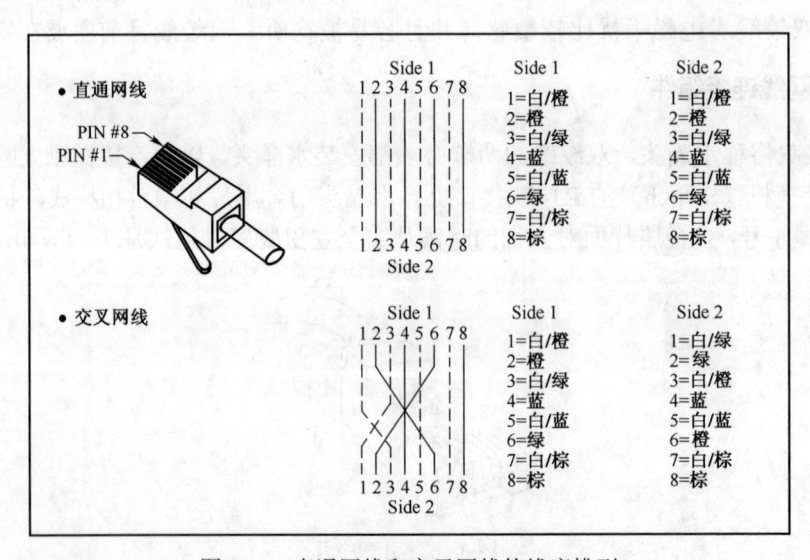

图 3.17　直通网线和交叉网线的线序排列

3. 全反电缆

全反电缆（Rollover Cable）又称为配置线（Console Cable）或反接线，用于连接一台工作站到交换机或路由器的控制端口（Console Port），以访问这台交换机或路由器。直通电缆两端的 RJ-45 连接器的电缆都具有完全相反的次序，全反电缆线序排列如图 3.18 所示。

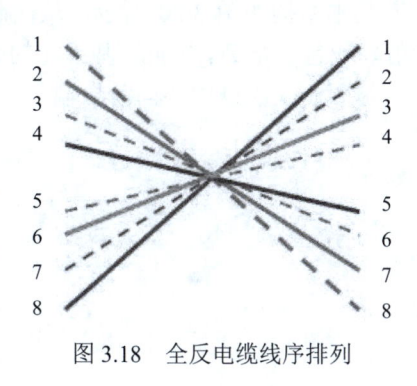

图 3.18 全反电缆线序排列

3.6 同轴电缆

同轴电缆的结构如图 3.19 所示，从内向外包含内导体、绝缘层、外导体和外保护层 4 个部分。同轴电缆分为基带同轴电缆（Baseband Coaxial Cable）和宽带同轴电缆（Broadband Coaxial Cable）2 种类型。

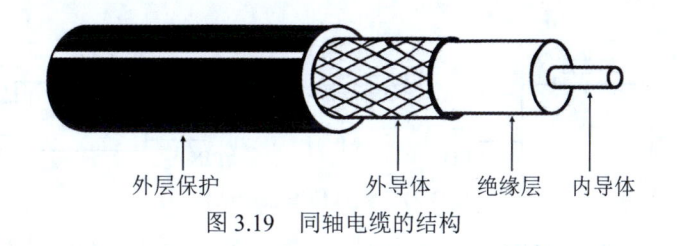

图 3.19 同轴电缆的结构

3.6.1 基带同轴电缆

基带同轴电缆的特征阻抗是 50Ω，主要用于数字信号的传输，外导体采用铜质的网状结构。早期的总线形以太网使用基带同轴电缆作为传输介质，目前这种以太网已被采用双绞线或光纤作为传输介质的交换式以太网所取代。

3.6.2 宽带同轴电缆

宽带同轴电缆的特征阻抗是 70Ω，主要用于模拟信号的传输，外导体采用铝材料冲压而成。其最主要的应用是有线电视（Cable Television，CATV）。通过电缆调制解调器（Cable Modem），用户也可以通过 CATV 来接入互联网，这使得 CATV 既可以传输模拟信号，同时又能传输数字信号。但是，随着电信部门光纤到户计划的实施，"三网融合"日趋完善，以及 IP 电视（Internet Protocol Television，IPTV）、IP 语音（Voice over IP, VoIP）的广泛使用，CATV 和传统的电话系统慢慢地退出了普通家庭用户。

3.7 光　纤

光纤（Fiber Optics）是光导纤维的简称，是一种由石英玻璃纤维或塑料纤维制成的、直径很细、能传导光信号的媒体，其基本结构如图 3.20 所示。从横截面看，每根光纤都由纤芯、包层和涂覆层构成，纤芯的折射率较包层略高。因此，基于光的全反射原理，光波在光纤与包层界面形成全反射，从而光信号被限制在光纤中并向前传输。

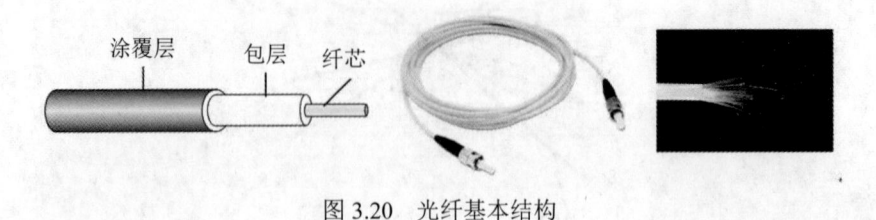

图 3.20　光纤基本结构

3.7.1　光电转换

因为计算机只能接收电信号，所以光纤不能与计算机直接连接，需要使用光电收发器进行光电转换。在发送方，使用发光二极管（Light Emitting Diode，LED）或注入型激光二极管（Injection Laser Diode，ILD）作为光源；在接收方，使用光电二极管 PIN 检波器或雪崩二极管（Avalanche Photo Diode，APD）检波器将光信号转换成电信号。光纤传输系统结构如图 3.21 所示。

图 3.21　光纤传输系统结构

由图 3.21 可知，光纤只能单向传输信号，若要作为数据传输介质，应由两根光纤组成一对信号线，一根用于发送数据，另外一根用于接收数据。光纤质地脆弱，又很细，不适合通信网络施工，因此必须将光纤制作成很结实的光缆（Fiber Cable）。光纤布线主要用于企业网络、光纤到户、长途网络和水下网络等。

3.7.2　光纤分类

光纤常用的 3 个频段的中心波长分别为 0.85μm、1.3μm 和 1.55μm，这 3 个频段的带宽都在 25000～30000GHz，因此光纤的通信量很大。根据使用的光源和光纤纤芯的粗细，可将光纤分为多模光纤和单模光纤两种。

（1）多模光纤（Multi-Mode Fiber，MMF）采用 LED 作为光源，定向性较差。当纤芯的直径比光波波长大很多时，由于光束进入芯线中的角度不同，传播路径也不同，这时，光束是以多种模式在芯线内不断反射向前传播的，如图 3.22（a）所示。多模光纤的传输距离一般在 2km 以内。

（2）单模光纤（Single-Mode Fiber，SMF）采用 ILD 作为光源，定向性较强。单模光纤的纤芯直径一般为几个光波的波长，当光束进入纤芯中的角度差别较小时，能以单一的模式无反射地沿轴向传播，如图 3.22（b）所示。

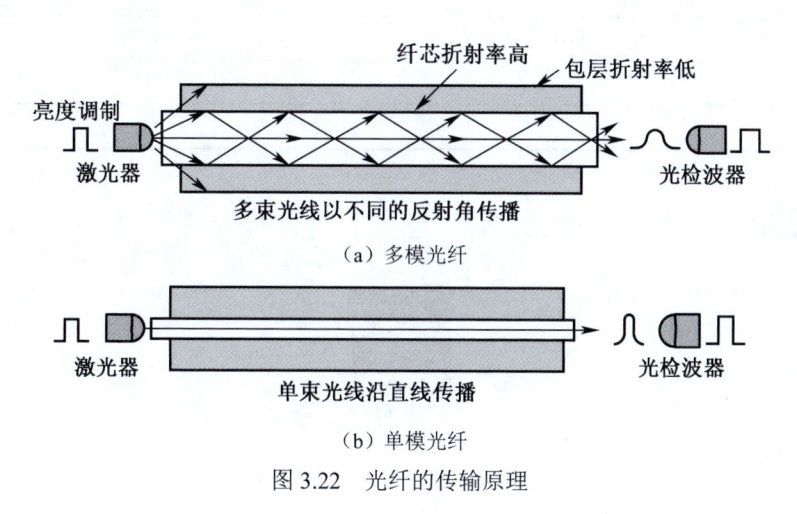

图 3.22 光纤的传输原理

3.7.3 光纤特性

光纤的规格通常用纤芯与包层的直径比值来表示，如 62.5/125μm、50/125μm 和 8.3/125μm。其中，8.3/125μm 的光纤只用于单模传输。单模光纤的传输速率较高，但比多模光纤更难制造，价格也更高。光纤的优点是信号的传输损耗小（传输距离长）、传输频带宽（信道容量大）、传输速率高（可达 Gbit/s 量级）。另外，因为它本身没有电磁辐射，所以传输的信号不易被窃听、保密性能好，但成本高且连接技术比较复杂。光纤主要用于长距离数据传输和网络的主干线。

3.7.4 光纤的连接组件

在光纤施工中，光纤的两端被安装在配线架上，配线架的光纤端口与网络设备（交换机等）之间用光纤跳线连接。光纤跳线两端的插件被称为光纤插头，常用的光纤插头主要有两种规格：SC 插头和 ST 插头，图 3.23 所示。一般网络设备端配的是 SC 插头，而配线架端配的是 ST 插头。两者最直观的区别是 SC 插头是方形的，而 ST 插头是圆形的。

图 3.23 常用的光纤插头

课堂同步

将单模光纤和多模光纤的特性比较填入表 3.2。

表 3.2　单模光纤和多模光纤的特性比较

比较项目	单模光纤	多模光纤
速度		
距离		
成本		
光源		

动手实践

制作标准网线

课后检测

模块 3 主题 2 课后检测

主题 3　数据编码技术

学习目标

通过对本主题的学习达到以下目标。

知识目标：

- 了解基带编码和频带编码的概念。
- 掌握不归零编码、曼彻斯特编码、差分曼彻斯特编码的特点。
- 掌握幅移键控、频移键控、相移键控和混合调制的特点。
- 了解奈奎斯特定理和香农定理的应用。

技能目标：

- 能够分析实际通信系统的速率指标。

素质目标：

- 通过学习数据传输过程中采用的不同调制方式，理解方法论的内涵，引导学生从不同的角度看待和解决问题。

课前评估

根据前面所学，如果需要在不同用户之间进行信息交互，则需要让计算机输出的信号经过波形变换，变换成适合信道特性的信号。如何实现这一过程，还需要进一步了解波形变换、信道和码元等内容。

（1）波形变换。数字信号的波形变换如图 3.24 所示，调制是将数字信号转换成能在电话网络上传输的模拟信号的过程，解调执行相反的过程；编码是将数字信号变换成另一种类型的数字信号的过程，解码执行相反过程。请思考计算机网络应用中，宽带接入非对称数字用户线（Asymmetric Digital Subscriber Line，ADSL）技术中使用了波形变换的_____操作，当前局域网中使用了波形变换的_____操作。为了便于讨论，将调制或编码前的数字信号称为基带信号，经过调制后的信号称为频带信号，经过编码操作后的信号仍然称为基带信号。基于这些认识，可以将调制和编码分别理解为频带调制和基带编码。

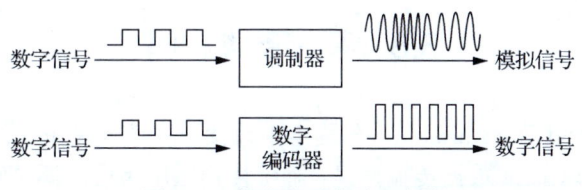

图 3.24 数字信号的波形变换

（2）信道。信道是信号传输的必经之路，包括传输介质和通信设备，但信道并不是具体的某种电缆或电线。按传输信号的类型，信道可以分为数字信道与模拟信道。数字信道是用来传输数字信号的，通常需要进行_____。模拟信道是用来传输模拟信号的，通常需要进行_____。

（3）码元。码元是指一个固定时长的信号波形，是承载信息量的基本信号单位。例如，现在需要发送一串二进制数据"01101100"，采用数字信号表达和传输，比特和码元的关系如图 3.25 所示。

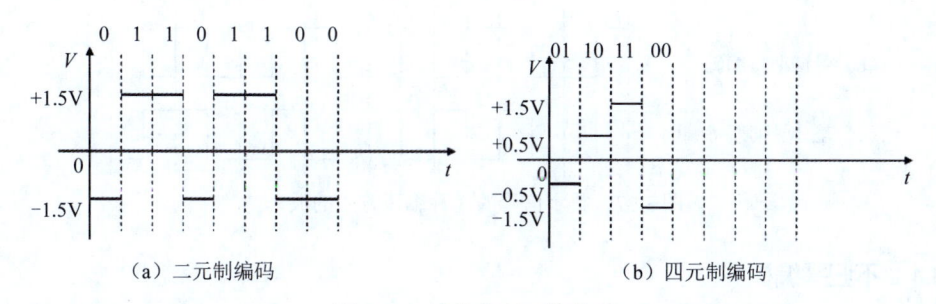

图 3.25 比特和码元的关系

图 3.25（a）中的编码方式提供两种电平（+1.5V 和-1.5V），只有两种码元（0 和 1），一个码元只能表示一位二进制数（0 或 1），将这种编码方式称为二元制编码。显然，图 3.25（b）中的编码方式是四元制编码。码元作为承载信息量的基本信号单位，由脉冲信号所能表示的数据有效离散值个数来决定，即若 1 个码元（脉冲）可取 2^N 个有效值时，则该码元能携带 N 比特信

息。请根据以上的解释，说出图 3.25 中的每一个码元携带的信息量是_____和_____比特。

模拟数据和数字数据都能转化为模拟信号和数字信号，因此有 4 种组合方式，每一种都需要进行不同的编码处理，并在相应的信道上传输，数据、信号与信道之间的关系如图 3.26 所示。考虑到计算机网络中处理的是数字数据，所以只讨论数字数据转化为数字信号和模拟信号后，在数字信道和模拟信道上传输的过程。

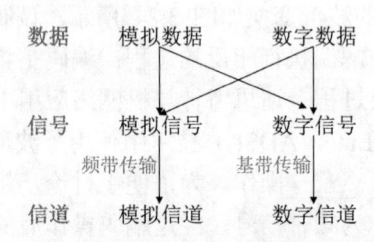

```
数据     模拟数据      数字数据
              ╲    ╱
               ╳
              ╱    ╲
信号     模拟信号      数字信号
         频带传输      基带传输

信道     模拟信道      数字信道
```

图 3.26　数据、信号与信道之间的关系

3.8　基带编码

基带传输（Baseband Transmission）在基本不改变数字信号频带（波形）的情况下直接传输数字信号，可以达到很高的数据传输速率。基带传输适用于近距离传输，基带信号的功率衰减不大，信道容量不会发生变化。因此，在局域网中通常使用基带传输技术，但它只能传输一种信号，信道利用率低。基带传输是计算机网络中最基本的数据传输方式，传输数字信号的编码方式主要有不归零（Not Return to Zero，NRZ）编码、曼彻斯特编码（Manchester Coding）、差分曼彻斯特编码（Differential Manchester Coding），这 3 种编码的波形如图 3.27 所示。

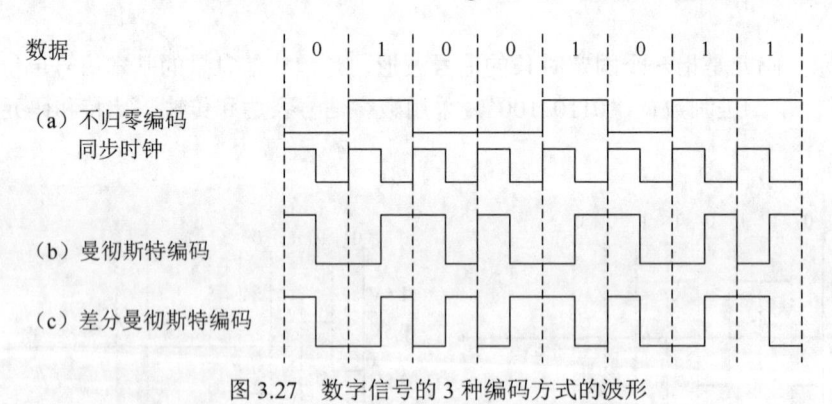

图 3.27　数字信号的 3 种编码方式的波形

3.8.1　不归零编码

NRZ 编码分别采用两种高低不同的电平来表示二进制的"0"和"1"。通常，用高电平表示"1"，用低电平表示"0"，电压范围取决于所采用的特定物理层标准，如图 3-27（a）所示。NRZ 编码实现简单，但其抗干扰能力较差。另外，由于接收方不能准确地判断位的开始与结束，收、发两方不能保持同步，需要采取额外的措施来保证发送时钟与接收时钟的同步。

3.8.2 曼彻斯特编码

曼彻斯特编码是目前应用最广泛的编码方法，它将每比特的信号周期 T 分为前 $T/2$ 和后 $T/2$。用前 $T/2$ 传送该比特的反（原）码，用后 $T/2$ 传送该比特的原（反）码。因此，在这种编码方式中，每一位波形信号的中点（即 $T/2$ 处）都存在一个电平跳变，如图 3-27（b）所示。由于任何两次电平跳变的时间间隔是 $T/2$ 或 T，提取电平跳变信号就可作为收、发两方的同步信号，而不需要另外的同步信号，故曼彻斯特编码属于自含时钟编码。

3.8.3 差分曼彻斯特编码

差分曼彻斯特编码是对曼彻斯特编码的改进。其特点是每一位二进制信号的跳变依然用于收、发两方之间的同步，但每位二进制数据的取值要根据其开始边界是否发生跳变来决定。若一个比特开始处存在跳变，则表示"0"；无跳变，则表示"1"，如图 3-27（c）所示。之所以采用位边界的跳变方式来决定二进制的取值，是因为跳变更易于检测。

两种曼彻斯特编码都将时钟和数据包含在数据流中，在传输代码信息的同时，也将同步信号一起传输给对方，因此具有自同步能力和良好的抗干扰性能。但每一个码元都被调成两个电平，所以其数据传输速率（Data Transmission Rate）只有调制速率（Modulation Rate）的 1/2。

> **课堂同步**

若图 3.28 所示为以太网网卡接收到的信号波形，则该网卡接收到的二进制位串是_____。

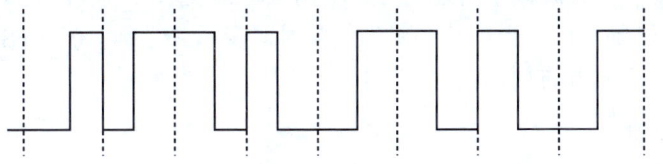

图 3.28 以太网网卡接收到的信号波形

3.9 频带调制

在实现远距离通信时，经常要借助电话线路，此时需利用频带传输方式。频带传输是指将数字信号调制成音频信号后再进行传输，到达接收方时再把音频信号解调成原来的数字信号。可见，在采用频带传输方式时，要求发送方和接收方都要安装调制器（Modulator）和解调器（Demodulator）。利用频带传输，不仅解决了利用电话系统传输数字信号的问题，还可以实现多路复用，提高了传输信道的利用率。

模拟信号传输的基础是载波，载波具有三大要素：幅度（Amplitude）、频率（Frequency）和相位（Phase），可以通过改变这 3 个要素来实现模拟数据编码的目的。将数字信号调制成电话线上可以传输的信号有 3 种基本方式：幅移键控（Amplitude Shift Keying，ASK）、频移键控（Frequency Shift Keying，FSK）和相移键控（Phase Shift Keying，PSK），如图 3.29 所示。

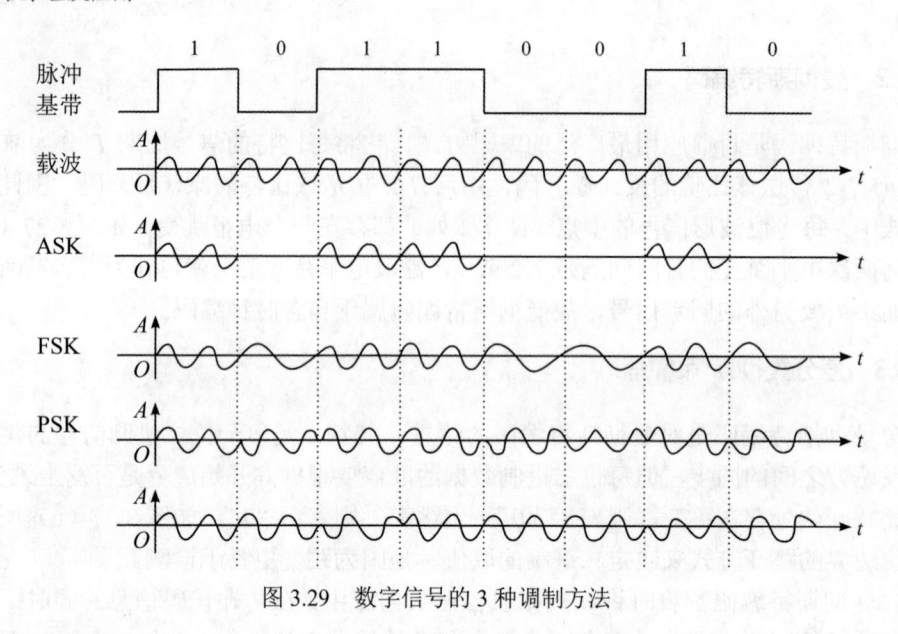

图 3.29 数字信号的 3 种调制方法

3.9.1 幅移键控

在 ASK 方式下，用载波的两种不同幅度来表示二进制的两种状态，当载波存在时，表示二进制"1"；当载波不存在时，表示二进制"0"。采用 ASK 技术比较简单，但抗干扰能力差，容易受增益变化的影响，是一种低效的调制技术。

3.9.2 频移键控

在 FSK 方式下，用载波频率附近的两种不同频率来表示二进制的两种状态，当载波频率为高频时，表示二进制"1"；当载波频率为低频时，表示二进制"0"。FSK 技术的抗干扰能力优于 ASK 技术，但所占的频带较宽。

3.9.3 相移键控

在 PSK 方式下，用载波信号的相位移动来表示数据，当载波不产生相移时，表示二进制"0"；当载波有 180°相移时，表示二进制"1"。对于只有 0°或 180°相位变化的方式称为二相调制，而在实际应用中还有四相调制、八相调制、十六相调制等。PSK 技术的抗干扰性能好，数据传输速率高于 ASK 和 FSK。

3.10 混合调制

ASK、PSK 和 FSK 本质上是二进制调制，故分别称为 2ASK、2PSK 和 2FSK，其含义是用基带信号的 2 个电平去控制载波的幅度、相位和频率。

3.10.1 多进制调制

在进一步提高数据传输速率时，可把 2ASK、2PSK 和 2FSK 分别扩展为 MASK（多进制 ASK）、MPSK（多进制 PSK）和 MFSK（多进制 FSK），其中的 $M=2^n$（n 为每个码元携带的比特数)。例如,2ASK 调制速率为 2400 波特时,每个码元携带 1bit 的二进制数,其数据传输速率为 2400bit/s;使用 8ASK 调制时,每个码元携带 3bit 的二进制数,其数据速率提高至 7200bit/s。不过这种方法将增加系统实现的复杂性和误码率。

3.10.2 正交振幅调制

在实际应用中,为了让一个码元携带更多的比特数,可把 3 种基本的二进制调制方案进行各种组合,形成更加复杂的混合调制方式,提高调制级别,组成更多种类的码元。通常的做法是将 ASK 和 PSK 2 种调制技术结合起来,使得相位上有 x 种变化,振幅上有 y 种变化,于是总共有 N(为 x 为 y 的有效结合)种可能的变化和对应每个变化的比特数。正交振幅调制(Quadrature Amplitude Modulation,QAM)技术正是如此,它将信号加载到 2 个正交的载波上(通常是正弦和余弦),通过调整并叠加这两个载波幅度,最终得到相位和幅度都调制过的信号,因此 QAM 也被认为是相位调制和幅度调制的组合。

常用信号星座图表示 QAM 信号的相位和振幅,如图 3.30 所示,一个级别的信号对应一个信号星点,星点到原点的距离表示信号的振幅,星点和原点的连线与横轴的夹角表示信号的相位。

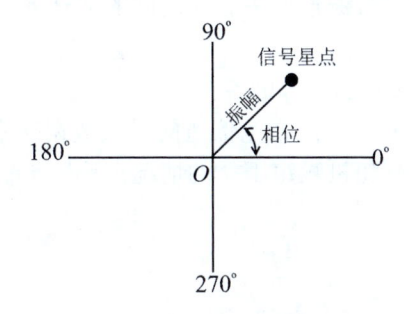

图 3.30 QAM 信号星座图

理论上讲,QAM 可能的变化是无数的,由于振幅的变化比相位变化更容易受噪声影响,QAM 技术中所使用的相位变化的数量比振幅变化的数量要多。图 3.31 给出了采用 4 种相位,每个相位具有 1 种振幅的 4-QAM 可能的配置方式,4-QAM 表示调制级别为 4,每个码元可携带 2bit 的二进制数。

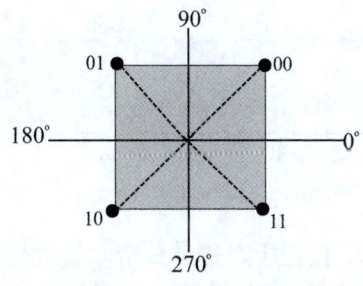

图 3.31 4-QAM 星座图

在频率相同的情况下,设波特率为 B,采用 x 个相位,每个相位有 y 种振幅,则该 QAM 的数据传输速率 R 为 $B\log_2^N$。那么,能否通过无限增加波特率(方法 1)和调制复杂度(方法 2)来得到无限高的数据传输速率呢?

3.11 信道的极限容量

任何信道传输信号时都会受到干扰从而导致信号传输失真。介质特性、长度和波特率等是影响信号传输的关键因素，在前两者给定的情况下，波特率越高，则输出信号的波形失真就越严重，甚至导致接收方无法识别，如图 3.32 所示。

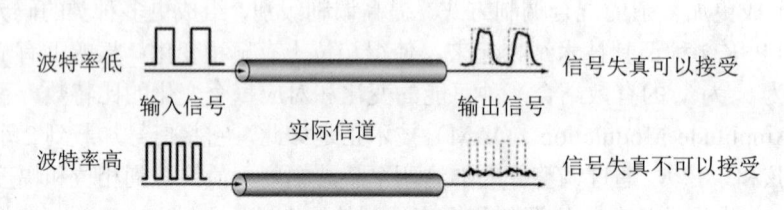

图 3.32 信号通过实际信道的效果

实际的信道允许通过的信号频率范围总是有限的，并且信号中的许多高频分量往往不能通过信道，导致接收方收到的信号波形失去码元之间的清晰界限，这种现象称为码间串扰。如果一条信道没有噪声，则是理想信道，同有噪声信道一样，理想信道的最大数据传输速率也有上限。早在 1924 年，AT&T 的工程师奈奎斯特就认识到这个基本限制的存在，并推导出一个公式，用来推算无噪声的、有限带宽信道的最大数据速率。1948 年，香农把奈奎斯特的工作进一步扩展到信道受到随机噪声干扰的情况。下面将直接引用这些现在视为经典的结果。

3.11.1 奈奎斯特定理

奈奎斯特定理给出了理想低通信道和理想带通信道下不会产生码间干扰的波特率的上限值。

1. 理想低通信道下极限数据传输速率

理想低通信道是指信道不失真地传输信号的频率范围是 $0 \sim A$ Hz，如果超出 A Hz，则不能保证无失真传输信号，如图 3.33 所示。

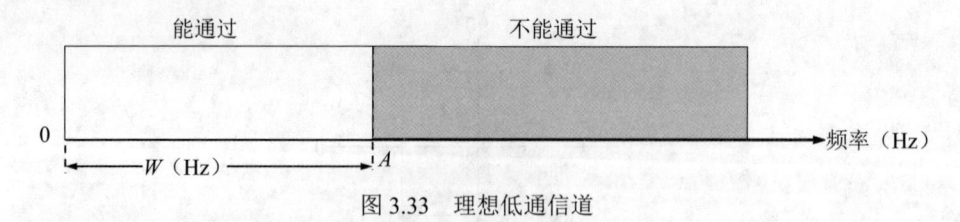

图 3.33 理想低通信道

奈奎斯特推导出：在理想低通信道下，每赫兹带宽的最高码元传输速率是 2 波特（一个 Hz 可以传输 2 个码元）。设信道的带宽是 W（Hz），则其最高波特率是 $2W$。如果制定的码元状态数为 M，则极限数据传输速率为 $C_{max}=2W\log_2^M$（bit/s）。

2. 理想带通信道下极限数据传输速率

理想带通信道是指信道不失真地传输信号的频率范围是 $B \sim A$ Hz，如果低于 B Hz，或超出 A Hz，则不能保证无失真传输信号，如图 3.34 所示。

图 3.34 理想带通信道

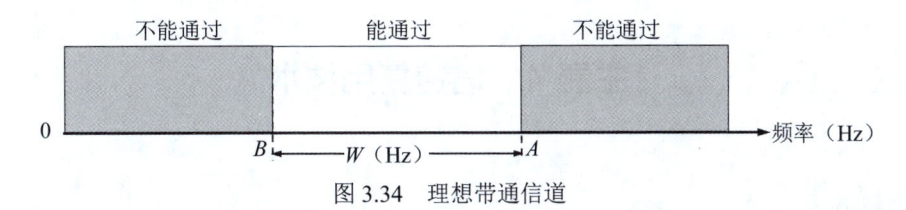

奈奎斯特推导出：在理想带通信道下，每赫兹带宽的最高码元传输速率是 1 波特（一个 Hz 可以传输 1 个码元）。设信道的带宽是 W（Hz），则其最高波特率是 $1W$。如果制定的码元状态数为 M，则极限数据传输速率为 $C_{max}=W\log_2 M$（bit/s）。

实际条件下，最大波特率受限于奈奎斯特定理，因此希望无限提高数据传输速率的方法（1）（3.10.2 小节）被否定了。

3.11.2 香农定理

在理想低通或带通信道下，如果码元状态数 M 无限增大，意味着最高数据传输速率可以无限增大。事实上，实际的信道不可能没有噪声。香农用信息论的理论推导出带宽受限且有高斯白噪声干扰的信道的极限、无差错的信息传输速率为 $C_{max}=W\log_2(1+S/N)$（bit/s），其中 W 为信道的带宽（Hz）；S 为信道内传输信号的平均功率；N 为信道内部的高斯噪声功率；S/N 为信噪比，并用分贝（dB）作为度量单位，定义为：信噪比（dB）$=10\times\log_{10}(S/N)$（dB）。

根据 $C_{max}=W\log_2(1+S/N)$（bit/s）可知，信道的带宽或信道中的信噪比越大，极限数据传输速率越高。但是，对于频带宽度已确定的信道，如果信噪比不能再提高了，那么数据传输速率也是有上限的。香农定义表明，通过 3.10.2 小节中的方法（1）和方法（2）来无限制提高数据传输速率是不可行的。

课堂同步

若信道在无噪声情况下的极限数据传输速率不小于在信噪比为 30dB 条件下的极限数据传输速率，则信号状态数至少是（　　）。

A. 4　　　　　　B. 8　　　　　　C. 16　　　　　　D. 32

动手实践

研究通信速率指标

课后检测

模块 3 主题 3 课后检测

主题 4　信道复用技术

学习目标

通过对本主题的学习达到以下目标。

知识目标：

- 了解信道复用技术的作用。
- 理解频分多路复用技术的特点及应用场合。
- 掌握时分多路复用技术的特点及应用场合。
- 了解波分多路复用技术的特点及应用场合。
- 了解码分多路复用技术的特点及应用场合。

技能目标：

- 能够安装和使用网络模拟器。

素质目标：

- 通过对光的波分复用技术的学习，结合现代社会分工越来越精细的现状，让学生明白很多事情不可能单独完成的道理，引导学生发扬"团结就是力量"精神。

课前评估

信道是信号在通信系统中传输的通道，由通信线路及通信设备组成。通信工程中用于架设通信线路的费用相当高，人们必须充分利用信道的容量。无论在广域网还是局域网中，实际传输速率要远远低于信道容量，因此，需要提高信道的_____。如何做到这一点呢？我们将通信信道和高速公路类比，如图 3.35 所示，在一条物理信道上建立多条逻辑信道，而每一条逻辑信道上只允许一路信号通过。

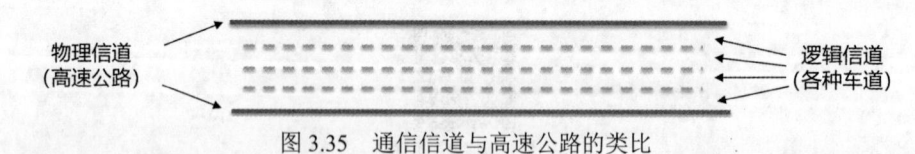

物理信道　　　　　　　　　　　　　　　　　　　逻辑信道
（高速公路）　　　　　　　　　　　　　　　　　（各种车道）

图 3.35　通信信道与高速公路的类比

高速收费管理站将多辆低速车辆组织到一条高速公路上，计算机网络中采用了多路复用技术，把多个低速信道组合成一个高速信道的技术，这种技术要用到两个设备：多路复用器（Multiplexer）在发送方根据某种约定的规则把多个_____信号复合成一个_____的信号；多路分用器（Demultiplexer）在接收方根据同一规则把_____的信号分解成多个_____信号。多路复用器和多路分用器统称多路器，简写为 MUX，如图 3.36 所示。

图 3.36 (a) 模拟线路复用传输

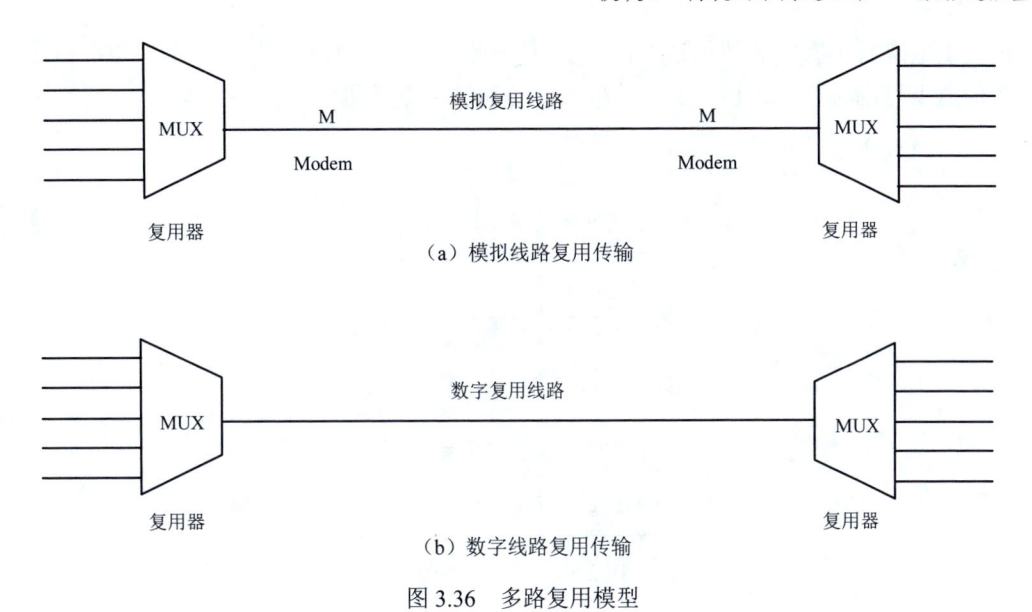

图 3.36 (b) 数字线路复用传输

图 3.36　多路复用模型

目前常用的多路复用技术有频分多路复用（Frequency Division Multiplexing，FDM）、时分多路复用（Time Division Multiplexing，TDM）、波分多路复用（Wave Division Multiplexing，WDM）和码分复用（Code Division Multiplexing，CDM）等。

3.12　频分多路复用

FDM 就是将具有一定带宽的信道分割为若干个有较小频带的子信道（类似于高速公路被划分为多个车道），每个子信道传输一路信号。这样在信道中就可同时传送多个不同频率的信号。被分开的各子信道的中心频率不相重合，且各信道之间留有一定的空闲频带（也称为保护频带），以保证数据在各子信道上的可靠传输。频分多路复用实现的条件是信道的带宽远远大于每个子信道的带宽。

频分多路复用工作过程如图 3.37 所示。图 3.37 中包含 3 路信号，分别被调制到 f_1、f_2 和 f_3 上，然后再将调制后的信号复合成一个信号，通过信道发送到接收方，由解调器恢复成原来的波形。

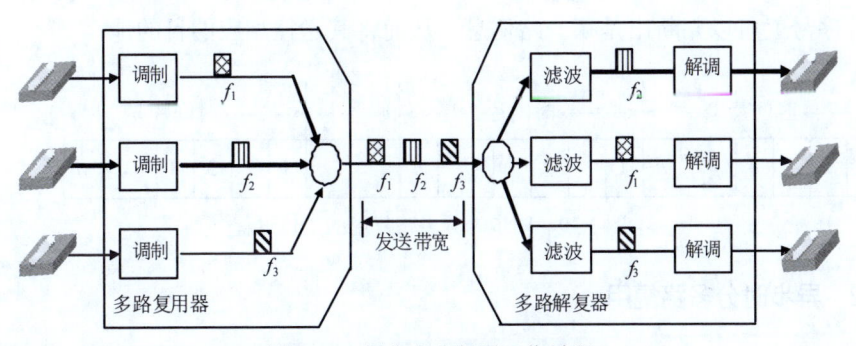

图 3.37　频分多路复用工作过程

采用频分多路复用时，数据在各子信道上是并行传输的。由于各子信道相互独立，故一个信道发生故障时不影响其他信道。图 3.38 是把整个信道分为 5 个子信道的频率分割图，在这 5 个信道上可同时传输已调制到 f_1、f_2、f_3、f_4 和 f_5 频率范围的 5 种不同信号。

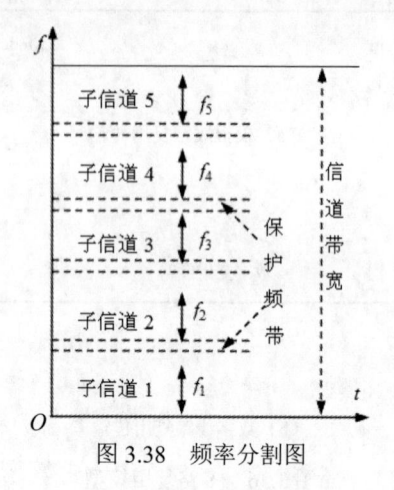

图 3.38 频率分割图

3.13 时分多路复用

TDM 将一条物理信道的传输时间分成若干个时间片轮流地给多个信号源使用，每个时间片被复用的一路信号占用。这样，当有多路信号准备传输时，一个信道就能在不同的时间片中传输多路信号。时分多路复用实现的条件是信道能达到的数据传输速率超过各路信号源所要求的最高数据传输速率。如果把每路信号调制到较高的传输速率，即按介质的比特率传输，那么每路信号传输时多余的时间就可以被其他路信号使用。因此，使每路信号按时间分片，轮流交换地使用介质，就可以达到在一条物理信道中同时传输多路信号的目的。时分多路复用又可分为同步时分多路复用（Synchronous Time Division Multiplexing，STDM）和异步时分多路复用（Asynchronous Time Division Multiplexing，ATDM）。

3.13.1 同步时分多路复用

图 3.39 给出了同步时分多路复用的工作过程，其方法是在发送方将通信线路的传输时间分成 n 个时间片，每个时间片固定地分配给一个信道，每个信道供一个用户使用。在接收方，根据时间片序号就可以判断出是哪一路信息，从而将其送往相应的目的地。

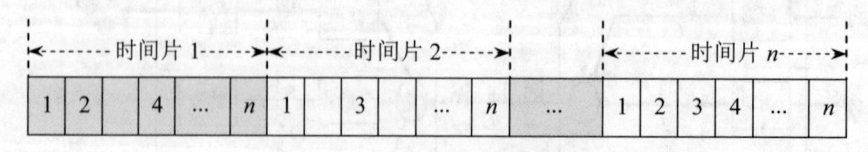

图 3.39 同步时分多路复用的工作过程

3.13.2 异步时分多路复用

为了提高时间片的利用率，异步时分多路复用技术则允许动态地、按需分配信道使用的时间片，其工作过程如图 3.40 所示（$m \leq n$），例如，在时间片 1 内，信道 3 没有信息要发送，就让信道 4 来占用这个时间片。异步时分多路复用也可称为统计时分多路复用（Statistic Time Division Multiplexing）技术，它也是目前计算机网络中应用较为广泛的多路复用技术。

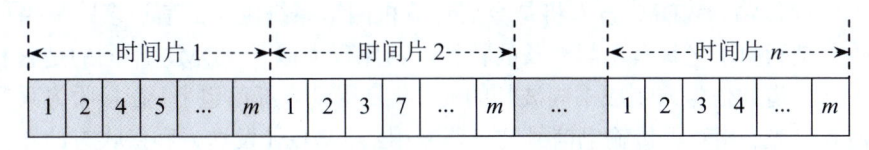

←------时间片 1------→	←------时间片 2------→	...	←------时间片 n------→
1 | 2 | 4 | 5 | ... | m	1 | 2 | 3 | 7 | ... | m	...	1 | 2 | 3 | 4 | ... | m

图 3.40 异步时分多路复用工作过程

课堂同步

判断：在采用时分多路复用技术的传输线路中，任一时刻实际上信道都只可能被一对通信终端使用。   （   ）

曾经风靡一时的全球移动通信系统（Global System for Mobile communications，GSM），既使用了 FDM 技术，又使用了 TDM 技术。它在 900MHz 附近的频率范围内，划分了 124 对（一收一发）单工信道，每条信道为 200kHz，且采用了 8 个时隙的时分复用。因此，理论上一个蜂窝可以有 124×8=992 个单独的双工信道，但其中包括一些控制信道，并不能全部提供给用户使用。

【例 3.1】10 个用户使用 TDM 或 FDM 共享 8Mbit/s 的信道，使用 TDM 的每个用户以一个固定的顺序轮流使用整条信道的全部带宽 1ms，当用户要传输一个 3000B 大小的数据时，使用哪种复用技术具有更低的时延？该时延是多少？

【解】采用 TDM，信道带宽平均分配给 10 个用户，每个用户使用的带宽是 0.8Mbit/s，传输完成 3000B 的数据需要的时延 d_{TDM}=3000B÷0.8Mbit/s=0.03s=30ms。

当用户使用 FDM 时，在 1ms 内，以 8Mbit/s 的速度发送数据，可以发送的数据为 1ms×8Mbit/s=1000B。所以，需要 3ms 才能发送完 3000B 数据。如果传输数据时，刚好轮到自己传输数据，则需要等待 9×1ms=9ms，才第 2 次轮到自己发送数据，再等待 9ms 后，第 3 次轮到自己发送数据，故用户完成数据传输的总时延 d_{FDM}=3ms+2×9ms=21ms。

因为 d_{TDM}=30ms>d_{FDM}=21ms，所以 FDM 的时延更低。

3.14 波分多路复用

WDM 是指在一根光纤上能同时传送多个不同波长的光载波复用技术，主要用于全光纤网组成的通信系统中。

光载波通常使用的波段位于 0.850μm、1.330μm 和 1.550μm 3 个波长（λ）处，每处的波段对应的频率范围大概有几太赫兹至几十太赫兹。其中 C 波段（根据 ITU 国际标准和国家标准，光纤使用的光波频率分成若干波段，其中最常使用的是 C 波段）波长范围是 1.530～1.565μm，其衰减小，可进行全光放大。其对应的带宽 B 可以根据公式 $c=\lambda \times f$（其中，c 为光速，取常数 3×10^8m/s；f 为频率）计算出来。即：

$$B=3\times10^8\text{m/s}\div1.530\mu\text{m}-3\times10^8\text{m/s}\div1.565\mu\text{m}=4.385\text{THz}$$

可见，物理带宽是太赫兹级别。

通过 WDM，原来在一根光纤上只能传输一个光载波的单一光信道，变为可传输多个不同波长光载波的光信道，光纤的传输能力成倍增加。也可以利用不同波长沿不同方向传输来实现单根光纤的双向传输。WDM 技术将是今后计算机网络系统主干的信道多路复用技术之一。WDM 实质上是利用了光具有不同波长的特征，其原理类似于 FDM，不同的是它利用波分复用设备将不同信道的信号调制成不同波长的光，并复用到光纤信道上，在接收方采用波分设备分离不同波长的光。相对于传输电信号的多路复用器，WDM 发送方和接收方的器件分别称为复用器（合波器）和分用器（分波器），其工作过程如图 3.41 所示。为了进一步提高光信号的传输距离和传输速率，使用掺铒光纤放大器（Erbium-Doped Fiber Amplifier，EDFA）对光信号进行放大。掺铒光纤放大器于 1985 年发明之后，推向商用，用于光复用器（合波器）之后，解复用器（分波器）之前，不需要光电转换即可放大。

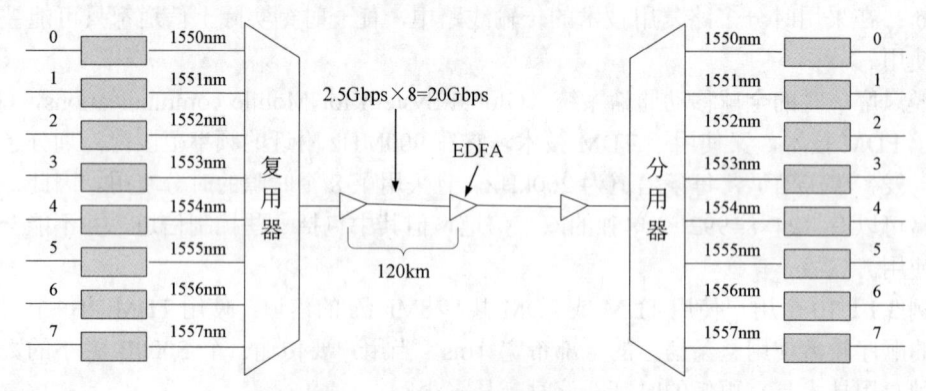

图 3.41 波分多路复用工作过程

3.15 码分复用

在 TDM 的共享传输媒体技术中，各主机不能同时使用传输媒体（时间上受限），而在 FDM 的共享传输媒体技术中，各主机只能使用传输媒体的不同子频带（带宽上受限）。CDM 将多个数据信号组合在一起在公共频带上传输，它既共享信道的频率，也共享时间，是一种真正的动态复用技术。当 CDM 技术被不同地址的多个主机所使用时，就被称为码分多址（Code Division Multiple Access，CDMA）。CDMA 可以让接入共享传输媒体的所有主机在同一时间使用传输媒体相同的频带，且互不干扰地进行通信。使用 CDMA 不同的主机需要选用不同的码型来表示比特"1"和"0"，这样所有的主机就可以在同一频段上通信而不相互干扰。

3.15.1 CDM 的工作原理

CDM 的工作原理是，将每比特时间分成 m 个更短的时间槽，称为码片序列（Chip Squence）。每个站点被指定一个唯一的 m 位的码片序列。当发送"1"时，站点就发送码片序列；当发送"0"时，站点就发送码片序列的反码。例如，S 站的码片序列是"001011"，若 S 站发送"1"，则发送序列"001011"；而若 S 站发送"0"，则发送序列"110100"。实际操作时，按惯例约定 X_i 和 Y_i 取+1 或-1，$i=1,2,…,m$。也就是说，若码片序列为"00011011"，则写为"-1-1-1+1+1-1+1+1"。

3.15.2 CDM 的特性

CDMA 给每一个发送站分配的码片序列不仅必须各不相同，并且必须相互正交。令向量 S_A 表示站 A 的码片向量，再令 S_B 表示其他任何站的码片向量，m 表示码片序列的位数。两个不同站的码片序列正交，要求向量 S_A 和 S_A 的规格化内积为 0，即 $S_A \cdot S_B = \frac{1}{m}\sum_{i=1}^{m} S_{Ai} \times S_{Bi} = 0$；

任何一个码片向量和码片向量自己的规格化内积为 1，即 $S_A \cdot S_A = \frac{1}{m}\sum_{i=1}^{m} S_{Ai} \times S_{Ai} = 1$；任何一个码片向量和该码片的反码向量的规格化内积为-1，即 $S_A \cdot \overline{S_A} = \frac{1}{m}\sum_{i=1}^{m} S_{Ai} \times \overline{S_{Ai}} = -1$。

【例 3.2】假设 CDM 系统中有 3 个工作站 A、B、C，它们的码片序列分别为 "+1-1+1-1"（S_A）、+1+1-1-1（S_B）和+1-1-1+1（S_C）。某个时刻，A、B、C 分别发送 "1"、不发送和发送 "0"。

（1）此时的码分复用信号是什么？

（2）接收方收到复用信号后，解复用验证 3 个工作站发送的原始比特是什么？

（3）如果在某 3 个连续的比特时间收到的复用信号是 "0 0+2 -2 0 -2 +2 0 -1 +1 -1+1"，则 A 发送的比特是什么？

【解】（1）某个比特时间，A 发送 "1"，则发送自己的码片序列本身，即 "+1-1+1-1"；B 什么都不发送；C 发送 "0"，则发送自己的码片序列的反码，即 "-1+1 +1-1"。3 个用户在这个比特时间发送的复用信号是将 3 个用户发送的序列按码片相加，如下：

S_A： +1-1+1-1
S_B： 未发
+ S_C： -1+1 +1-1
―――――――――
S 复用 0 0 +2 -2

（2）当接收方收到复用信号时，它需要接收哪个用户信息，就用哪个用户的码片序列与复用信号进行点乘，如果点积为 1，则表示发送方发送的是比特 "1"；如果点积为-1，则表示发送方发送的是比特 "0"；如果点积为 0，则表示发送方没有发送任何比特。解复用的计算过程如下：

$S_A \cdot S_{复用} = \frac{1}{4}$ (+1-1+1-1) · (0 0+2-2)=1，所以 A 发送了比特 "1"；

$S_B \cdot S_{复用} = \frac{1}{4}$ (+1+1-1-1) · (0 0+2-2)=0，所以 B 没有发送；

$S_C \cdot S_{复用} = \frac{1}{4}$ (+1-1-1+1) · (0 0+2-2)=-1，所以 C 发送了比特 "0"。

（3）此时的复用信号含有 12 位，分成 3 个 4 位（m=4）的序列，分别与 A 的码片序列进行点乘运算。

$\frac{1}{4}$ (+1-1+1-1) · (0 0+2-2)=1，发送了比特 "1"；

$\frac{1}{4}$(+1-1+1-1)·(0-2+20)=1，发送了比特"1"；

$\frac{1}{4}$(+1-1+1-1)·(-1+1-1+1)=-1，发送了比特"0"。

得到的结果分别是 1、1 和-1，所以，A 发送的 3 个连续比特是"110"。

实际通信系统中的 m 比 4 要大得多，通常取值为 64 或 128，因为码片序列间的正交要求 m 值足够大，才能容纳较多的用户。从上面的例子中可以看到，发送 1 比特，实际上发送的数据是 m 比特，也就是说，如果一个用户的数据速率是 b bit/s，则实际上的速率是 mb bit/s，其对应的频率范围也扩展了，所以码分复用是一种扩频技术。

总之，CDM 是一种扩频技术，具有带宽大、抗干扰等优点，是 2.5G、3G 移动通信中的主角，却未在 4G、5G 中延续辉煌，不过也并没有消亡，在卫星通信系统中还能见到 CDM 技术的身影。

动手实践

网络模拟器的高级使用

课后检测

模块 3 主题 4 课后检测

主题 5　网络互联实体

学习目标

通过对本主题的学习达到以下目标。

知识目标：

- 掌握 RS-232C 接口的 4 个特性。
- 了解组帧的 4 种方法。
- 掌握 HDLC、PPP、PPPoE 的特点及应用。

技能目标：

- 能够描述通过 RS-232C 接口接入 Internet 的过程。

素质目标：

- 从当前主要物理层接口标准制定组织（以前主要为欧美国家制定）入手，结合当前我国科技领域的进步，培养学生的爱国情怀，激发学生的学习热情。

课前评估

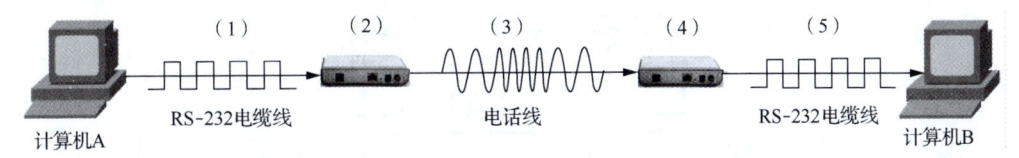

图 3.42 所示为广域网数据通信模型。请根据已学知识，指出图中（1）～（5）的名称，并进一步思考计算机 A 至（2）之间的信道类型是＿＿＿＿＿，传输的是＿＿＿＿＿信号；（2）和（3）之间的信道类型是＿＿＿＿＿，传输的是＿＿＿＿＿信号。

图 3.42　广域网数据通信模型

计算机 A 通过 RS-232 电缆线与（2）的＿＿＿＿＿接口相连；（2）通过电话线与（3）的＿＿＿＿＿接口相连。其中，用来发送和接收数据的计算机 A 和计算机 B 称为数据终端设备（Data Terminal Equipment，DTE）；用来实现信息的收集、处理和变换的设备称为数据电路端接设备（Data Circuit-terminating Equipment，DCE），如（2）和（3）。下面将介绍（2）和（3）之间互连接口的相关内容。

3.16　RS-232C 接口标准简介

RS-232C 是美国电子工业协会（Electronic Industries Association，EIA）制定的著名物理层标准。其中，RS（Recommended Standard）表示推荐标准；232 为标识号码；C 代表标准 RS-232 制定以后的第 3 个修订版本。

图 3.43 所示为使用 RS-232C 接口通过电话网实现数据通信示意图。其中，用来发送和接收数据的计算机或终端系统称为 DTE，如图中的计算机；用来实现信息的收集、处理和变换的设备称为 DCE，如图中的调制解调器。

图 3.43　使用 RS-232C 接口通过电话网实现数据通信示意图

3.16.1 RS-232C 的机械特性

RS-232C 的机械特性规定使用一个 25 芯的标准连接器,并对该连接器的针或孔芯的排列位置等都进行了详细说明,如图 3.44(a)所示。另外,实际的用户并不一定需要用到 RS-232C 的全集,这在个人计算机高速普及的今天尤为突出,所以一些生产厂家对 RS-232C 的机械特性进行了简化,使用了一个 9 芯标准连接器将不常用的信号线舍弃,9 芯连接器引脚排列和尺寸分别如图 3.44(b)和图 3.44(c)所示。

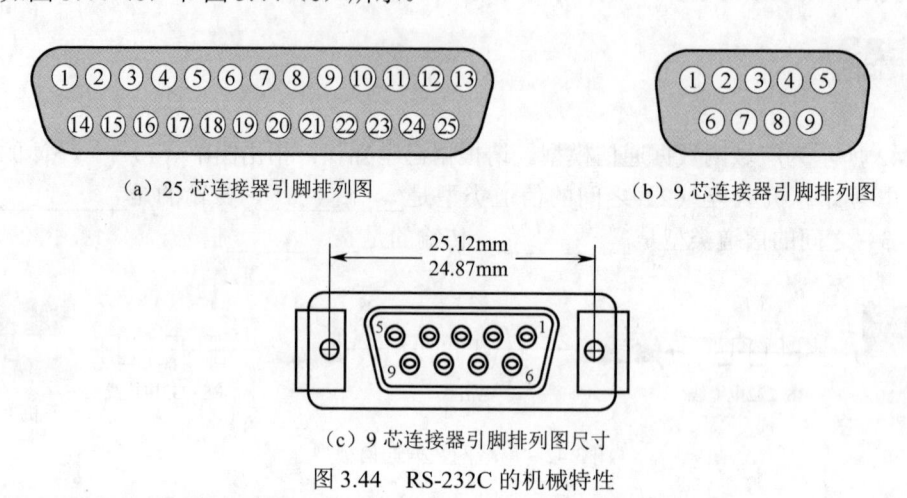

(a) 25 芯连接器引脚排列图

(b) 9 芯连接器引脚排列图

(c) 9 芯连接器引脚排列图尺寸

图 3.44 RS-232C 的机械特性

3.16.2 RS-232C 的电气特性

RS-232C 的电气特性规定逻辑"1"的电平为-15~-5V,逻辑"0"的电平为+5~+15V,即 RS-232C 采用+15V 和-15V 的逻辑电平,-5~+5V 之间为过渡区域不作定义。RS-232C 的电气特性如图 3.45 所示,其电气表示如图 3.46 所示。

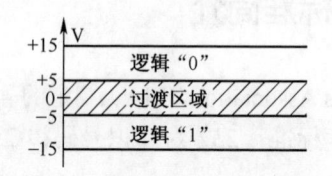

图 3.45 RS-232C 的电气特性

状态	负电平	正电平
逻辑状态	1	0
信号状态	传号	空号
功能状态	OFF(断)	ON(通)

图 3.46 RS-232C 的电气表示

RS-232C 电平高达+15V 和-15V,较之 0~5V 的电平来说具有更强的抗干扰能力。但是,即使是这样的电平,若两台设备利用 RS-232C 接口直接相连(即不使用调制解调器),它们的最大距离也仅约 15m,而且由于电平较高,通信速率反而受影响。RS-232C 接口的通信速率有 1200bit/s、2400bit/s、4800bit/s、9600bit/s、19200bit/s 等几档。

3.16.3 RS-232C 的功能特性

RS-232C 的功能特性规定了什么电路应当连接到引脚中的哪一根以及该引脚的作用。RS-232C 的 9 芯连接器功能说明如表 3.3 所示。

表 3.3 RS-232C 的 9 芯连接器功能说明

针脚号	功能	名称	针脚号	功能	名称
1	载波检测	DCD	6	数据传输设备就绪	DSR
2	接收数据	RxD	7	请求发送	RTS
3	发送数据	TxD	8	清除发送	CTS
4	数据终端就绪	DTR	9	振铃指示	RI
5	信号地	GND			

课堂同步

RS-232C 适用于串行通信，所使用的同步技术是_____。

3.16.4 RS-232C 的规程特性

RS-232C 的工作过程是在各根控制信号线有序的 ON（逻辑"0"）和 OFF（逻辑"1"）状态的配合下进行的。在 DTE 与 DCE 连接的情况下，只有 DTR（数据终端就绪）和 DSR（数据设备就绪）均为 ON 状态时，才具备操作的基本条件。此后，若 DTE 要发送数据，则须先将 RTS（请求发送）置为 ON 状态，等待 CTS（清除发送）应答信号为 ON 状态后，才能在 TxD（发送数据）上发送数据。

课堂同步

设置 RS-232C 接口的参数，若串口 1 传输的比特率设置为 2400bit/s，则串口 2 的比特率应设置为（   ）。

  A．1200bit/s   B．1800bit/s   C．2400bit/s   D．4800bit/s

3.17 组　帧

数据帧是数据链路层的基本传送单位。在前面的章节中多次提到过数据帧，本节将介绍如何生成数据帧。数据帧的组织结构必须设计成接收方能够明确地从物理层收到的比特流中对其进行识别。因为网络传输中很难保证计时的正确和一致，所以不能依靠时间间隔关系来确定一帧的开始与结束。数据链路层用来组帧的方法有字节计数法、带字节填充的首尾标识法、带比特填充的首尾标识法和编码违例法 4 种。

3.17.1 字节计数法

字节计数法用一个专门字段来表明数据帧内部的字节数，接收方从专门字段中获取该数据帧中随后跟随的数据字节数，从而可以确定出帧的终止位置，如图 3.47 所示。由于字节计数法中专门字段的脆弱性（传输中出现错误在所难免），一旦包含帧长度的专门字段出错，将带来灾难性的后果。例如，在图 3.48 中，第 1 个数据帧中的首字段本来是"100"，却被错误地认为是"110",4字节的数据帧长变为了6字节,从此开始,后续的数据帧都被认错,且无恢复的可能。所以,虽然字节计数法简单,却存在致命的缺陷,因此很少单独用于真实的网络传输中。

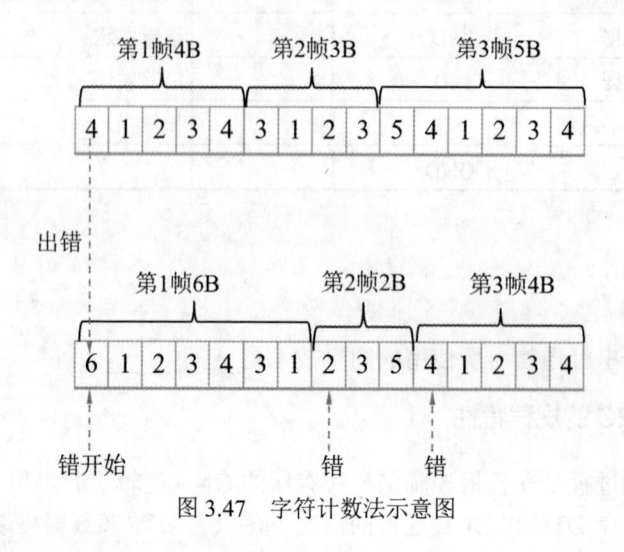

图 3.47 字符计数法示意图

3.17.2 带字节填充的首位标识法

带字节填充的首位标识法用一些特定的字符来定界一帧的开始与结束,如图 3.48 所示。为了不让数据信息中出现与特定字符相同的字符被误判为帧的首尾定界符,可以在这种数据字符前填充一个转义字符(如 DLE)以示区别,从而达到数据的透明性。若一个数据帧的载荷字段中出现转义字符"DLE",例如"A B DLE DLE C",其中 A、B、C 是普通数据,DLE 是载荷中包含的转义字符,则填充后的数据为"A B DLE DLE DLE DLE C"。带字节填充的首位标识法克服了字节计数法固有的出错无法恢复的缺陷,但是这种方法使用起来比较麻烦,而且所有的特定字符依赖于所采用的字符编码集,兼容性比较差。稍后要介绍的点到点协议(PPP)工作在异步传输时,就采用了带字节填充的首位标识法。

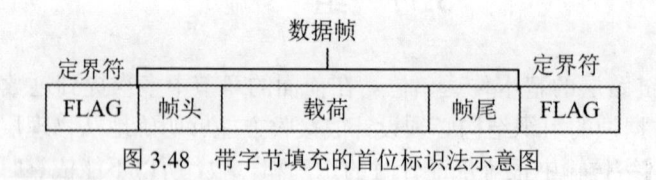

图 3.48 带字节填充的首位标识法示意图

3.17.3 带比特填充的首位标识法

带比特填充的首位标识法是用一组特定的比特(如 01111110)来标识一帧的开始与结束。为了不使载荷中出现的与该特定比特相似的比特串被误判为帧的首尾标志,可以采用比特填充法,例如对载荷中的任何连续出现的 5 个"1",发送方自动在其后插入 1 个"0",如图 3.49 所示,而接收方则做该过程的逆操作,实现数据传输的透明性。比特填充很容易由硬件来实现,性能优于带字节填充的首位标识法。PPP 工作在异步传输或高级数据链路规程(HDLC)中时使用带比特填充的首位标识法。

发送端发送的数据　　　　00111110101111000010110

物理线路上实际传输的数据　　0011111**0**010111111**0**0000010110

填充的"0"比特

图 3.49　带比特填充的首位标识法示意图

3.17.4　编码违例法

编码违例法是在物理层采用特定的比特编码方法。例如，曼彻斯特编码是以太网常采用的编码方法，它将数据比特"1"编码成"高—低"电平对，将数据比特"0"编码成"低—高"电平对。而"高—高"电平对和"低—低"电平对在数据比特中是违例的，可以借用这些违例编码序列来定界帧的起始与终止。差分曼彻斯编码是在去除差分编码中的参考码之后，再采用曼彻斯编码进行编码，得到的结果就是差分曼彻斯特编码。在图 3.50 中，对数据 a_n={1000100111} 差分编码的结果是 b_n={1111000101}（不含参考编码），对 b_n 再进行曼切斯特编码就得到图 3.51 中的差分曼切斯特编码。快速以太网不再采用曼彻斯特编码，而是采用编码效率更高的 4B/5B 编码。这种编码通过发送 5 比特代表真正想传输的 4 比特，在编码后的 5 位码字中不出现 3 个连续的"0"，连续的"1"最多出现 4 次。4B/5B 编码码字表如表 3.4 所示。4B/5B 编码用 5 比特发送 4 比特，编码效率达到 80%。5 比特形成 32 个编码组合，只用到其中的一半传输数据，剩下的组合可用于其他处，比如用作数据帧界，或用作某种控制符号等。

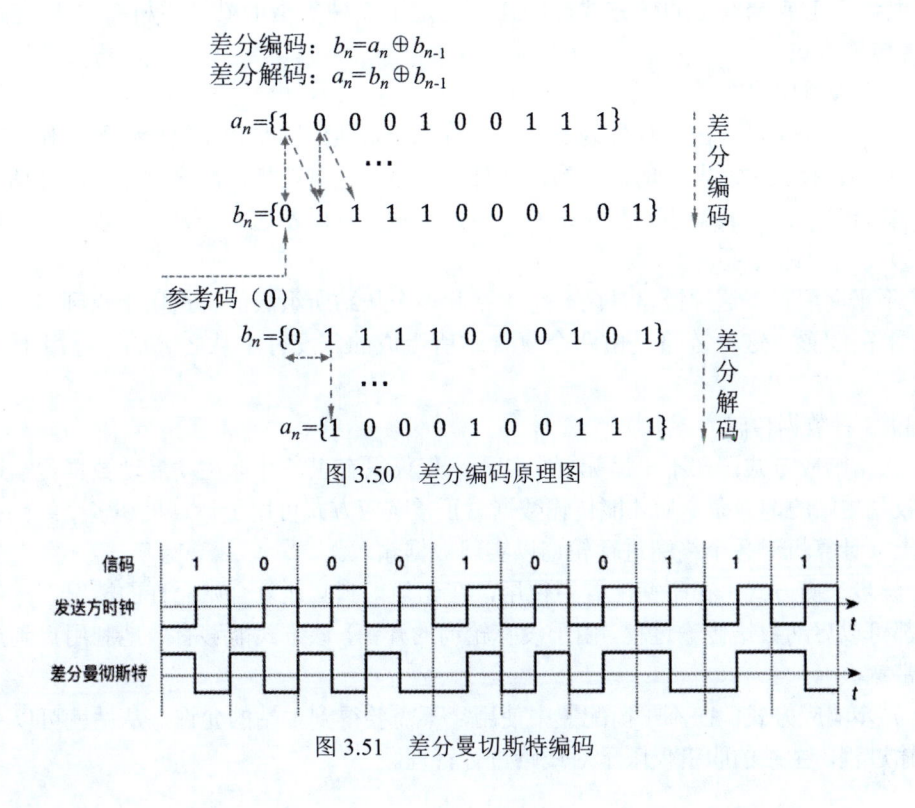

差分编码：$b_n = a_n \oplus b_{n-1}$
差分解码：$a_n = b_n \oplus b_{n-1}$

a_n={1 0 0 0 1 0 0 1 1 1}
…
b_n={0 1 1 1 1 0 0 0 1 0 1}

参考码（0）

b_n={0 1 1 1 1 0 0 0 1 0 1}
…
a_n={1 0 0 0 1 0 0 1 1 1}

图 3.50　差分编码原理图

图 3.51　差分曼切斯特编码

表 3.4　4B/5B 编码码字表

十六进制数	4 位二进制数	4B/5B 编码	十六进制数	4 位二进制数	4B/5B 编码
0	0000	11110	8	1000	10010
1	0001	01001	9	1001	10011
2	0010	10100	A	1010	10110
3	0011	10101	B	1011	10111
4	0100	01010	C	1100	11010
5	0101	01011	D	1101	11011
6	0110	01110	E	1110	11100
7	0111	01111	F	1111	11101

3.18　高级数据链路控制

实现数据链路层的功能需要制定相应的数据链路层协议，以下主要介绍点到点链路上广泛使用的 HDLC 和 PPP，对于广播多路访问链路上的组帧问题，本书将在模块 4 的 4.7 节进行介绍。

3.18.1　HDLC 概述

HDLC 属于面向比特的协议，只支持同步传输，可以工作在点到点或点到多点的链路上，可以使用半双工或全双工通信方式。HDLC 规定了 3 种类型的站（主机）、2 种链路配置及 3 种数据传输方式。

（1）3 种类型的站。

1）主站：由主站发出的帧称为命令帧，负责控制通信链路和差错检测等工作。

2）从站：接收主站发送的命令帧，并且向主站发送响应帧，配合主站控制通信链路。

3）复合站：同时具有主站和从站的功能，该站既可以发送命令帧也可以发送响应帧。

（2）2 种链路配置。

1）不平衡配置：这种链路是由一个主站和多个从站所组成的、适用于点到多点的链路。

2）平衡配置：这种链路是由两个复合站所组成的、没有主从之分的、适用于点到点的链路。

（3）3 种数据传输方式。

1）正常响应方式：在不平衡配置中使用，仅仅只有主站才能主动启动数据传输过程，从站在接收到主站的询问命令后才能传输数据。正常响应方式可用于计算机和多个终端相连的多点线路上，计算机对各个终端进行轮询以实现数据输入。

2）异步平衡方式：在平衡配置中使用，在无须得到其他复合站允许的情况下，任何一个复合站都可以启动数据传输过程。由于没有轮询的开销，该方式能够有效地利用点到点全双工链路的带宽。

3）异步响应方式：在不平衡配置中使用，不需要得到主站的允许，从站就可以主动启动数据传输过程，主站的职责仅限于对线路进行管理。

3.18.2 HDLC 帧格式

在 HDLC 中，数据和控制报文均以帧的标准格式进行传送。完整的 HDLC 帧由标志字段（F）、地址字段（A）、控制字段（C）、信息字段（I）、帧校验序列字段（FCS）组成。其格式如图 3.52 所示。

首部			尾部	
标志（F）	地址（A）	控制（C）	信息（I）	帧校验序列（FCS）	标志（F）
1	≥1		0～N		1

图 3.52 HDLC 帧格式

（1）标志字段占 1 字节，帧的首部和尾部均以 "01111110"（0x7E）的二进制序列作为分界标志。

（2）地址字段长度可变。HDLC 可以使用在点到多点的链路上，因此该字段用于标识主站或从站的地址，在主/从模式下，该字段的值是从站的地址。8 比特的地址空间可以表示 256 个地址，当首比特的值是 "0" 时，表示其后面的 1 字节用于地址扩展，这样地址数量可超过 256 个。

（3）控制字段占 8 比特，用于指明 HDLC 帧的类型。HDLC 有多种类型的帧，其中最主要的是信息帧（I 帧）、监督帧（S 帧）和无编号帧（U 帧）。控制字段的格式如图 3.53 所示。

	0	1	2	3	4	5	6	7
I 帧	0	\multicolumn{3}{c}{N（S）}	P/F	\multicolumn{3}{c}{N（R）}
S 帧	1	0	S	S	P/F	\multicolumn{3}{c}{P/F}
U 帧	1	1	M	M	P/F	M	M	M

图 3.53 HDLC 帧中控制字段的格式

信息帧中控制字段的首比特是 0，它的作用是传输数据信息；随后的 3 比特是 N（S），用来保存发送的帧的序号；最后的 3 比特是 N（R），用来保存接收方下一个预期要接收的帧的序号。

监督帧中控制字段的第 0、1 比特的组合是 10，它的作用是实现流量控制、差错检测和控制等；随后的 2 比特的组合用于区分 4 种类型的监督帧。

00：接收就绪（RR），由主站或从站发出，表示希望接收编号是 N（R）的帧。

01：拒绝（REJ），由主站或从站发出，表示编号小于 N（R）的帧全部收到，要求重传编号是 N（R）及以后的帧。

10：接收未就绪（RNR）表示未准备好接收编号是 N（R）的帧，编号小于 N（R）的帧已全部收到。

11：选择拒绝（SREJ），表示要求发送编号是 N（R）的单个帧。

无编号帧中控制字段的第 0、1 比特的组合为 11，它的作用是建立和拆除数据链路及定义其他多种控制功能，具体是何种类型的控制，则由 M 比特位加以区分。5 个 M 比特位可以定义 32 种控制命令和回答功能，本书不再介绍这些功能。

（4）信息字段的最大长度取决于通信双方缓存的大小或由 FCS 字段来决定，该字段的值是"0"时表示该帧中无信息，例如监督帧就是无信息帧。

(5) 帧校验序列占 16 比特或 32 比特，与 PPP 帧的 FCS 字段相同。

3.19 点到点协议

PPP 实际上是一个协议族，主要包括链路控制协议（Link Control Protocol，LCP）、网络控制协议（Network Control Protocol，NCP）、压缩控制协议（Compression Control Protocol，CCP）、加密控制协议（Encryption Control Protocol，ECP）等，具有差错检测、数据压缩、身份认证和数据加密等功能，用于用户通过调制解调器拨号接入 ISP，以建立用户至 ISP 间点到点的通信链路。PPP 的优点主要体现在以下几个方面。

(1) 支持同步传输和异步传输。

(2) 当在以太网上承载 PPP 时，可扩展为以太网上的点到点协议（Point-to-Point Protocol Over Ethernet，PPPoE），解决了传统以太网络没有身份认证、加密及压缩功能的问题。

(3) 通过 LCP 实现各种链路层参数的协商，例如通过协商省略 PPP 帧头部的地址字段和控制字段，协议字段缩减为 1 字节等，主要用于建立、监控和关闭数据链路。

(4) 通过 NCP 连接 PPP 和网络层协议，使得 PPP 能够支持多种网络层协议，如 IP 等。

(5) 支持挑战握手认证协议（Challenge-Handshake Authentication Protocol，CHAP）和密码认证协议认证（Password Authentication Protocol，PAP），保证网络的安全性。

(6) 没有重传机制，速度快且开销较小。

3.19.1 PPP 帧格式

PPP 帧的格式与 HDLC 帧的格式非常类似，如图 3.54 所示。

首部					尾部	
标志	地址	控制	协议	载荷	FCS	标志
1	1	1	2	2～N	2或4	1

图 3.54 PPP 帧格式

(1) 标志字段占 1 个字节，该字段用于标识帧的开始与帧的结束，使用固定值"01111110"（0x7E）。

(2) 地址字段占 1 个字节，由于 PPP 是点到点的协议，此字段没有意义，使用固定值"11111111"（0xFF）。

(3) 控制字段占 1 个字节，其值固定是"00000011"（0x03）。

(4) 协议字段占 2 个字节，用来标明帧中的负载（即所封装的数据）采用的是什么协议。接收方主机依据该字段值所代表的协议，如"0x0021"代表 IP、"0x8021"代表 NCP、"0xC021"代表 LCP 等，将载荷的内容交给相关的协议进行处理。

(5) 载荷字段即主机间真正传输的、完整的消息，其长度是可变的，默认最大长度是 1500 字节，即帧中最多能够承载的数据是 1500 字节。

(6) FCS 字段长度是 2 个字节或 4 个字节，默认长度是 2 个字节。该字段用于检测帧在传输过程中是否出现了比特错误。PPP 也是采用循环冗余校验（Cyclic Redundancy Check，CRC）

来生成 FCS 的。接收方通过 FCS 来检测帧在传输过程中是否出现了比特级的错误，如果有错，则接收方将该帧直接丢弃。

需要注意的是，PPP 帧的字段数量不是完全固定的，双方可以通过 LCP 进行协商，此时，PPP 帧中协议字段的值是"0xC021"。

3.19.2　PPP 的工作原理

PPP 的工作内容除了数据链路层的任务之外，也包含了部分物理层和网络层的任务。下面以用户拨号接入 Internet 的场景为例进行介绍。首先，用户 PC 拨号的信号被路由器的调制解调器接收并确认，从而建立一条物理链路。PC 向路由器发送一系列包含 LCP 分组的 PPP 数据帧进行 PPP 相关参数的协商。在完成链路建立，并对 PPP 参数达成一致后，根据需要可以进行通信双方身份的认证。认证通过之后，再通过 PPP 发送 NCP 分组，进行网络层的各种配置。对于 Internet 接入来说，其中最重要的配置是关于 IP 地址的分配。当 NCP 给新接入的用户 PC 分配一个临时的 IP 地址时，链路就处于打开状态，双方就可以进行数据的收发了。通信完毕，先通过发送 NCP 分组释放网络层连接，将分配给用户 PC 的 IP 地址进行回收，然后通过发送 LCP 分组释放数据链路层连接，最后释放是物理层的连接。

3.20　以太网上的点到点协议

一种常见的 Internet 接入场景是 ISP 希望把一个站点上的多台主机连接到同一台远程接入设备，同时接入设备能够提供与拨号上网类似的访问控制和计费功能。以太网是技术十分成熟且使用广泛的多路访问网络，是把多个主机连接到接入设备的最经济方法。但以太网本身安全性较低、不具备管理功能，也无有效的认证机制。

虽然在 PPP 链路上 PPP 自带认证功能，可以完美地解决访问控制、身份认证等问题，但 PPP 链路无法满足多用户上网的需求。为了解决多用户上网行为管理和收费的问题，人们提出了 PPPoE，将 PPP 数据帧封装在以太网数据帧中，从而在以太网中传输。

PPPoE 作为以太网数据帧的载荷进行传输，当以太网帧头的类型字段数值为"0x8863"或"0x8864"时，表示其所载荷的数据为 PPPoE 报文。PPPoE 报文头包括版本号、类型代码、会话 ID、长度等字段。PPPoE 工作过程经历 3 个阶段：PPPoE 发现阶段、PPPoE 会话阶段和 PPPoE 终止阶段，如图 3.55 所示。

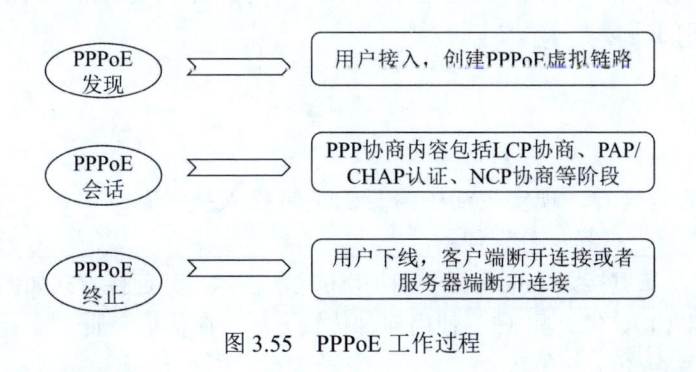

图 3.55　PPPoE 工作过程

动手实践

实现电话拨号上网

课后检测

模块 3 主题 5 课后检测

主题 6　宽带接入技术

学习目标

通过对本主题的学习达到以下目标。

知识目标：

- 了解传统电话接入技术的特点。
- 理解 ADSL 的工作原理。
- 了解混合光纤同轴接入技术、光纤接入技术、以太网接入技术、无线接入技术的特点。

技能目标：

- 能够使用 ADSL 技术接入 Internet。

素质目标：

- 从互联网接入技术的演进过程着手，对比不同接入技术之间的优缺点，引导学生建立终身学习的理念。

课前评估

从实现技术的角度看，现实生活中常见的宽带接入技术有_____、_____、_____和_____等，分别使用_____、_____、_____和_____传输介质。ADSL 是家庭接入 Internet 的一种宽带接入技术，其连接方式如图 3.56 所示。请根据连接情况，指出（1）、（2）和（3）使用何种传输介质，在传输介质（3）上使用何种信道复用技术。

图 3.56　ADSL 的连接方式

3.21　传统电话接入技术

电话调制解调器的主要功能是将计算机输出的数字信号调制成可以通过电话线传输的模拟信号，如图 3.57 所示。传统电话线的带宽被限制在 300～3300Hz 范围内，用于传输语音信号。为了保证数据传输的正确性，数据传输只使用 600～3000Hz 这部分频带。

图 3.57　电话调制解调器

在实践中，大多数电话调制解调器的采用频率为 2400 次/秒。在实际应用中，高级的电话调制解调器使用 QAM 技术，以获得更高的数据传输速率。例如，V.34 调制解调器标准（带纠错特性），每个码元携带 6 个数据位和 6 个奇偶校验位，数据传输速率为 28.8kbit/s；V.34bis 调制解调器标准（带纠错特性），每个码元携带 7 个数据位和 7 个奇偶校验位，数据传输速率为 33.6kbit/s，是目前电话调制解调器所能做到的最大上传速率，因为上传时要对模拟信号进行数字化，而量化噪声限制了它的最大数据传输速率。标准调制解调器的下载速率最大可以达到 56kbit/s，具体原因是，下载时信号没有受到量化噪声的影响，不受香农定理限制，只受奈奎斯特定理限制，电话信道的带宽为 4kHz（包括防护频带），每秒采样次数为 8000 次，每个采样用 7bit 编码，因而标准调制解调器的下载速率最大可以达到 56kbit/s。

3.22 ADSL 接入技术

当电话线路上的数据传输速率达到 56kbit/s 时，有线电视在共享电缆上提供高达 10Mbit/s 的数据传输速率。电话公司意识到需要提供一种更具竞争力的产品，为此电信部门使用 xDSL 技术对现有的模拟电话用户线进行改造，所提供的带宽比标准的电话服务要高得多。有许多相互重叠的服务都使用 xDSL 这样的名称，只是 x 不同而已，下面讨论最为流行的 ADSL 接入技术。

1. ADSL 的典型结构

图 3.58 给出了一种典型的 ADSL 部署结构，其中接入端单元（Access Termination Unit，ATU）为 ADSL 调制解调器。ATU-R 是电话公司的技术人员在用户住宅里安装的 ADSL 调制解调器；ATU-C 是在端局部署的 ADSL 调制解调器。靠近 ADSL 调制解调器的地方是一个分离器（Splitter）（通常情况下分离器也安装在 ADSL 调制解调器中），它将语音信号和数据分离开。在用户住宅侧，分离器将语音信号被路由到电话机，数据被路由到 ADSL 调制解调器中；在端局侧，分离器将语音信号路由到电话局，数据被路由到称为数字用户线接入复用器（DSL Access Multiplexer，DSLAM）的设备中。DSLAM 包含一个数字信号处理器，与 ADSL 调制解调器中的一样，一旦数字信号被恢复成一个位流，就可以重新构建出一个分组，然后送给 ISP。

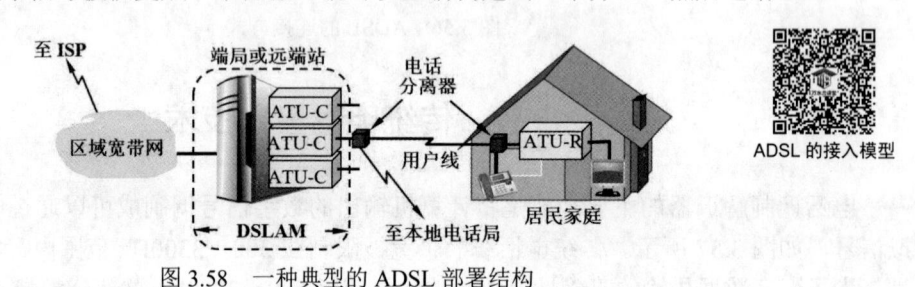

图 3.58 一种典型的 ADSL 部署结构

2. ADSL 调制解调器的工作原理

ADSL 调制解调器使用离散多音（Discrete Multi-Tone，DMT）调制技术。在图 3.59 中，DMT 使用 FDM 方法将住宅与 ISP 之间的电话线的 1.104MHz 的带宽划分为传统电话、上行信道和下行信道 3 个不重叠的频段，并将这段 1.104MHz 的带宽划分为 256 个带宽为 4kHz（实际为 4.3125kHz）的子信道。其中，信道 0 保留用于语音通信。上行数据和控制使用信道 6~30（25 个信道），其中 24 个信道用于传输数据，1 个信道用于控制，最大数据率可达 24×4000×15=1.44Mbit/s（假定每赫兹可以调制 15 比特的二进制数据）。下行数据和控制使用信道 31~255（225 个信道），其中 224 个信道用于传输数据，1 个信道用于控制，最大数据率可达 13.4Mbit/s，但是由于电话线路存在噪声，实际上行的数据速率为 64kbit/s~1.5Mbit/s，下行的数据速率为 500kbit/s~8Mbit/s。

3. ADSL 标准简介

ADSL 标准（ITU G.992.1）允许 8Mbit/s 的下行速率和 1Mbit/s 的上行速率。随着 ADSL 应用的不断推广和宽带业务需求的不断变化，ITU 通过了 ADSL2（G.992.3）和 ADSL2+（G.992.5）两个新一代 ADSL 技术标准，在性能、功能方面有较大改进。其突出特点和主要改进：扩大了覆盖范围，提高了数据传输速率，特别是 ADSL2+将频谱范围从 1.104MHz 扩展到 2.208MHz，使下行速率大大提高（最高可达 25Mbit/s 以上），拓展了应用范围。

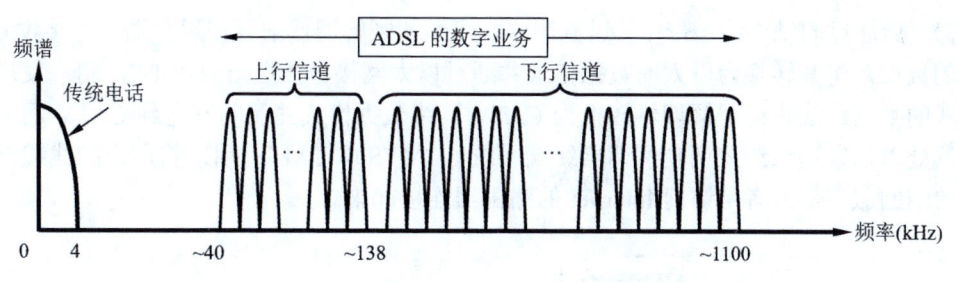

图 3.59　使用 DMT 的 ADSL 频谱划分

> **课堂同步**

ADSL 为了提高电话线上的数据传输速率，采用了（　　）技术。
A．差分信号传输　　　　　　　　B．用更高质量的铜线替代
C．增加多条电缆　　　　　　　　D．语音信号与数据信号分离传输

3.23　混合光纤同轴接入技术

混合光纤同轴（Hybrid Fiber Coax，HFC）网是在有线电视网（Cable TV，CATV）的基础上，将同轴电缆的主干部分改换为使用光纤开发的一种居民宽带接入网。HFC 网的主要特点是传输容量大，易实现双向传输。随着数字通信技术的发展，特别是高速宽带通信时代的到来，HFC 网已成为现在和将成为未来一段时期内宽带接入的最佳选择。

1. 频带划分

电视台将同轴电缆的带宽（5～750MHz）划分为 3 个频带：上行数据、电视信号、下行数据，如图 3.60 所示。

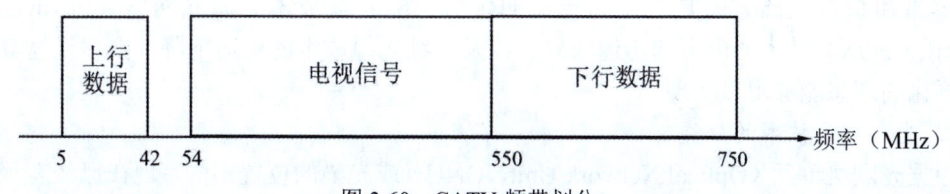

图 3.60　CATV 频带划分

（1）上行数据占用 5～42MHz 频段，这个频段又被划分为多个 6MHz 的子信道，每个子信道理论上支持的上行速率是 12Mbit/s。

（2）电视信号占用 54～550MHz 的频段。由于每一个电视频道占用 6MHz 带宽，同轴电缆可以容纳超过 80 个频道。

（3）下行数据占用 550～750MHz 频段，这个频段又被划分为多个 6MHz 的子信道，每个子信道支持的下行速率达到 30Mbit/s。

2. HFC 典型结构

在如图 3.61 所示的 HFC 网的结构中，从有线电视台发出的信号在合成器（头端）先变成光信号在光纤干线上传输，到用户区域后经光电转换节点把光信号转换成电信号，经放大器

（分配器）后通过同轴电缆（带宽）送到用户。线缆调制解调器部署在用户端，它接收 CATV 网络上的数据，将其转换为以太网数据格式并通过以太网接口传送给用户 PC，用户发送的以太网格式的数据经线缆调制解调器转换为 CATV 网络数据格式并调制发送到 CATV 网络上，经分离器处理后发送至线缆调制解调器终端系统（CMTS），CMTS 用来将用户的线缆调制解调器和前端的服务器或者是访问 Internet 的路由器连接起来。

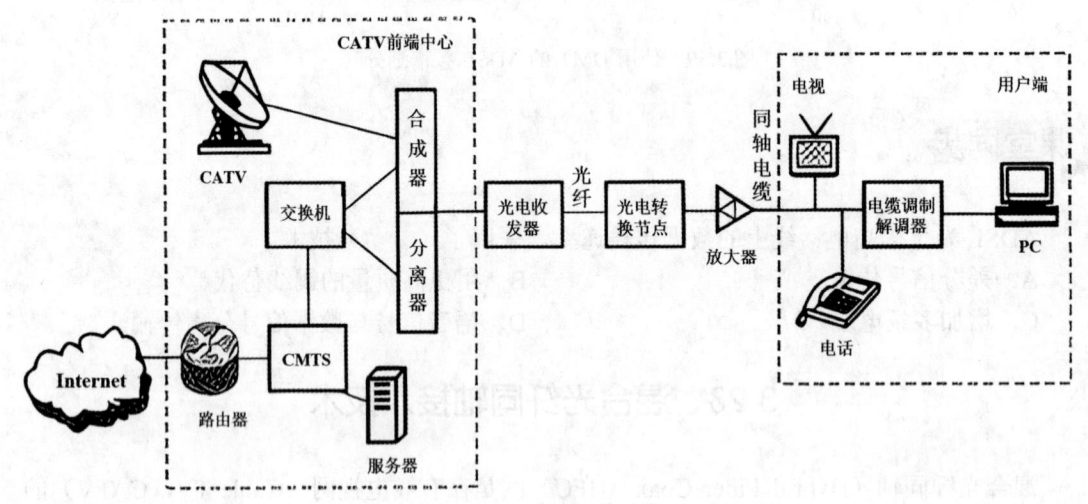

图 3.61 HFC 网的结构

3.24 光纤接入技术

随着因特网的持续快速发展，网上新业务层出不穷，特别是网络游戏、会议电视、视频点播等业务，使人们对网络接入带宽的需求持续增加。与其他接入技术相比，光纤接入技术在带宽容量和覆盖距离方面具有无与伦比的优势。随着低成本无源光网络（Passive Optical Network，PON）技术的出现和迅速成熟，以及光纤光缆成本的快速下降，众多运营商接入网络光纤化的理想能够得以实现。

1. 光纤接入技术的分类

根据光网络单元（Optical Network Unit，ONU）或光猫的位置不同，现在已经有很多类型的光纤接入技术（FTTx），x 代表不同的含义，如表 3.5 所示。

表 3.5 光纤接入技术的分类

类型名称	用途和功能
FTTH，光纤到用户	ONU 设置在用户家中，为家庭用户服务
FTTC，光纤到路边	ONU 设置在路边，为住宅用户服务，可以为几十栋楼的用户提供接入服务
FTTB，光纤到大楼	ONU 设置在大楼内，为大中企业、商业用户、公寓用户服务
FTTO，光纤到办公室	ONU 设置在办公室，为企事业单位用户服务
FTTF，光纤到楼层	ONU 设置在楼层，为企事业单位用户服务
FTTZ，光纤到小区	ONU 设置在居民小区，主要用于 HFC

2. FTTH 接入技术

FTTH 是一种光纤接入技术，其核心特点是将光纤直接延伸到用户的住宅内部，并在住宅用户处安装 ONU，如图 3.62 所示。FTTH 接入技术的结构主要包括：光线路终端（Optical Line Terminal，OLT），负责连接运营商的骨干网络，管理和分发宽带信号；光分路器（Optical Splitter，OS），将光信号从主干网引入小区或大楼内部的设备，实现信号的分配和管理；ONU，安装在用户家中或办公室的设备，用于接收光纤信号并将其转换为电信号，提供给用户设备使用；用户终端设备，如计算机、手机、电视等，通过光网络单元接收并使用宽带信号。

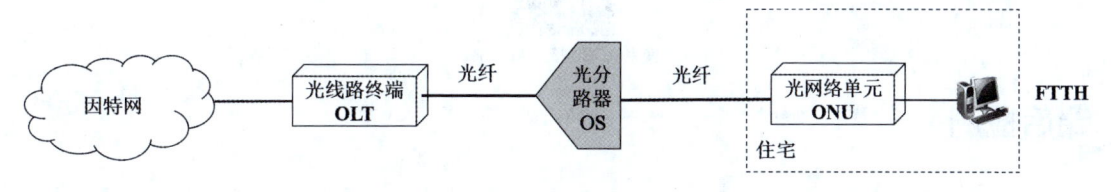

图 3.62　FTTH 接入示意图

3.25　以太网接入技术

以太网接入是指校园或企业网络用户通过已经建立好的内部网络接入 Internet。校园网或企业网等内部网络通常采用 3 层网络结构，如图 3.63 所示。其中，最上层称为核心层；中间层称为汇聚层；最下层为接入层，为最终用户接入网络提供接口，支持千兆甚至万兆的数据传输率。

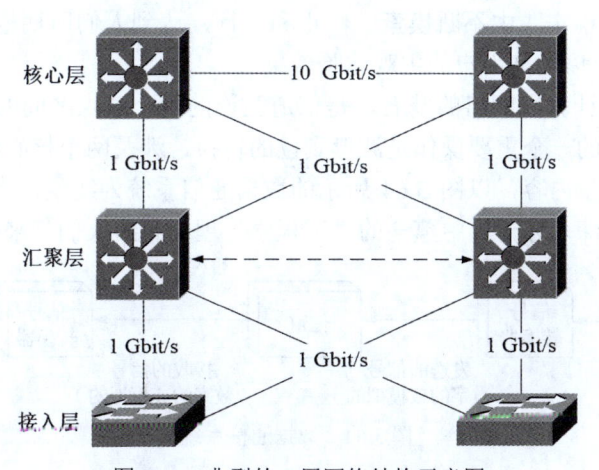

图 3.63　典型的 3 层网络结构示意图

3.26　无线接入技术

无线接入是指网络用户与无线网络接入 Internet，接入过程中使用无线传输介质，在较大范围内向用户提供固定或者非固定的网络接入服务。无线接入技术按接入对象的不同可分为移动无线接入和固定无线接入 2 类。移动无线接入的典型代表有蜂窝移动通信网（如 5G 蜂窝网)、卫星全球移动通信网等。固定无线接入是指从网络交换节点到固定用户终端采用无线接入方式，如家庭中的计算机通过无线路由器接入家庭无线网络，再通过 ADSL 提供的服务接入 Internet。

动手实践

使用 ADSL 接入 Internet

课后检测

模块 3 主题 6 课后检测

拓展提高

数据通信系统中的"工程学"理念

互联网一直在工程实践中不断摸索、修正和前行，达到人们所期望的更高的"距离、性能、效率、可靠性"，以提高用户的主观体验效果。

数据通信系统是计算机网络的基石，是信道互连的两个节点之间的二进制比特流传输过程的系统，其中包含的一个重要操作是波形到位的转换，涉及两个核心概念：编码和调制。

请回顾本模块所学内容，以图 3.64 所示的数据通信系统为线索，将本模块所研究的对象总结在一张图上，并深入分析其中蕴含的"工程学"理念和给人们带来的启示。

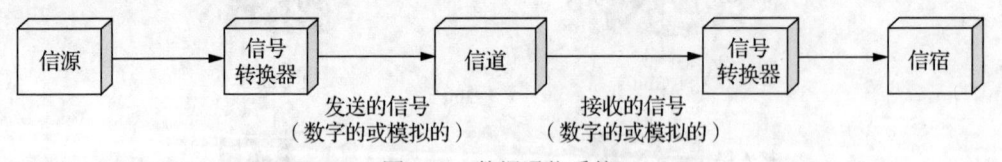

信源 → 信号转换器 → 发送的信号（数字的或模拟的）→ 信道 → 接收的信号（数字的或模拟的）→ 信号转换器 → 信宿

图 3.64　数据通信系统

建议：本部分内容课堂教学为 1 学时（45 分钟）。

模块 4　构建网络共享平台——局域网技术

学习情景

可以认为物理层是属于"两台主机及一段链路"的技术范围，主要解决了将比特流转换为电磁信号并在点到点的通信链路上传输的问题。一般情况下，计算机网络中存在多条链路和多台主机。因此，应把研究的视野聚焦到小范围、短距离的多主机相互通信的问题上，这里的小范围、短距离就是指局域网的范围。在点到点直达的链路上进行通信是不存在寻址问题的，而在多点连接的情况下，发送方必须保证数据信息能正确地传输到接收方，而接收方也应当知道发送方是哪个节点。很显然，物理层对此无能为力。因此，为了完成局域网范围内多个主机间的数据通信任务，除了必须的物理层技术之外，还需要相应的数据链路层技术，如组帧、差错控制、流量控制及可靠传输机制等。

数据链路层协议定义了通过传输介质（包括有线传输介质和无线传输介质）以及互连的设备（如中继器、集线器、交换机等）传输数据的规范，实现相邻节点之间的数据传输。在局域网研究及实践中，以太网使用双绞线和光纤作为传输介质使其数据传输速率（从 10Mbit/s→100Mbit/s→1000Mbit/s→10Gbit/s→40/100Gbit/s 等）得到根本性改善，同时虚拟局域网和无线局域网的广泛使用拓展了以太网的应用范围，足以证明以太网能够更高效、更灵活、更经济地满足局域网、城域网和广域网的不同应用需求。

学习提示

本模块围绕局域网的工作原理这一主线，包含了局域网体系结构、介质访问技术、以太网帧格式与操作、以太网技术、交换式局域网、虚拟局域网和无线局域网 7 个主题，详细讨论了局域网的参考模型与标准、局域网介质的访问控制方法、局域网连接设备的工作原理和组网方法。在学习本模块的过程中，需始终保持对所学知识和技术在协议体系上的层次定位意识，这样能够加深对相关知识和技术的逻辑关系的理解。本模块的学习路线图如图4.1所示。

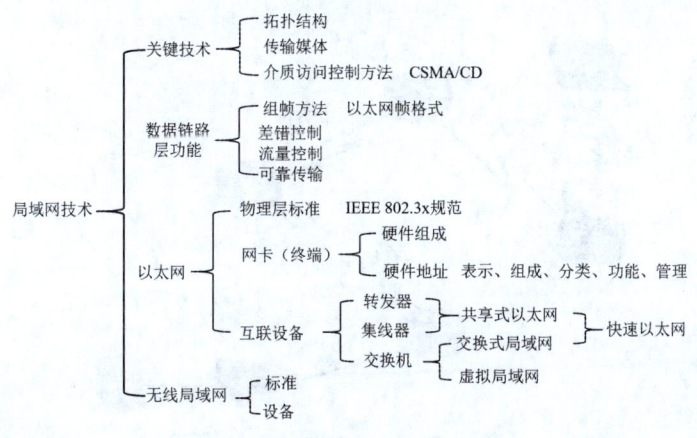

图 4.1　模块 4 学习路线图

主题 1　局域网体系结构

学习目标

通过对本主题的学习达到以下目标。

知识目标：

- 了解局域网的要素。
- 了解以太网的发展历程。
- 掌握 IEEE 802 实现模型。

技能目标：

- 能够描述局域网的发展过程并总结各个阶段的主要特点。

素质目标：

- 通过介绍以太网的发展，分析以太网的不足和改进思路，引导学生明白持续创新的重要性。

课前评估

1. 物理层可以认为是属于_____连接的直达链路的技术范围，不存在寻址问题。在_____连接的情况下，小范围短距离内很多主机相互通信需要寻址，物理层对此无能为力。因此，为了完成局域网范围内多个主机的数据通信任务，需要设置数据链路层。

2. 数据链路层协议指定了将数据包封装成帧的过程，以及将已封装数据包发送到各种传输介质上和从各种传输介质获取已封装数据包的技术。在数据包从源主机到目的主机的传输过程中，通常会经过不同的传输网络，如图 4.2 所示。这些传输网络可由不同类型的传输介质组成，如铜线、光纤和无线电等。

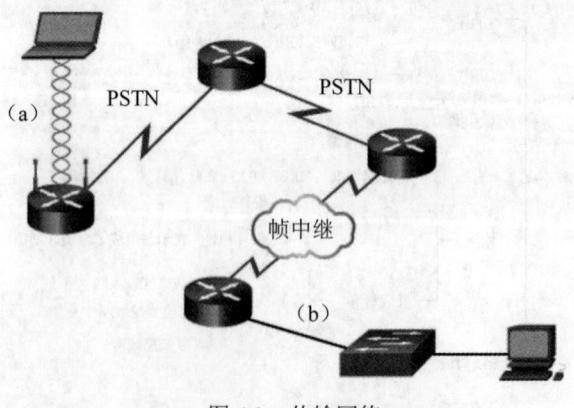

图 4.2　传输网络

（1）写出图中（a）与（b）所代表的传输网络名称。

（2）不同传输网络使用不同的数据链路层协议。可以用生活中的一个例子来类比，如北京－上海－杭州－西湖的旅行过程，在各段行程中可以使用不同的交通工具。从北京到上海乘坐飞机，从上海到杭州乘坐动车，从杭州到西湖乘坐汽车。在这个例子中，人被不同的交通工具在不同的路径上承载，网络中也采用类似思路，将每个人类比为数据包，每个运输区段类比为一段链路，每种运输方式类比为一种数据链路层协议，数据包经过不同传输网络，被封装为不同的数据帧。图 4.2 中的传输网络（a）使用_____帧，PSTN 传输网络使用 PPP 帧，帧中继传输网络使用帧中继帧，传输网络（b）使用_____帧。

4.1　局域网概述

局域网是从 20 世纪 70 年代开始在广域网技术的基础发展起来的，得益于计算机应用的普及，人们将计算机连接起来实现资源的共享。局域网有 3 个要素：网络拓扑结构、网络传输技术和介质访问方法（Medium Access Method）。

4.1.1　网络拓扑结构

局域网采用的拓扑结构有总线、星形、树形（扩展星形）和环形等。此外，网状结构也大量用于局域网，不再是广域网的专用网络拓扑结构。网络拓扑结构会影响网络的可靠性、扩展性、响应时间和吞吐量。

4.1.2　网络传输技术

局域网使用各种各样的传输介质，如铜线、光纤、无线电和卫星链路等。网络传输技术是指借助传输介质进行的数据通信，常用的网络传输技术有基带传输和频带传输两种。考虑到网络接口的成本和复杂性，局域网采用基带传输，主要使用曼彻斯特编码。

4.1.3　介质访问方法

局域网采用点到多点（Point-to-Multipoint）的连接方式，存在共享介质的使用问题，因此引入介质访问方法。介质访问方法是一种将数据帧放置到介质上和从介质上获取数据帧的技术，是影响局域网性能最为重要的因素。

4.2　以太网的发展

局域网经过多年的发展，通过技术的演进和实践的检验，采用的技术有以太网、光纤分布式数据接口（Fiber Distributed Data Interface，FDDI）和异步传输模式（Asynchronous Transfer Mode，ATM）等。在网络世界中，有些领域百花齐放，有些领域则一家独大。局域网就是一家独大的典型代表，而一统局域网的就是以太网技术。在局域网研究领域，以太网并不是最早，但却是最成功的技术，其发展过程如图 4.3 所示。

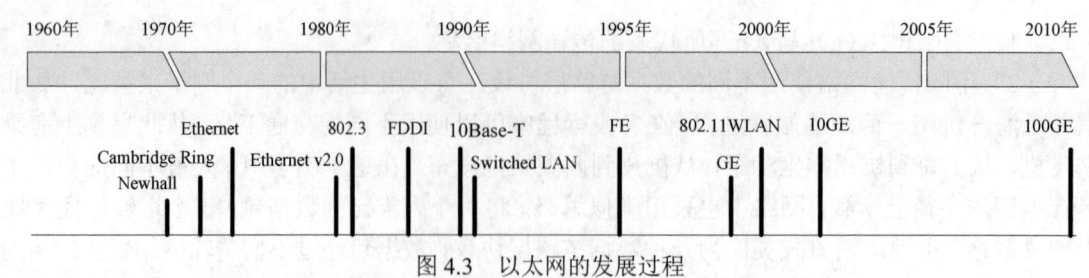

```
1960年   1970年      1980年    1990年       1995年    2000年      2005年    2010年
```

```
              Ethernet      802.3  FDDI  10Base-T    FE    802.11WLAN  10GE      100GE
         Cambridge Ring   Ethernet v2.0        Switched LAN         GE
           Newhall
```

图 4.3 以太网的发展过程

（1）20 世纪 70 年代，欧洲的一些大学和研究所开始研究局域网技术，主要是令牌环网。

（2）1973 年以太网问世。20 世纪 80 年代，以太网、令牌环网与令牌总线网三足鼎立，并形成各自的标准。

（3）1990 年，IEEE 802.3 推出 10Base-T 物理标准，这是局域网发展史中一个非常重要的里程碑，它使得以太网的组网造价低廉、可靠性提高、性价比大大提高，以太网在与其他局域网的竞争中占据了明显优势，为其成为局域网的"领头羊"奠定了牢固基础。同年，以太网交换机面世，标志着交换以太网的出现。

（4）1993 年，传统以太网半双工工作模式改为全双工工作模式。在此基础上，以太网技术利用光纤作为传输介质，并推出 10Base-F 产品，最终从三足鼎立中脱颖而出，在局域网领域中一枝独秀。

（5）开放的以太网技术与标准，使它得到软件与硬件制造商的广泛支持，到了 20 世纪 90 年代，以太网开始受到业界认可和广泛应用，到了 21 世纪已成为局域网领域的主流技术，形成一家独大的局面。

课堂同步

以太网的主要技术特征是（　　）。
A．双绞线和光纤作为主要传输介质　　B．交换技术
C．虚拟局域网技术　　　　　　　　　D．高速

4.3 IEEE 802 实现模型

IEEE 于 1980 年 2 月成立局域网标准委员会，统一制定局域网的设计和应用标准，这些标准统称为 IEEE 802 标准。设计应用中的局域网模型称为 IEEE 802 实现模型，它描述了底层通信网络层次及协议。与 5 层 TCP/IP 模型和 7 层 OSI 参考模型对应，IEEE 802 实现模型只涉及物理层和数据链路层。局域网是传输网络，属于通信子网范畴。考虑到局域网需要具有网络互连的功能，在早期的局域网协议结构中设计了网络层，现已不再使用，因为局域网的高层多采用 TCP/IP，其中的 IP 就可用于实现网络的互连。

4.3.1 物理层的主要功能

因为局域网采用的传输介质有多种，并且局域网性能的提升强烈依赖于传输介质上传输技术的更新，所以局域网参考模型直接规范了物理介质上的比特传输，而在 5 层 TCP/IP 模型

与 7 层 OSI 参考模型中，传输介质不属于物理层。IEEE 802 实现模型中的物理层过于复杂，分为物理介质无关（Physical Medium Independent，PMI）子层和物理介质相关（Physical Medium Dependent，PMD）子层，同时定义了介质无关接口（Medium Independent Interface，MII）和介质相关接口（Medium Dependent Interface，MDI）。IEEE 802 实现模型的物理层功能包括实现信号的编码与译码、比特流的传输与接收以及数据的同步控制等，规定了物理层使用的信号与编码、传输介质、拓扑结构和传输速率等规范。

4.3.2 数据链路层的主要功能

为了使数据帧的传输独立于所采用的物理介质和介质访问控制方法，IEEE 802 实现模型将数据链路层划分为介质访问控制（Medium Access Control，MAC）子层和逻辑链路控制（Logical Link Control，LLC）子层。其中，MAC 子层与传输介质相关，LLC 子层与传输介质无关，这样 IEEE 802 实现模型就具有了扩展性，便于接纳新的传输介质和介质访问控制方法。

MAC 子层用来描述一个具体的局域网，使用的协议数据单元是 MAC 帧，只有看到了 MAC 帧，才知道这是一个什么样的局域网。MAC 子层的地址是物理地址，也称为 MAC 地址，计算机之间的通信最终要通过 MAC 地址才可以进行。LLC 子层完成数据链路层的主要功能，实现链路管理、差错控制和流量控制等功能。对所有局域网而言，LLC 子层都是一样的，差别主要在于 MAC 子层。

4.3.3 IEEE 802 系列标准

IEEE 802 系列标准是由一系列协议共同组成的标准体系，其关系与作用如图 4.4 所示。随着局域网技术的发展，该系列还在不断地增加新的标准与协议。例如，随着以太网技术的发展，802.3 家族出现了许多新的成员，如 802.3u、802.3z、802.3ab、802.3ae 等。

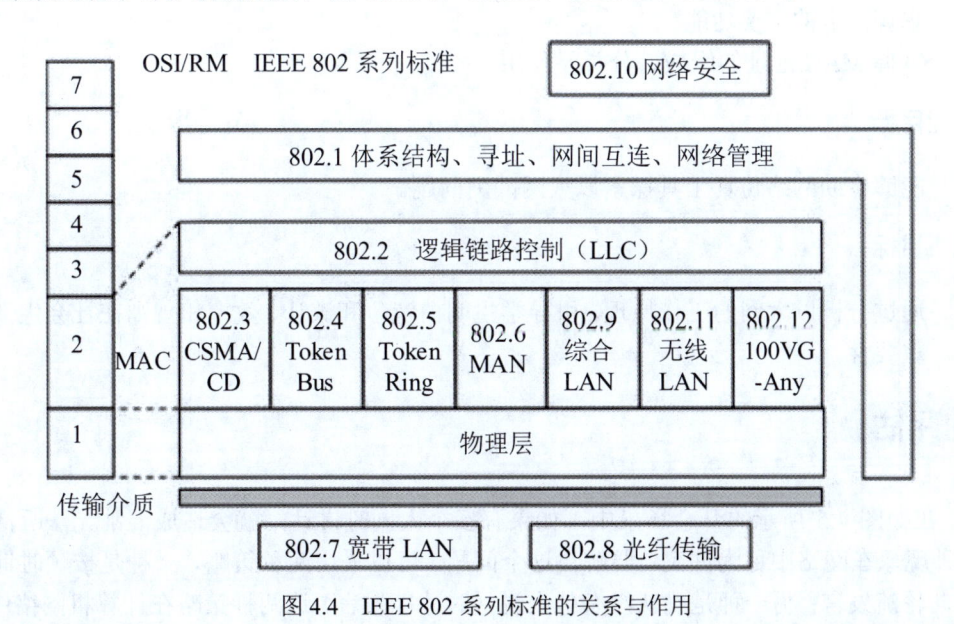

图 4.4 IEEE 802 系列标准的关系与作用

动手实践

研究局域网的发展

课后检测

模块 4 主题 1 课后检测

主题 2 介质访问技术

学习目标

通过对本主题的学习达到以下目标。

知识目标：

- 掌握 CSMA/CD 的工作原理。
- 了解 CSMA/CD 的工作特点。
- 掌握网卡的主要功能。
- 掌握 MAC 地址的组成、分类及作用。

技能目标：

- 能够借助网络仿真工具探索以太网冲突问题。

素质目标：

- 通过分析以太网的工作原理，引导学生明白竞争和谦让、效率和规则在社会生活中的重要性。

课前评估

1. 在如图 4.5 所示的开会场景中，如果有多个人同时讲话，就会造成混乱无法听清的现象，这种现象在网络中称为冲突。要解决这个问题，可以采用两种策略，一种是按顺时针或逆时针方向轮流发言；另一种是确认没有他人说话时才能发言。这两种策略在计算机网络中，分别称为_____和_____。

模块 4　构建网络共享平台——局域网技术

图 4.5　开会场景

2．回顾曼彻斯特编码与时间的同步过程，如图 4.6 所示。由于表示每一位二进制的两个码元之间发生信号跳变，可以用_____信号表示介质上在传输信号，用_____信号表示介质空闲。

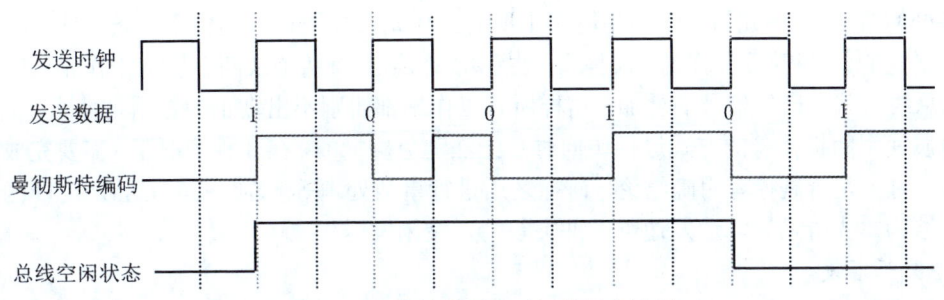

图 4.6　曼彻斯特编码与时间的同步过程

3．在网络中如何检测冲突的发生呢？两个信号波形叠加后，可以通过信号波形是否符合曼彻斯特编码规则来进行判断，如果符合，则没有冲突；如果不符合，则冲突发生。根据如图 4.7 所示曼彻斯特信号波形的叠加判断是否发生冲突。

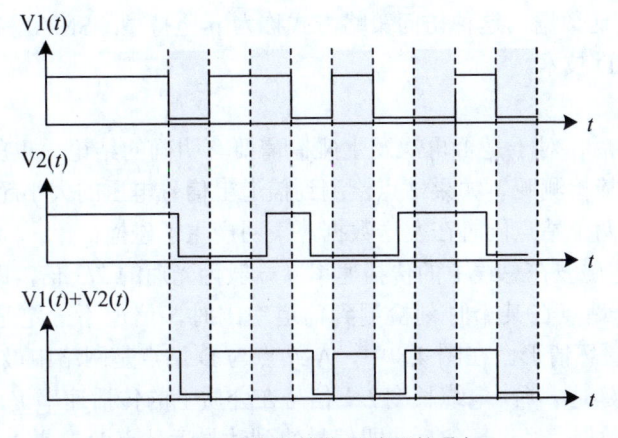

图 4.7　曼彻斯特信号波形的叠加

4.4 CSMA/CD 协议

传统的局域网是"共享式"局域网。在"共享式"局域网的实现过程中，可以采用不同的方式对其共享介质进行控制。介质访问控制就是解决当局域网中共用信道产生竞争时如何分配信道使用权问题的方法。目前，局域网中广泛采用的两种介质访问控制协议如下。

（1）争用型介质访问控制协议，又称为随机型的介质访问控制协议，如带冲突检测的载波侦听多路访问（Carrier Sense Multiple Access with Collision Detection，CSMA/CD）协议。

（2）确定型介质访问控制协议，又称为有序的访问控制协议，如令牌（Token）协议。

下面对 CSMA/CD 的工作原理和特点进行介绍。

4.4.1 CSMA/CD 的工作原理

CSMA/CD 即带冲突检测的载波侦听多路访问，"载波侦听"是指网络上各个工作站在发送数据前都要确认总线上有没有数据正在传输。若有数据正在传输（称总线为忙），则不发送数据；若无数据正在传输（称总线为空），则立即发送准备好的数据。"多路访问"是指网络上所有工作站收发数据共同使用一条总线，且发送数据是广播式的。"冲突"又称为"碰撞"，是指如果网络上有两个或两个以上工作站同时发送数据，在总线上就会产生信号的叠加，这样所有工作站都辨别不出真正的数据是什么。显然，对共享介质使用随机接入的方式进行访问时是无法避免碰撞的，在此种情况下，需要完成尽量减少碰撞、对于是否碰撞有明确结论、碰撞之后进行事故处理等多项工作。CSMA/CD 的工作原理可归结为"先听后发，边发边听，冲突等待，空闲发送"。

1. 先听后发

当站点监听（侦听）到信道忙（有数据帧传输）时，站点先回去"休息"一个随机时间，再回来监听信道，这种访问策略方式称为非坚持型 CSMA。当站点监听信道忙时，站点不是回去"休息"一会，而是"蹲守"在那里继续监听，直到信道空闲，这种访问策略方式称为坚持型 CSMA。当站点监听到信道空闲时，就立即发送数据，这种访问策略方式称为 1-坚持型 CSMA。当监听到信道空闲时，站点并不立即发送数据，而是等待一段随机时间后再发送数据，也就是说以概率 P 发送数据，这种访问策略方式称为 p-坚持型 CSMA。在共享式以太网中采用 1-坚持型 CSMA/CD 技术。

2. 边发边听

站点发出数据帧后，对于是否再次发生碰撞需要有明确的结论。也就是说，需要进行碰撞检测。如何进行碰撞检测呢？如果站点检测到信道上信号电压的大小超过规定的门限值时，就认为总线上至少有两个站点同时在发送数据，表明产生了碰撞。

（1）争用期。电磁波在总线上的传播速率（一般为光速的 2/3 倍，即 $2×10^8$m/s）总是有限的。因此，当某个站点在某个时刻检测到信道空闲时，信道不一定是空闲的。下面研究图 4.8 中给出的一种最坏情形。在图 4.8 中，A 站点与 D 站点是网络中最远的两端，A、D 两个站点的单向传播时延是 τ（τ=电缆长度 L÷信号在介质上的传播速率 V）。现假设在 $t = 0$ 时刻，A 站点开始发送数据，经过 $\tau-\delta$ 后（即信号快到达最远站点 D 之前），此时由于 A 站点发送的数据信号还未到达 D 站点，因此 D 站点侦听信道时认为信道是空闲的，D 站点也在此时发送数据。经过 $\tau-\delta/2$ 后，即当 $t=\tau-\delta/2$ 时，A 站点和 D 站点发送的数据产生冲突。当然，D 站点很快检测到冲突而取消数据发送，而 A 站点则要等到 2τ（往返传播时间）后才能检测到冲突。因此，当发送站点监听时间 $t>2\tau$ 时，就可以得到是否碰撞的明确结论；当发送站点监听时间 $t\leq 2\tau$ 时，就无法得到是否碰撞的明确结论。我们把以太网的端到端往返时间（2τ）称为争用期或碰撞窗口。

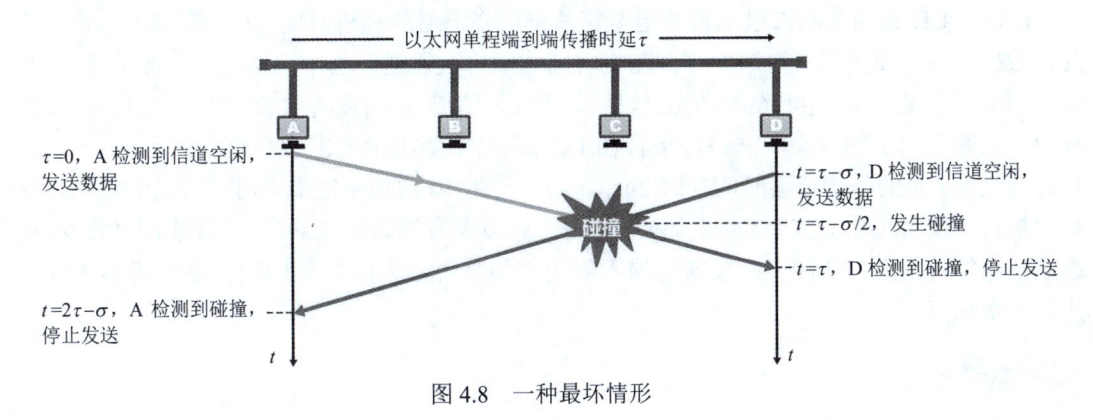

图 4.8　一种最坏情形

（2）最小帧长和最大帧长。从上面的讨论可知，CSMA/CD 中的站点不可能同时进行数据的发送和接收，因此采用 CSMA/CD 协议的以太网只能进行半双工通信。每个站点在发送数据帧后的小段时间内（$t\leq 2\tau$），存在发生冲突的可能性，因此只有当经过争用期（$t>2\tau$）这段时间内还未检测到冲突时，才能确定这次发送不会产生冲突。

发送站点的网卡又是如何监听的呢？网卡并非启动一个计时器来计时，以保证监听时间$>2\tau$，而是边发送数据帧边监听，就是在开始发送数据帧时就开始监听，在停止发送数据帧时就停止监听。"监听时间$>2\tau$"就转换为"发送数据帧的时间$>2\tau$"。发送数据帧的时间就是发送时延，即用数据帧长 S 除以数据传输速率 V 的结果，2τ 是端到端的往返传播时延，即用电缆长度 L 除以传播速率 V 的结果。这样就有了数据帧最小帧长 S 与 2τ 之间的联系，即 $S/V=2\times(L/V)$。

下面分析在图 4.8 中，电缆长度 L=2500m，$V=2\times 10^8$m/s，A 站点需要传输多少数据，才能保证一次传输数据的时间大于 2τ。$2\tau=2\times[2500/(2\times 10^8)]=25.0\mu s$。再考虑以太网中 4 个中继器的处理时延，取 $51.2\mu s$ 作为以太网的往返时延，也就是 $51.2\mu s$ 是以太网的争用期长度。对于 10Mbit/s 的以太网，在争用期内可发送 512bit，即 64B，当以太网发送数据时，若前 64B 未发生冲突，则后续数据也不会发生冲突（表示已成功"抓住"信道）。

一般来说，数据帧的载荷的长度应远大于数据帧的首部和尾部长度之和，这样利于提高数据帧的传输效率。如果不限制数据帧的载荷的长度的上限，就会带来一些问题。例如，某个站点长时间占用信道，其他站点迟迟拿不到总线的"使用权"，导致接收站点的数据缓冲区无法容纳发送过来的数据帧而产生的数据溢出问题等。因此，以太网数据帧的最大长度规定为 1518B。

课堂同步

假设一个采用 CSMA/CD 的 100Mbit/s 局域网，最小帧长是 128B，则两个站点之间的单向传播时延最多是（　　）。

A．2.5μs　　　　　B．5.12μs　　　　　C．10.24μs　　　　　D．20.28μs

3. 冲突等待与空闲发送

因为两个站点发送的数据帧发生碰撞后数据帧都会损坏，所以需要重发。但是如果两个站点都立即重发数据帧，又会再次产生碰撞，所以两个站点重发的时刻最好能够错开一些。每个站点在重发时，先产生一个随机数，如整数 3 或 5，第一个站点延迟 3×2τ 的时间开始重发，第二个站点延迟 5×2τ 的时间开始重发，这样再次发生碰撞的概率就会低一些。

CSMA/CD 使用截断二进制指数退避算法来选择退避的随机时间。发生碰撞的站点在停止发送数据帧后，要推迟（退避）一个随机时间才能再次发送。基本退避时间一般取为争用期。以太网中网卡最多可重传 16 次，定义冲突次数 k，即 $k=\text{Min}\{$重传次数$,10\}$，这也是该算法名称中"截断"二字的含义，从整数集合 $\{0,1,...,2^k-1\}$ 中随机地取出一个数，记为 r，重发所需的时延就是 r 倍的基本退避时间（51.2μs）。当重传达 16 次仍不能成功时，就丢弃该帧，并向高层报告。使用 CSMA/CD 的以太网中，每个站点在发送数据之后的一小段时间内，存在着遭遇碰撞的可能性，这种发送数据帧的不确定性使整个以太网的平均通信量要远小于以太网的最高数据率。

课堂同步

已知 10BaseT 以太网的争用时间片为 51.2μs，若网卡在发送某帧时发生了 4 次冲突，则基于二进制指数退避算法确定的再次尝试重发该帧前等待的最长时间是（　　）。

A．51.2μs　　　　B．204.8μs　　　　C．768μs　　　　D．819.2μs

4.4.2　CSMA/CD 的工作流程

在图 4.9 所示 CSMA/CD 的工作流程中，站点在发送数据帧前，要先进行载波侦听，以确定信道是否忙碌，如果信道空闲，则发送数据，并同时进行冲突检测。如果发送站点在数据发送过程中没有检测到冲突，则本次数据发送成功；如果发送站点在发送数据过程中检测到冲突，则首先停止发送数据，然后发送冲突加强信号，冲突次数计数器加 1，随后进入退避过程（计算退避时间，然后等待退避时间），再重新侦听信道。如果冲突次数达到 16 次，则结束数据帧的发送过程。

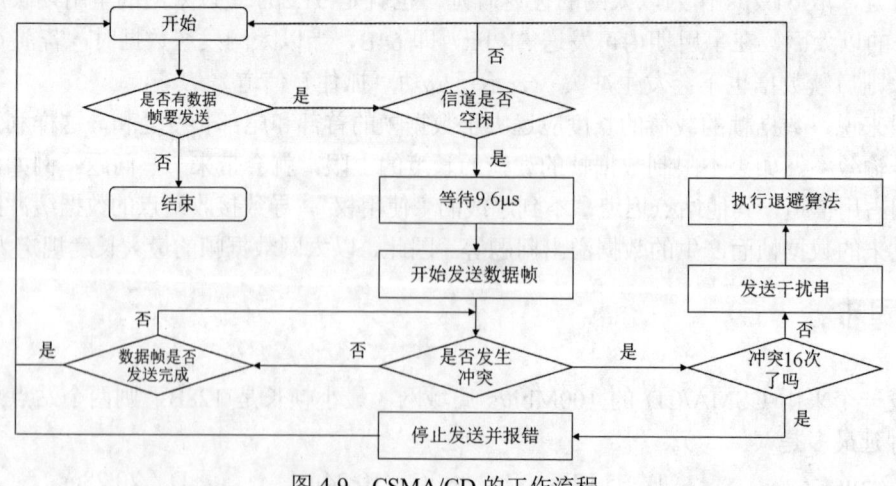

图 4.9　CSMA/CD 的工作流程

需要注意的是，在图 4.9 中，以太网规定了 9.6μs 的数据帧帧间间隔（相当于传输 96 比特的时间）以解决以太网数据帧定界的问题，即当站点检测到信道是空闲状态时，也需要等待 9.6μs 之后才能开始传输数据帧，每个数据帧传输完成后也需要等待 9.6μs 才能传输下一个数据帧。

4.4.3 总线以太网的信道利用率

采用 CSMA/CD 的总线以太网上的某个主机，在发送数据帧的过程中可能发生多次碰撞情况，在进行多次退避后可能发送了一个数据帧，最后帧数据经过发送时延 T_0 成功把数据帧发送出去。总线以太网上信道利用率示意图如图 4.10 所示。

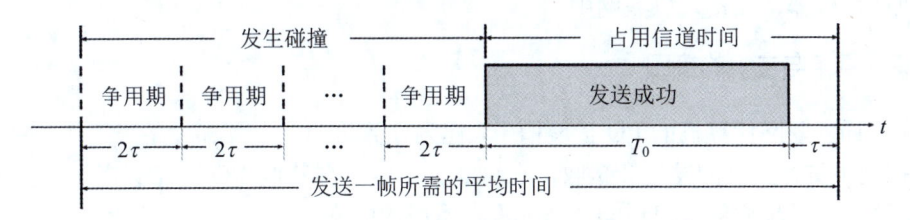

图 4.10 总线以太网上信道利用率示意图

在最极端的情况下，两台主机处于总线两端，需要经过一个单程端到端的传播时延后，总线才能完全进入空闲状态。因此，发送一帧所需的平均时间为多个争用期 $n×2τ$、一个帧的发送时延 T_0 以及一个单程端到端的传播时延 $τ$ 之和，即发送一帧的时间为 $n×2τ+T_0+τ$。

在理想情况下，各主机发送数据帧都不会产生碰撞，图 4.10 中的争用期就不存在了，发送一个数据帧所占用总线的时间为 T_0，加上传播时延 $τ$，于是极限信道利用率的表达式为 $U_{max}=T_0/(T_0+τ)$。在以太网中，我们把参数 $α$ 定为 $τ$ 与 T_0 之比，即 $α=τ/T_0$，因此极限信道利用率的表达式可以写为 $U_{max}= 1/(1+α)$。

为了提高总线信道利用率，参数 $α$ 的值应尽量小，要使参数 $α$ 的值尽量小，则 $τ$ 的值应该尽量小。这意味着端到端的距离应受到限制，不应太长；而 T_0 的值应当尽量大，这意味着以太网的数据帧长应尽量大一些。

4.4.4 CSMA/CD 的应用场合

CSMA/CD 采用的是一种"有空就发"的争用型介质访问控制策略，因而会不可避免地出现信道空闲时多个站点同时争发的现象。CSMA/CD 无法完全消除冲突，它只能采取一些措施来减少冲突，并对所产生的冲突进行处理。另外，网络竞争的不确定性也使网络时延变得难以确定。因此，采用 CSMA/CD 的局域网一般情况下不适用于那些对实时性要求很高的网络。

课堂同步

（1）使用 CSMA/CD 协议的以太网不能进行_____通信，只能进行_____通信。
（2）从介质访问控制的角度看，CSMA/CD 是一种_____分配信道的方法，FDMA、TDMA、WDM 是一种_____分配信道的方法。

4.5 以太网网卡简介

以太网网卡由 3 部分组成：网卡与传输介质的接口、网卡与主机的接口以及以太网数据链路控制器。

4.5.1 网卡与传输介质的接口

以太网网络收发器实现节点与总线传输介质的电信号连接，完成数据的发送与接收、冲突检测功能。网卡与传输介质连接的常用的方法是通过 RJ-45 接口用非屏蔽双绞线连接到以太网交换机或集线器，以接入以太网中。

4.5.2 网卡与主机的接口

网卡要插入联网计算机的 I/O 扩展槽中，作为计算机的一个外部设备来工作。网卡在主机 CPU 的控制下进行数据的发送和接收。在这点上，网卡与其他 I/O 外部设备卡（如显示卡、磁盘控制器卡、异步通信接口适配器卡）没有本质的区别。

4.5.3 以太网数据链路控制器

实际的网卡均可以实现介质访问控制、CRC、曼彻斯特编码与解码、收发器与冲突检测等功能。需要注意的是，随着以太网技术的广泛应用，符合 IEEE 802.3 标准的以太网网卡（包括 802.11 无线网卡）已经成为 PC 的标准配置之一，并且以太网卡芯片一般是内嵌在主板上的，这样以太网网卡就可以分为插卡式与内嵌式两种。尽管这两种以太网网卡的结构不同，但是它们的工作原理、接口标准与联网方式没有差异。插卡式以太网网卡如图 4.11 所示。

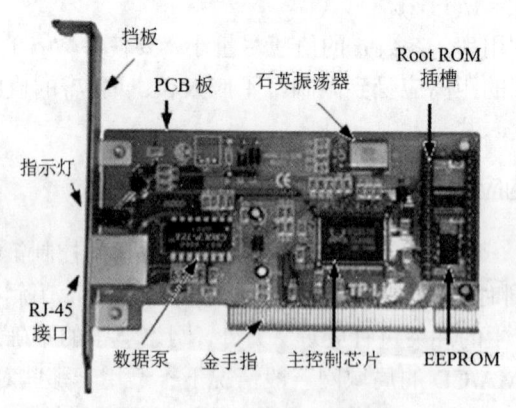

图 4.11 插卡式以太网网卡

4.6 MAC 地址的基本概念

MAC 地址的基本概念

本节将围绕 MAC 地址的定义、MAC 地址的组成、MAC 地址的类型、MAC 地址的管理和 MAC 地址的作用展开介绍。

4.6.1 MAC 地址的定义

在网络通信中,需要通过地址来区分参与通信的各个站点。数据链路层所使用的地址被固化在网络设备的接口中,用于标识网络设备的物理接口。由于它们存在于硬件中,故称为硬件地址或物理地址,又由于 IEEE 802.3 标准中寻址定义在 MAC 子层,故也称为 MAC 地址。在以太网中,MAC 地址是由 48 位的二进制数或 12 位的十六进制数表示的,被嵌入网络接口卡(Network Interface Card,NIC)的芯片中,一般不能修改。虽然许多 NIC 允许嵌入的 MAC 地址被软件任务所取代,但是这种做法并不受推崇,因为这样可能导致 MAC 地址重复,从而在网络上造成灾难性的后果。图 4.12 所示为在 Windows 操作系统的命令提示符窗口中,使用 ipconfig/all 命令查看到的网卡的 MAC 地址。

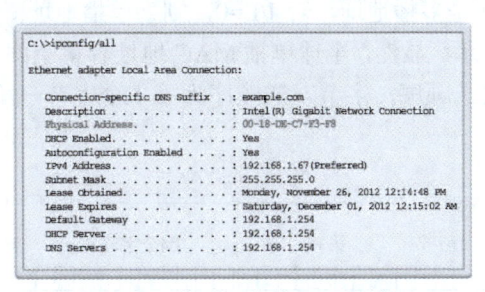

图 4.12 查看网卡的 MAC 地址

4.6.2 MAC 地址的组成

MAC 地址由两个字段组成,分别是机构唯一标识符(Organizational Unique Identifier,OUI)和扩展唯一标识符(Extended Unique Identifier,EUI)。其中 OUI 占前 24 位,标识了 NIC 的制造厂商;EUI 占后 24 位,唯一地标识了 NIC,这两部分联合在一起确保了在网络中不存在重复的 MAC 地址。MAC 地址的命名规则如图 4.13 所示,图中给出的 MAC 地址示例 00-60-2F-3A-07-BC(十六进制表示)中的前 24 位比特值 00-60-2F 是思科(Cisco)公司的 OUI。如果某厂商想要生产以太网卡,他们就必须从 IEEE 注册管理委员会(Registration Authority Committee,RAC)组织购买一个 24 位的 ID。

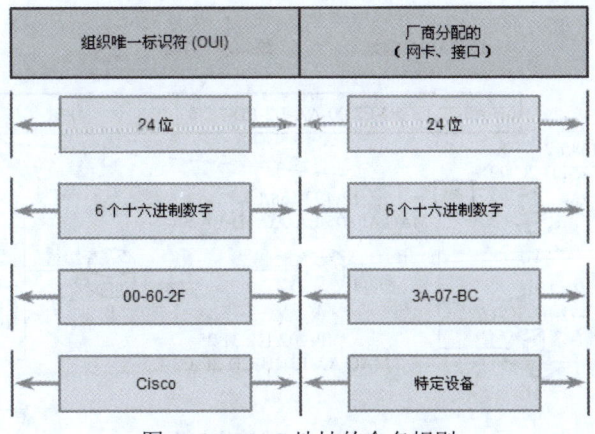

图 4.13 MAC 地址的命名规则

4.6.3 MAC 地址的类型

（1）广播地址：48 位二进制全为 1 的地址，局域网内的所有主机都接收此帧并处理。
（2）多播地址：第 1 个字节的最低位为 1，只有一部分主机接收此帧并处理。
（3）单播地址：第 1 个字节的最低位为 0，仅网卡地址与该目的地址相同的主机处理此帧。

4.6.4 MAC 地址的管理

MAC 地址第 1 个字节的次低有效位——全局管理/本地管理（Global/Local，G/L）位，用于区分是全局地址还是本地地址，若 G/L=0，则为全局管理的物理地址；若 G/L=1，则为本地管理的物理地址。MAC 地址的第 1 个字节的最低有效位——单播/多播（Individual/Group，I/G）位，用于区分是单播地址还是多播地址，若 I/L=0，则为单播地址；若 I/L=1，则为多播地址。MAC 地址类型如图 4.14 所示。显然，全球单播 MAC 地址容量空间为 2^{46} 个。需要注意，IEEE 802 局域网的 MAC 地址发送顺序，字节发送顺序为第 1 个字节→第 6 个字节；字节内的位发送顺序为 $b_0 \rightarrow b_7$。

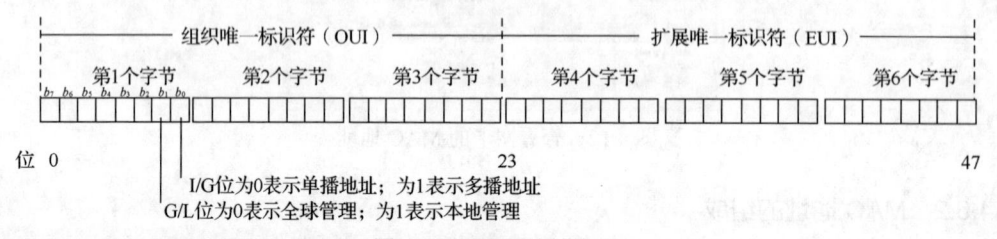

图 4.14 MAC 地址类型

4.6.5 MAC 地址的作用

有了 MAC 地址，数据帧的传递就是有目的的传送。数据帧头中包含源主机和目的主机的 MAC 地址，主机网卡一旦探测到数据帧，将检查此帧中的目的 MAC 地址是否是本机的 MAC 地址，若是，则继续接取完整的数据帧；否则放弃。这一作用被称为 NIC 的过滤功能。

任何一个数据帧中的源 MAC 地址和目的 MAC 地址相关的主机必然是相邻的，显然，源主机和目的主机在同一个局域网内，如图 4.15 所示。

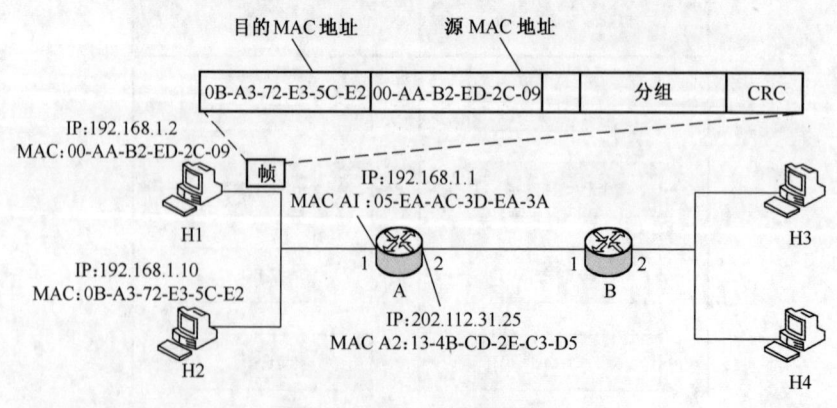

图 4.15 MAC 地址的作用

但是对于跨网通信，源主机发送给目的主机的数据帧中目的 MAC 地址并非目的主机的网卡地址，而是与源主机相连的网关路由器的 MAC 地址。因为数据要发送到目的主机，必须要依靠路由器的选路才能到达目的主机，所以数据帧应先发给与源主机相邻的网关，由网关选择路由。如图 4.15 中的主机 H1 和 H3 通信，此时数据帧封装的目的 MAC 地址就不应该是 H3 主机的 MAC 地址，而是路由器 A 的接口 1 的 MAC 地址 05-EA-AC-3D-EA-3A。

动手实践

探索以太网冲突

课后检测

模块 4 主题 2 课后检测

主题 3　以太网帧格式与操作

学习目标

通过对本主题的学习达到以下目标。

知识目标：

- 掌握以太网帧结构。
- 掌握数据链路层差错控制的常见方法。
- 了解数据链路层流量控制的基本方法。
- 掌握数据帧可靠传输机制。

技能目标：

- 能够使用网络协议工具捕获并分析以太网帧。

素质目标：

- 通过分析数据帧的结构，让学生进一步理解协议的内涵，引导学生逐步树立规则意识。

课前评估

1. 在 Windows 操作系统的命令提示符窗口中，使用 ipconfig/all 命令查看自己笔记本网卡的物理地址（Phisical Address）并记录下来，并对其组成情况进行简单描述。

2. IP 地址是_____层上使用的地址，物理地址是_____层使用的地址，这两类地址都具有唯一性。

3. IP 地址如同邮政通信地址（可以改变），物理地址如同人的姓名（一般不可改变）。如果只通过人的姓名你能知道他在哪里么？如果只有邮政通信地址信件能正确投递么？作为类比，在 Internet 中能否只使用 IP 地址或 MAC 地址来进行通信？

4.7 以太网帧结构

帧（Frame）是对数据的一种包装或封装，之后这些数据将被分割成一个一个的比特在物理层上传输。由于以太网技术是局域网的主流技术，本书只讨论以太网帧。图 4.16 所示为一个典型的以太网 II 帧的帧结构。假定该网络层使用的是 IP，实际上使用其他协议也是可以的。

（1）前同步码是 7 个字节的 10101010。前同步码字段的曼彻斯特编码会产生 10MHz、持续 5.6μs 的方波，便于接收方的接收时钟与发送方的发送时钟进行同步。这一过程本身的内容没有任何实际意义，可简单理解为通知接口做好接收数据的准备工作。

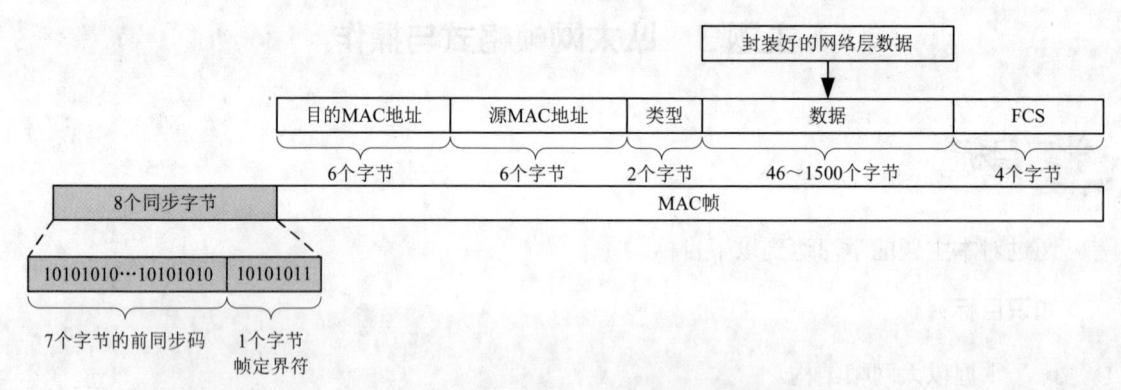

图 4.16 一个典型的以太网 II 帧的帧结构

（2）定界符为 10101011，标志一帧的开始。

（3）目的 MAC 地址和源 MAC 地址各为 48 位二进制数，分别指示接收站点和发送站点。

（4）类型字段占 2 个字节，指明可以支持的高层协议，主要是 IP，也可以是其他协议，如 Novell IPX 和 AppleTalk 等。类型字段的意义重大，如果没有它标识上层协议类型，以太网将无法支持多种网络层协议。当类型字段的值为 0x0800（0x 表示后面的数字为十六进制）时，表示上层使用的协议是 IP。

（5）数据字段用于指明数据段中的字节数，其值为 46～1500 个。当网络层传递下来的数据不足 46 字节时，需在数据字段的后面加入一个整数字节的填充字段，将数据凑足 46 字节，以保证以太网帧的长度不小于 64 字节。

（6）FCS 字段表示使用 CRC-32 循环冗余校验，共 4 个字节。由接收方检测，若有错，则丢弃该帧。

4.8 差错控制

组帧的方法可以准确地识别每个数据帧的起始和结束位置。数据帧在链路上传输后，可能造成由"0"变成"1"或由"1"变成"0"的差错，传输中的差错是由噪声引起的。其中，传输信道固有的、持续的随机热噪声引起的差错称为随机差错，也称单比特错误；由外界特定的、短暂的冲击噪声（如大气中的闪电、电源的波动、开关的闪火等）导致两个或两个以上的连续比特错误称为突发差错。

突发差错影响局部，随机差错影响全局。因此，计算机网络通信要尽量提高通信设备的信噪比，以满足符合要求的误码率，并且还要采用有效的差错控制方法进一步提高传输质量。

4.8.1 差错控制方法

在通信过程中处理差错有两种策略：一种是检错，由接收方进行差错的检测，一旦发现接收的数据有错误，并不尝试恢复，而是想办法通知发送方，由发送方重新发送数据帧；另一种是纠错，接收方不仅需要发现接收的数据中的错误，还要通过算法自动对错误进行纠正，恢复出正确的数据。

差错控制是指在数据通信过程中发现或纠正差错，并把差错限制在允许范围内的技术和方法。差错控制的首要任务是进行差错检测。差错检测包含两个任务：差错控制编码和差错校验。差错控制编码是指数据信息位在向信道发送之前，先按照某种关系附加上一定的冗余位，构成一个码字后再发送；差错校验是指接收方收到该码字后，通过检查数据信息位和附加冗余位之间的关系判定传输过程中是否有差错发生。可以检测差错的编码称为检错码，如奇偶校验码、循环冗余校验码及校验和等。能够纠正差错的编码称作纠错码，如海明码等。

数据链路层利用差错控制编码进行差错控制的方法有 3 种：自动请求重发（Automatic Repeat reQuest，ARQ）、前向纠错（Forward Error Correction，FEC）和混合纠错（Hybrid Error Correction，HEC）。

1. ARQ

ARQ 是利用检错码在数据接收方检测差错，当检测出差错后，设法通知发送方重新发送数据，直到接收方无差错为止，其工作原理图如图 4.17 所示。ARQ 主要应用于以有线介质为主的数据通信系统中。

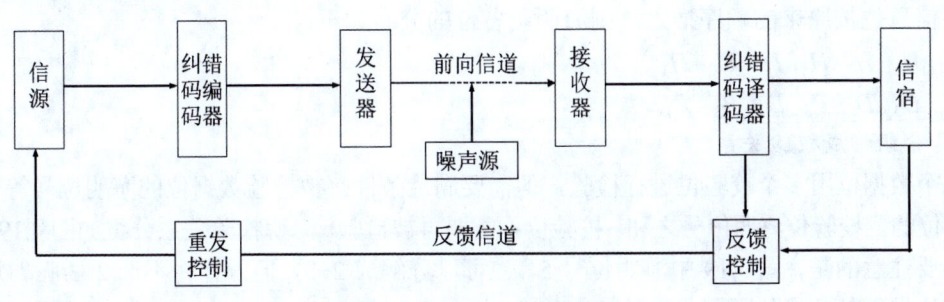

图 4.17　ARQ 工作原理图

2. FEC

在使用 FEC 进行检错时，接收数据方不仅对数据进行检测，而且当检测出差错后还能利用纠错码自动纠正差错，其工作原理图如图 4.18 所示。FEC 方法必须使用纠错码，主要应用在无线通信系统中。

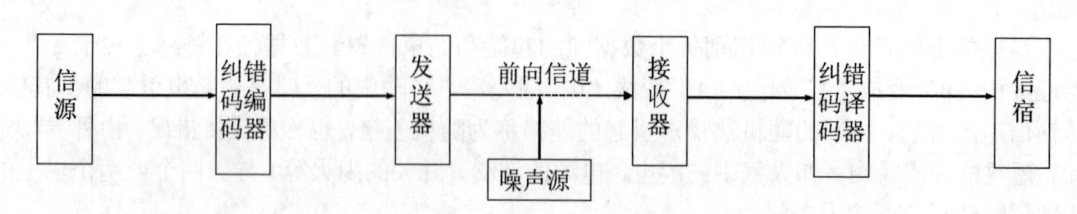

```
信源 → 纠错码编码器 → 发送器 → 前向信道 → 接收器 → 纠错码译码器 → 信宿
                                    ↑
                                  噪声源
```

图 4.18 FEC 工作原理图

3. HEC

HEC 方法要求接收方对少量的数据差错自动执行 FEC，而对超出纠正能力的差错通过 ARQ 的方法加以纠正，是一种纠错、检错相结合的混合方式。

4.8.2 海明码

海明码是一种纠错码，用于提高数据传输和存储时的可靠性。其实现原理是在有效的信息位中加入几个校验位形成海明码，并把海明码的每个二进制位分配到几个校验位中。当某一位出错后，就会引起相关的几个校验位发生变化，这不仅可以发现错位，而且能指出出错的位置，为自动纠错提供依据。下面以数据码"1010"为例介绍海明码的编码过程。

1. 确定海明码的位数

设 n 为有效信息的位数，k 为校验位的位数，则信息位 n 和校验位 k 应满足 $n+k \leq 2^k-1$，其中的 2^k 表示这 k 位能够表示的状态数，其中只有一种状态代表正确校验的情况，而剩下的 2^k-1 种状态就用来对应错误校验的情况。

根据关系式 $n+k \leq 2^k-1$，可以得出 $n+k=7 \leq 2^3-1$ 成立，则 $n=4$，$k=3$ 有效。再设信息位为 $D_4D_3D_2D_1$（1010），校验位为 $P_3P_2P_1$，对应的海明码为 $H_7H_6H_5H_4H_3H_2H_1$。

2. 确定校验位的分布

规定校验位 P_i 在海明位号为 2^{i-1} 的位置上，其余各位为信息位，因此：

P_1 的海明码位号为 $2^{i-1}=2^0=1$，即 H_1 为 P_1；

P_2 的海明码位号为 $2^{i-1}=2^1=2$，即 H_2 为 P_2；

P_3 的海明码位号为 $2^{i-1}=2^2=4$，即 H_4 为 P_3。

将信息位按原来的顺序插入，则海明码各位的分布如下：

H_7 H_6 H_5 H_4 H_3 H_2 H_1
D_4 D_3 D_2 P_3 D_1 P_2 P_1

3. 分组形成校验关系

每个数据位用多个校验位进行检验，但需要满足条件：被检验数据位的海明位号等于校验该数据位的各校验位海明位号之和。校验位不需要再被检验。海明检验关系分组如图 4.19 所示。

需要注意的是，图 4.19 中海明位号 5，也可以分解成 2+3，但为什么不选 2+3 呢？这是因为海明位号 3 是数据位而不是校验位。

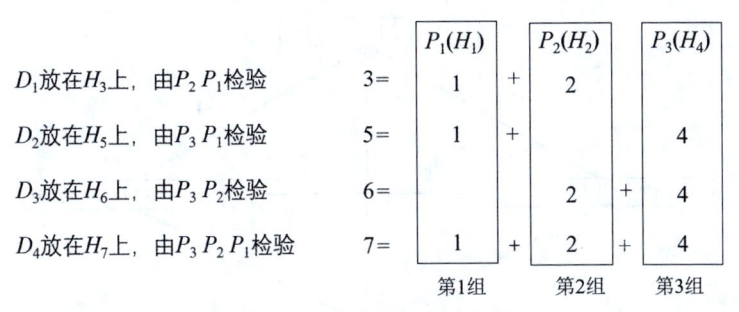

		$P_1(H_1)$		$P_2(H_2)$		$P_3(H_4)$
D_1放在H_3上，由$P_2 P_1$检验	3=	1	+	2		
D_2放在H_5上，由$P_3 P_1$检验	5=	1	+			4
D_3放在H_6上，由$P_3 P_2$检验	6=			2	+	4
D_4放在H_7上，由$P_3 P_2 P_1$检验	7=	1	+	2	+	4
		第1组		第2组		第3组

图 4.19　海明检验关系分组

4. 校验位的取值

校验位 P_i 的值为第 i 组的所有位求异或。根据图 4.19 中的分组如下：

$$P_1= D_1 \oplus D_2 \oplus D_4=0 \oplus 1 \oplus 1=0$$
$$P_2= D_1 \oplus D_3 \oplus D_4=0 \oplus 0 \oplus 1=1$$
$$P_3= D_2 \oplus D_3 \oplus D_4=1 \oplus 0 \oplus 1=0$$

因此，"1010"对应的海明码为"１０１**０**０１**０**"（下划线为校验位）。

5. 海明码的检错原理

每个检验组分别利用校验位和参与形成该校验位的信息位的奇偶校验检查，构成 k 个检验方程：

$$S_1= P_1 \oplus D_1 \oplus D_2 \oplus D_4$$
$$S_2= P_2 \oplus D_1 \oplus D_3 \oplus D_4$$
$$S_3= P_3 \oplus D_2 \oplus D_3 \oplus D_4$$

若 $S_1 S_2 S_3$ 的值为"000"，则说明无差错；否则说明出错，且这个数即是错误位的位号。若 $S_1 S_2 S_3$ 的取值为"001"，则说明第 1 位出错，即 H_1 出错，将该位取反即可达到纠错的目的。

6. 海明码的纠错能力

海明码的检错/纠错能力取决于它的海明距离。海明距离指的是两个码字对应位不同的位数。若海明距离为 d，则表示两个码字之间有 d 位的数值不同，如两个码字 1101100 和 1001001 之间有 4 位不同，则海明距离为 4。将两个码字进行异或（XOR）逻辑运算，然后只需要统计结果中"1"的数量，就可以得到两个码字之间的海明距离。因此，利用简单的逻辑电路就可以很容易在硬件上实现海明距离的计算。

实际中的海明距离判断，更多的不是在两个码字之间，而是在所有有效编码的集合内考虑海明距离。对于码字的集合，其海明距离的确定过程：计算集合内每对码字之间的海明距离，取其中最小的海明距离值为该集合的海明距离。例如，有效的码字为 11111111、11110000、00001111、00000000，则该码字集合的海明距离为 4，如图 4.20 所示。

为检测出 d 个比特错，需要使用距离为 $d+1$ 的编码。因为在这种编码中，d 个比特错绝不可能将一个有效的码字改变成另一个有效的码字。当接收方检测到无效码字时，它就明白发生了传输错误。同样，为了纠正 d 比特错，需要使用距离为 $2d+1$ 的编码，这是因为有效码字的距离远到即使发生 d 个变化，这个发生了变化的码字仍然更接近原始码字。因此，就能唯一地确定出原始码字。由此可以得出：当海明距离 d 较大时，纠错所用的差错控制的开销远远大于检错的开销。

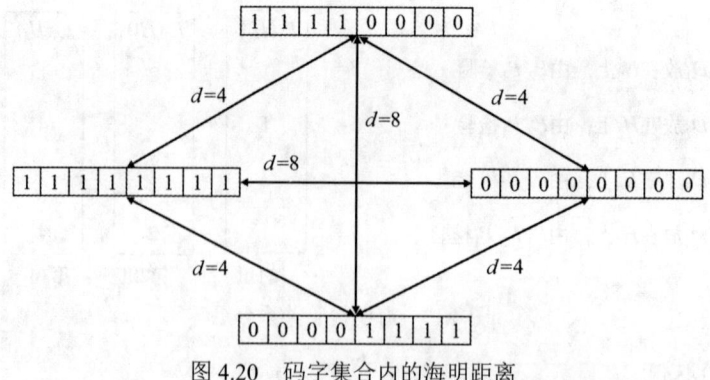

图 4.20　码字集合内的海明距离

4.8.3　奇偶校验码

奇偶校验码是一种简单的检错码。其检验规则：在原数据位后附加校验位（冗余位），根据附加后的整个数据码中的"1"的个数为奇数或偶数，分别叫作奇校验或偶校验。奇偶校验有垂直奇偶校验、水平奇偶校验和水平垂直奇偶校验 3 种。

1. 垂直奇偶校验

垂直奇偶校验是以字符为单位的校验方法。一个字符由 8 位二进制位组成，其中低 7 位是数据位，最高位是冗余校验位。校验位可以使每个字符代码中"1"的个数为奇数或偶数。若字符代码中"1"的个数为奇数，则称奇校验；若"1"的个数为偶数，则称偶校验。例如，一个字符的 7 位代码为"1010110"，有 4 个"1"（偶数），若设计为奇校验，则校验位为"1"，即整个字符为"10101101"（下划线为校验位）。同理，若设计为偶校验，则校验位为"0"，即整个字符为："10101100"（下划线为校验位）。

2. 水平奇偶校验

水平奇偶校验是把多个字符组成一组，对一组字符的同一位（水平方向）进行奇校验或偶校验，得到一列校验码。发送时按字符一个接一个地发送，最后发送一列校验码。例如，一组字符包括 5 个字符，每个字符的信息代码是 7 位，传送时先顺序传送 0、1、2、3、4 等 5 个字符的 $b_1 \sim b_7$ 位，最后传送校验码，假设水平校验采用偶校验，如表 4.1 所示。水平奇偶校验能发现长度小于字符位数的突发性错误。

表 4.1　水平奇偶校验

比特	字符 0 1 2 3 4	校验码
b_1	0 0 1 0 1	0
b_2	1 0 1 1 0	1
b_3	0 0 0 1 0	1
b_4	1 1 1 0 1	0
b_5	0 1 0 1 1	1
b_6	0 0 0 1 0	1
b_7	0 1 1 0 1	1

3. 水平垂直奇偶校验

同时进行水平和垂直奇偶校验就是将表 4.1 中的 5 个字符均再增加一位校验位 b_8，如表 4.2 所示，b_8 是垂直校验位，每行的最右一位是水平校验位。水平校验和垂直校验可以是奇校验或偶校验。表 4.2 均为偶校验。水平垂直奇偶码也称方阵码，有较强的检错能力，它不仅能发现所有 1 位、2 位或 3 位的错误，而且能发现某一行或某一列上的所有奇数个错误。

表 4.2 水平垂直奇偶校验

比特	字符 0 1 2 3 4	校验码
b_1	0 0 1 0 1	0
b_2	1 0 1 1 0	1
b_3	0 0 0 1 0	1
b_4	1 1 1 0 1	0
b_5	0 1 0 1 1	1
b_6	0 0 0 1 0	1
b_7	0 1 1 0 1	1
b_8	0 1 0 0 0	1

4.8.4 循环冗余码

循环冗余码（Cyclic Redundancy Code，CRC）是一种常用的差错检测码，它通过在数据后面附加一段校验码来检测数据在传输过程中是否出现错误。CRC 是局域网和广域网的数据链路层通信中常用且非常有效的检错方式，在数据帧中常被称为帧检验序列（Frame Check Sequence，FCS）。FCS 用于保证接收的数据帧和发送的数据帧完全相同（发什么收什么）。这里应当注意，CRC 和 FCS 并不等同，CRC 是一种检错方法，而 FCS 是添加在数据帧后面的冗余码。

1. CRC 的工作原理

CRC 的基本思想是将比特串看成是系数为 "0" 或 "1" 的多项式。一个 k 比特的帧被看作一个 $k-1$ 次多项式的系数列表，该多项式共有 k 项，分别是从 x^{k-1} 到 x^0。这样的多项式为 $k-1$ 阶多项式。例如，比特串 "110001" 有 6 位，可以表示为多项式 x^5+x^4+1，其各个项的系数分别为 "1" "1" "0" "0" "0" "1"。

当使用多项式编码时，发送方和接收方必须预先商定一个生成多项式 $G(x)$。生成多项式的最高位和最低位必须是 "1"。假设某帧有 m 位，它对应于多项式 $M(x)$，为了计算它的循环冗余校验编码，该帧必须比生成多项式长。假定 $G(x)$ 的阶为 r，在该帧的尾部加上 r 个 0 作为校验和，使加上校验和后的帧所对应的多项式能够被 $G(x)$ 除尽。当接收方收到带校验和的帧之后，试着用 $G(x)$ 去除它，如果有余数，则表明传输过程中有差错。

2. CRC 计算举例

下面通过一个实例来说明 CRC 校验码的生成过程。假设待发送的数据为 "101001"，生成多项式选择为 $G(x) = x^3 + x^2 + 1$，生成 CRC 校验码的过程如图 4.21 所示。

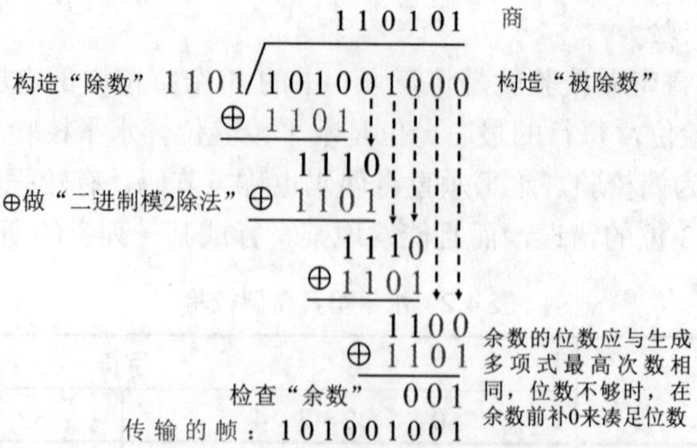

```
                    110101         商
构造"除数" 1101 ╱ 101001000   构造"被除数"
              ⊕  1101
                 1110
⊕做"二进制模2除法"  ⊕ 1101
                  1110
                 ⊕ 1101
                   1100      余数的位数应与生成
                 ⊕ 1101      多项式最高次数相
         检查"余数"  001      同，位数不够时，在
                             余数前补0来凑足位数
         传输的帧：101001001
```

图 4.21 生成 CRC 校验码的过程

如果接收到的信息为"101101001"，生成多项式为 $G(x) = x^3 + x^2 + 1$，则利用 CRC 检错的过程如图 4.22 所示。

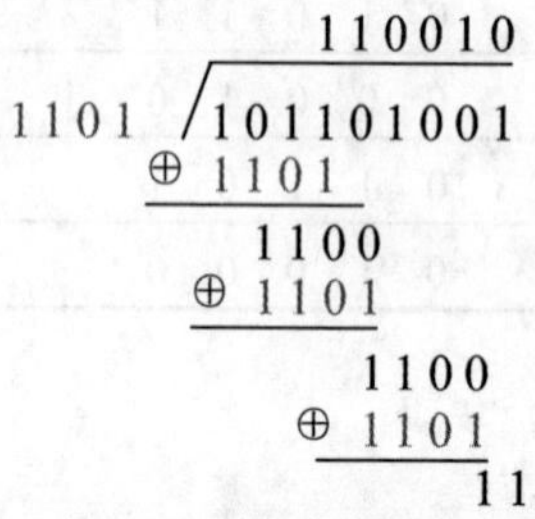

```
               110010
       1101 ╱ 101101001
           ⊕  1101
              1100
            ⊕ 1101
               1100
             ⊕ 1101
                 11
```

图 4.22 利用 CRC 检错的过程

图 4.22 中，余数为"11"，不为"0"，因此数据"101101001"在传输过程中有差错。

3. CRC 的检错能力

CRC 编码具有较高的差错检测能力，可以检测出大多数常见的错误类型，如单比特错误、双比特错误、奇数位错误及小于等于校验位长度的突发错误等。CRC 中生成多项式 $G(x)$ 的选择非常重要，一般附加的用于校验的冗余码的位数越多，检错能力就越强，但额外的传输开销和计算开销也相应地变得更大。目前，广泛使用的生成多项式主要有以下几种：

CRC – 16 = $x^{16} + x^{15} + x^2 + 1$

CRC – CCITT = $x^{16} + x^{12} + x^5 + 1$

CRC – 32 = $x^{32} + x^{26} + x^{23} + x^{22} + x^{16} + x^{12} + x^{11} + x^{10} + x^8 + x^7 + x^5 + x^4 + x^2 + x + 1$

4.9 流 量 控 制

流量控制是数据链路层的基本功能之一，其目标在于控制发送方的数据发送能力，使之不能超过接收方的数据接收能力。流量控制可以采用简单的停—等（Stop-and-Wait）协议，也可以采用复杂的滑动窗口协议。

4.9.1 基本停—等流量控制

流量控制是指在网络通信中，通过一系列技术控制数据流量的过程。有 2 种方法可以用

来实现收发双方之间的流量控制：基于固定速率的流量控制和基于反馈机制的流量控制。

基于固定速率的流量控制需要收发双方在发送数据前预定好固定的数据帧传输速率，确保发送数据帧的速度不超过接收方的数据处理能力。理论上，这种流量控制方法很容易实现，但在实际网络中，由于接收方可能需要同时与不确定的发送方进行通信，接收方的数据处理能力很难预先被准确估计。如果通信双方预定了一个过低的数据帧传输速率，会导致低效的传输效率和带宽资源的浪费。

基于反馈机制的流量控制要求接收方在完成一个数据帧的接收，并成功提交给网络层后，向发送方进行反馈，告知其可以进行下一个数据帧的发送。在实现中，通常由接收方在完成对到达数据帧的处理后，向发送方发送一个空帧（Dummy Frame），也称为哑帧，作为成功接收的反馈确认。停—等流量控制机制如图 4.23 所示，发送方发送一个数据帧后立即停下，等待来自接收方的反馈确认，即空帧到达后，再开始新一数据帧的发送，并等待新的确认。因此，这种流量控制机制也称为停—等协议。

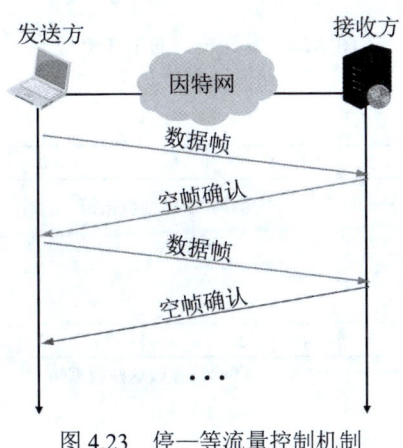

图 4.23　停—等流量控制机制

使用基本停—等流量控制机制时，所付出的代价是发送方在每个数据帧发送之后，进行一段时间的等待。

4.9.2　滑动窗口流量控制

滑动窗口流量控制是一种更高效的流量控制方法。在任意时刻，发送方都维持一组连续的允许发送帧的序号，称为发送窗口（W_T）。同时，接收方也维持一组连续的允许接收帧的序号，称为接收窗口（W_R）。发送窗口指示在还未收到接收方确认信息的情况下，发送方最多还能发送多少个帧。同理，在接收方设置接收窗口是为了控制可以接收哪些帧和不可以接收哪些帧。

图 4.24 给出了发送窗口的工作原理。发送窗口打开后，序号为 0 的数据帧落入发送窗口内，发送该数据帧。当窗口内没有发送的数据帧（即窗口内的数据帧全部是已发送但未收到确认的帧）时，发送方停止发送数据帧。发送方每收到一个按序确认的确认帧，将发送窗口向前滑动一个位置。

图 4.25 给出了接收窗口的工作原理。接收方窗口打开后，准备接收 0 号数据帧。当 0 号数据帧落入接收窗口时，接收该数据帧，接收窗口向前滑动一个位置，并向发送方发回确认。若收到的帧落在接收窗口之外，则一律丢弃。

图 4.24　发送窗口的工作原理

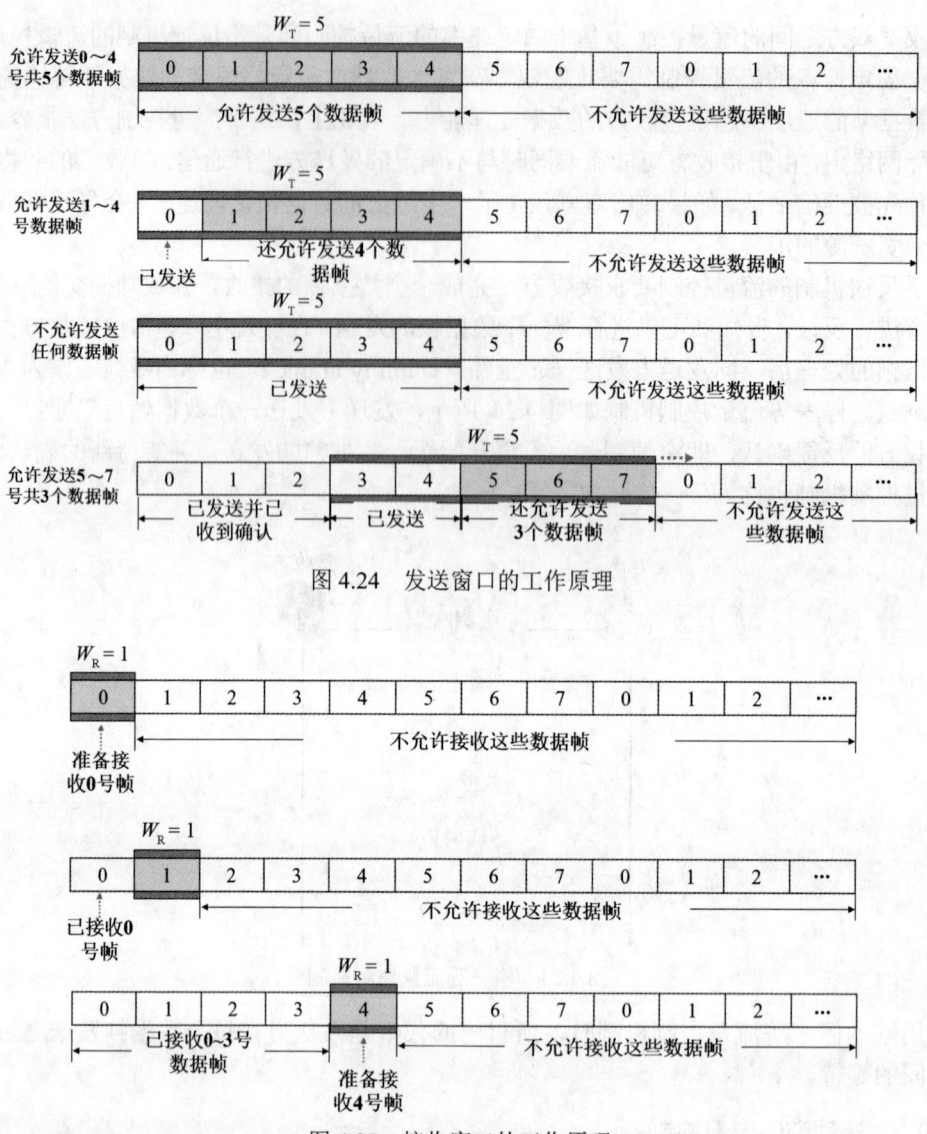

图 4.25　接收窗口的工作原理

对比图 4.24 和图 4.25，只有接收窗口向前滑动（同时接收方发送了确认）时，发送窗口才可能（只有发送方收到确认后）向前滑动。

4.10　可靠传输控制

可靠数据传输是指数据在传输过程中不出错、不丢失、不乱序、不重复。一般情况下，可靠数据传输是通过确认机制和重传机制来实现的。所谓确认机制，是指接收方每收到一个正确的数据后，必须返回一个 ACK（称为专门确认），或将 ACK 搭载在反向数据中（称为捎带确认）反馈给发送方。如果发送方在发送完数据的一段时间后还没有收到接收方返回的 ACK，则发送方等待超时，并会重传该数据帧。通过确认机制和重传机制，可以实现在不可靠的物理线路上进行可靠数据传输。

4.10.1 差错控制停—等协议

图 4.26 给出了数据帧在链路的上传输的 4 种可能情况。在图 4.26 中，左侧表示发送方，右侧表示接收方。图 4.26 中使用时间轴，这是描述协议行为的一种常用方法。

(a) 正常情况　　　　　　　　　　(b) 数据帧出错

(c) 确认帧丢失　　　　　　　　　(d) 确认帧丢失且发送方定时器设置过短

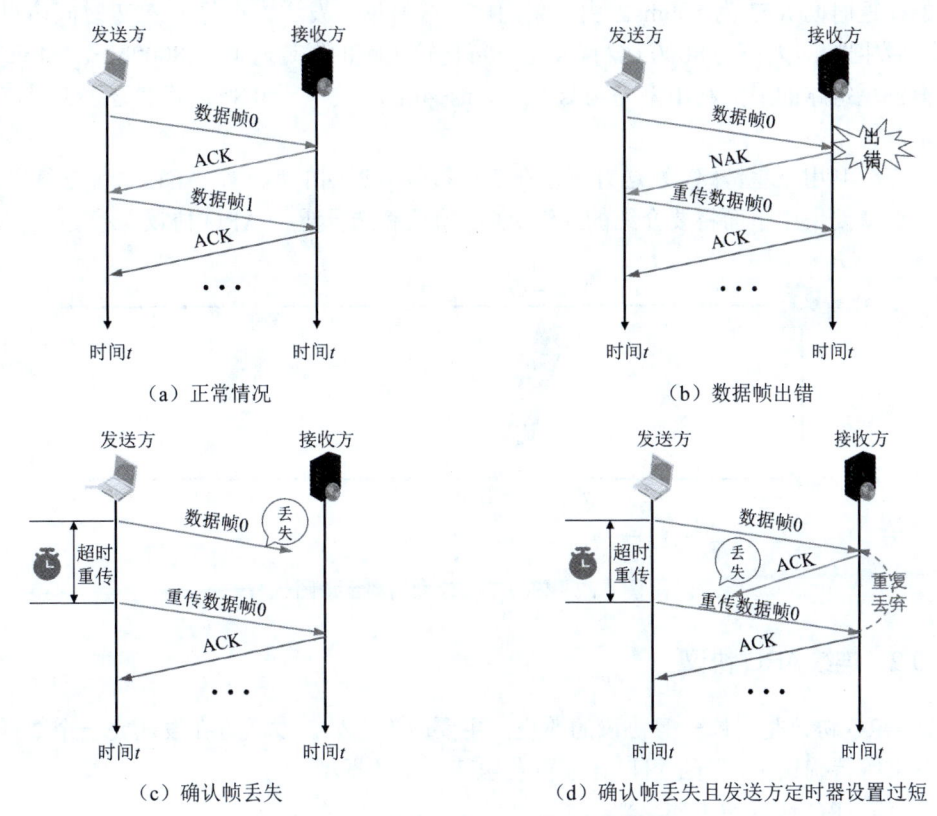

图 4.26　数据帧在链路上传输的 4 种可能情况

图 4.26（a）表示发送方在定时器超时前收到确认帧 ACK 的情况，即正常情况，发送方发送一个新帧。图 4.26（b）表示数据帧出错的情况，接收方反馈发送方否认帧 NAK，以表示发送方应当重传出现差错的那个数据帧。如果多次出现差错，则需要多次重传数据帧，直到收到接收方反馈确认帧 ACK 为止。为此，发送方必须暂时保存已发送数据帧的副本。当线路质量太差时，发送方在重传一定次数后不再进行重传，而是将此异常情况向上一层报告。图 4.26（c）表示确认帧丢失的情况，发送方的计时器超时后重传前面的帧。图 4.26（d）表示确认帧丢失且发送方定时器设置过短，从而引起超时过快，导致不必要的重传。

要解决重复帧的问题，简单的办法是让一个数据帧携带上不同的发送序号。对于停—等协议而言，每发送一个数据帧就需要停下来等待确认帧，因此用一个比特来编号即可。一个比特可以有 0 和 1 两个不同的序号，数据帧的发送序号能以 0 和 1 两种序号交替的方式出现在前后连续的数据帧中，每发送一个新的数据帧，发送序号都和上次使用的序号不一样。用这样的方法可以使接收方能够区分新的数据帧和重传数据帧。

停—等协议的主要缺点：在某些情况下，协议效率非常低，从而造成物理线路的利用率非常低。停—等协议利用率示意图如图 4.27 所示，T_D 表示发送方的数据发送时延；RTT 表示发送方收到接收方确认帧的时延；T_A 表示接收方发送确认帧的时延。确认帧 ACK 的长度远小于数据帧的长度，因 $T_A \ll T_D$，从而信道利用率 $U \approx \dfrac{T_D}{T_D + RTT}$。现在考虑一条数据传输率为 2Mbit/s 的卫星链路，从发送方的地面站发送 1 帧到接收方的地面站，然后接收方返回 ACK 到发送方的往返时间 RTT 为 500ms。由于采用停—等协议，发送方在每个 RTT 时间内只能发送 1 帧，假设数据帧的大小为 8000 比特，发送方每传输 1 帧的发送时间为 8000bit÷2Mbit/s=4ms。由此可得卫星链路的最大利用率为 4ms÷(500ms+4ms)，约等于 0.8%。换言之，卫星链路的实际利用率非常低。

为了充分利用卫星链路，发送方可以在等待接收方返回的第 1 个 ACK 之前连续发送 N 个数据帧，这就要采用下面将要介绍的连续 ARQ 协议和选择重传 ARQ 协议。

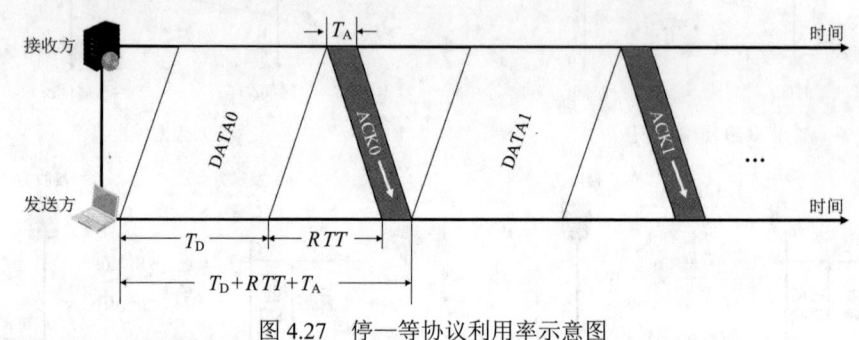

图 4.27　停—等协议利用率示意图

4.10.2　连续 ARQ 协议

连续 ARQ 协议是对停—等协议的改进，主要改进之处是发送方在发送完一个数据帧后，不是停下来等待确认帧，而是可以连续再发送若干个数据帧。

1. 连续 ARQ 协议的工作原理

下面通过一个简单的例子来介绍连续 ARQ 协议的工作原理，如图 4.28 所示。发送方每发送完一个数据帧，要为该帧设置超时计时器。发送方连续发送 0～6 号数据帧，停止发送，然后等待确认。0 号、1 号数据帧被成功接收，分别发送确认帧，接收窗口向前移动。当 2 号数据帧出错时，该数据帧被丢弃，且不会发送任何确认帧。接收方将再次发送关于最后一个成功交给上层的数据帧的确认帧 ACK1（表示正确接收 1 号数据帧及之前的 0 号数据帧，期望收到 2 号数据帧），防止发送的 ACK1 确认帧丢失。3、4、5、6 号数据帧虽然正常到达，由于不是接收方期望接收的数据帧，接收方也将 3、4、5、6 号数据帧丢弃，此时接收窗口保持不变。

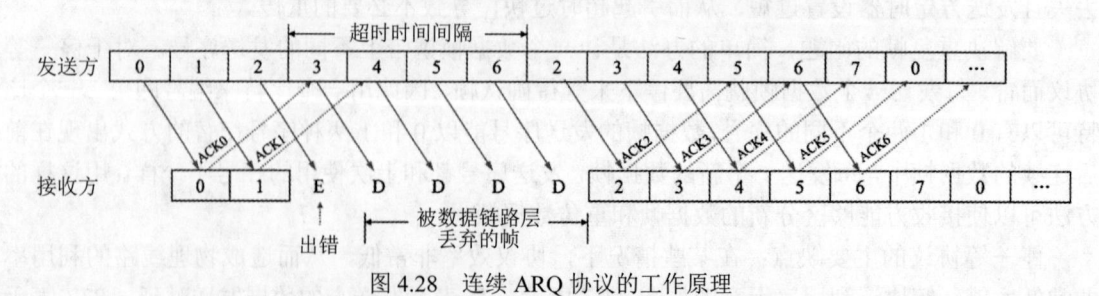

图 4.28　连续 ARQ 协议的工作原理

当发送方窗口中的 2 号数据帧计时器超时后，虽然发送方已经发送完了 6 号数据帧，但仍必须回退，将 2 号数据帧及后续的 3、4、5、6 号数据帧全部重传。正因为如此，连续 ARQ 协议又称为 Go-Back-N（GBN）ARQ 协议，即后退 N 帧 ARQ 协议。

2. 连续 ARQ 协议的发送窗口与接收窗口

对于连续 ARQ 协议，接收方只能按顺序接收和处理数据帧，因此接收方只需要维持一个接收窗口，即 $W_R=1$。在数据链路层协议中，数据帧和确认帧序号往往被认为是数据帧头部的一个字段，假设序号字段的长度为 k 比特，则帧的序号空间为 $[0, 2^k-1]$。在一个有限的序号空间内，所有涉及序号的运算必须使用模 2^k 运算，即序号空间被认为是一个大小为 2^k 的环，序号 2^k-1 的后面紧接着是 0。现假定序号是 3 比特，则帧的序号是 0～7，并且假设这 8 个数据帧正确地到达接收方，接收依次返回 ACK0～ACK7。发送方接收到 ACK0～ACK7，于是再发送 8 个新的数据帧，数据帧的编号仍然为 0～7。假设经过一段时间后，发送方只接收到 ACK7。现在的问题是发送方如何根据第 2 次收到的 ACK7，判断出第 2 次发送的 8 个帧是全部正确到达接收方还是全部丢失了呢？因为在这 2 种情况下，接收方都会返回确认帧 ACK7（可以想一想这是为什么），从而造成后退 N 帧 ARQ 协议失败。如果后退 N 帧 ARQ 协议的发送窗口的最大尺寸限制在 7（2^3-1）之内，即发送方一次连续发送的帧数量小于等于 7（2^3-1），则能保证后退 N 帧 ARQ 协议在任何情况下都不会出现差错。

3. 连续 ARQ 协议的信道利用率

连续 ARQ 协议采用流水线传输，如图 4.29 所示，即发送方可以连续发送多个数据帧，只要发送窗口足够大，可使信道上有数据帧持续流动。显然，这种方式能获得很高的信道利用率。假设连续 ARQ 协议的发送窗口为 n，即发送方可连续发送 n 个数据帧，分为 2 种情况。

（1）$nT_D < T_D + RTT + T_A$：即在一个发送周期内可以发送完 n 个数据帧，信道利用率为

$$U \approx \frac{nT_D}{T_D + RTT + T_A}$$

（2）$nT_D \geq T_D + RTT + T_A$：即在一个发送周期内发不完（或刚好发完）$n$ 个数据帧，只要不发生差错，发送方就可不间断地发送数据帧，信道利用率为 1。

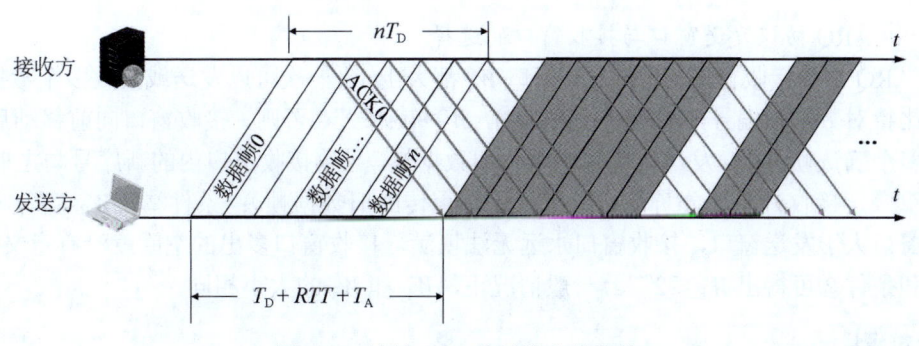

图 4.29　连续 ARQ 协议流水线传输

4.10.3　选择重传 ARQ 协议

与差错控制停—等协议相比，后退 N 帧 ARQ 协议提高了信道的利用率，但后退 N 帧 ARQ 协议必须重传出错数据帧以后的所有帧，从而造成信道带宽的浪费。因此，有必要对后退 N

帧 ARQ 协议进行一些改进，以提高信道的利用率，这就是下面要阐述的选择重传（Selective Repeat，SR）ARQ 协议。

1. SR ARQ 协议的工作原理

SR ARQ 协议的原理如图 4.30 所示，通过让发送方仅仅重传那些接收方没有正确接收到的数据帧（这些数据帧出错或丢失），从而避免发送方一些不必要的重传，以便提高信道利用率。为此，SR ARQ 协议要求接收方必须对正确接收的数据帧进行逐个应答，而不能采用后退 N 帧协议中所采用的累计应答。显然，SR ARQ 协议比后退 N 帧协议更复杂，且接收方需要设置足够的数据帧缓冲区（数据帧缓冲区的数目等于接收窗口的大小而非序号数目，因为接收方不能接收序号在窗口下界以下或窗口上界以上的帧）来暂存那些失序但正确到达且序号落在接收窗口内的数据帧。每个数据帧缓冲区对应一个计时器，当计时器超时，数据帧缓冲区的数据帧就重传。另外，SR ARQ 协议还采用了比上述其他协议更有效的差错处理策略，即一旦接收方检测到某个数据帧出错，就向发送方发送一个否定帧 NAK，要求发送方立即重传（不需要等待超时，加快重传速度，提高信道利用率）NAK 指定的数据帧。在图 4.30 中，2 号数据帧丢失后，接收方仍可正常接收并缓存之后收到的数据帧，待发送方超时重传 2 号数据帧并被接收方成功接收后，接收窗口向前移动，而当发送方收到 2 号数据帧的确认后，发送窗口向前移动。在某个时刻，接收方检测到 10 号数据帧出错，向发送方发出否定帧 NAK10，在此期间接收方仍可正常接收并缓存之后收到的帧，发送方收到否定帧 NAK10 后立即重传 10 号数据帧。

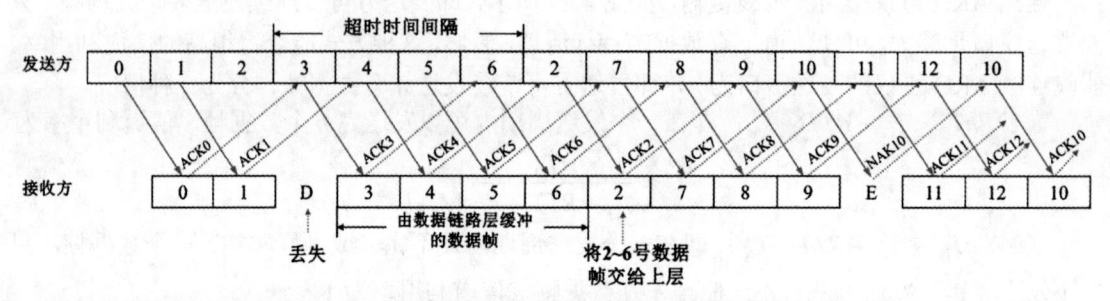

图 4.30　SR ARQ 协议的工作原理

2. SR ARQ 协议发送窗口与接收窗口的选择

SR ARQ 协议接收窗口 W_R 和发送窗口 W_T 都大于 1，一次可以发送或接收多个数据帧。若采用 n 比特对数据帧编号，需满足：条件①，$W_R+W_T \leq 2^n$（否则，接收窗口向前移动后，若有一个或多个确认帧丢失，发送方会超时重传旧数据帧，导致接收窗口内的新序号与之前的旧序号出现重叠，接收方无法分辨是新数据帧还是重传的旧数据帧）；条件②，$W_R \leq W_T$（否则，若接收窗口大于发送窗口，接收窗口永远无法填满，接收窗口多出的空间就没有意义）。根据条件①和条件②可得出 $W_R \leq 2^{n-1}$。一般情况下，W_R 和 W_T 的大小相同。

动手实践

分析以太网帧

课后检测

模块4 主题3 课后检测

主题 4　以太网技术

学习目标

通过对本主题的学习达到以下目标。

知识目标：

- 了解物理层网络设备的主要功能及以太网物理层标准。
- 掌握快速以太网技术标准。
- 掌握高速以太网技术标准。
- 掌握交换式以太网的优点。

技能目标：

- 能够借助网络工具对比共享式以太网和交换式以太网的优缺点。

素质目标：

- 通过介绍常见的以太网技术，充分理解资源利用和经济成本之间的约束关系，引导学生逐步建立以"工程学"的方法来分析并解决复杂网络问题的意识。

课前评估

1. 结合前面所学知识，尽可能列举出扩展网络覆盖范围时采用的技术及措施。
2. 说明提高网络性能、增强用户体验效果的技术手段。
3. 假设某人及其朋友之间的通信终端的距离为100～300m，请设计使这两个通信终端正常通信的以太网的组网方案。

4.11　以太网的组网规范

任何网络设备都有自己的特性和适用范围，只有在规定的范围内使用才能正常发挥其功能。实践证明，网络物理层的传输介质与设备在组网的过程中都有一定的条件限制，违背这些

4.11.1 以太网的命名原则

IEEE 802.3 标准定义了一种缩写符号来表示以太网的某一标准实现：n—信号—物理介质。其中，n 表示以兆位每秒为单位的数据传输速率（如 10Mbit/s、100Mbit/s、1000Mbit/s 等）；信号表示基带（Base）或宽带（Broad）类型；物理介质表示网络的布线特性。在同轴电缆（Coaxial Cable）中，用网络的分段长度 5 表示 500m，2 表示 185m，用 T 表示采用双绞线作为传输介质，用 C 表示采用同轴电缆作为传输介质，用 F 表示采用光纤作为传输介质，用 X 表示编码方式，100Mbit/s 网络中使用 4B/5B 编码，1000Mbit/s 网络中使用 8B/10B 编码等。

4.11.2 物理层组网设备介绍

物理层的设备主要包括中继器和集线器。利用这些设备组建以太网时，需遵循"5-4-3"规则。

1. 中继器

中继器具有对物理信号进行放大和再生的功能，可将输入端口接收的物理信号经过放大和整形后从输出端口送出，其作用如图 4.31 所示。中继器具有典型的单进单出结构，因此当网络规模增加时，可能会需要许多单进单出结构的中继器来放大信号。在这种需求背景下，集线器应运而生。

图 4.31 中继器的作用

2. 集线器

集线器是网络连接中最常用的设备，它在物理上被设计成集中式的多端口中继器，其多个端口可为多路信号提供放大、整形和转发功能。集线器除了中继器的功能外，多个端口还提供了网络线缆连接的一个集中点，并可增加网络连接的可靠性。集线器是最早使用的设备，它具有价格低、容易查找故障、网络管理方便等优点，曾在小型的局域网中被广泛应用。

3. "5-4-3" 组网规则

下面讨论物理层设备在组网过程中应遵循的"5-4-3"规则。

"5-4-3"规则的内容：在一个 10Mbit/s 以太网中，任意两个工作站之间最多可以有 5 个网段、4 个中继器，同时 5 个网段中只有 3 个网段可以用于安装计算机等网络设备，如图 4.32 所示。网段是指计算机与网络设备、网络设备与网络设备之间形成的链路，计算机与计算机之间的链路不是网段。

图 4.32 "5-4-3" 规则

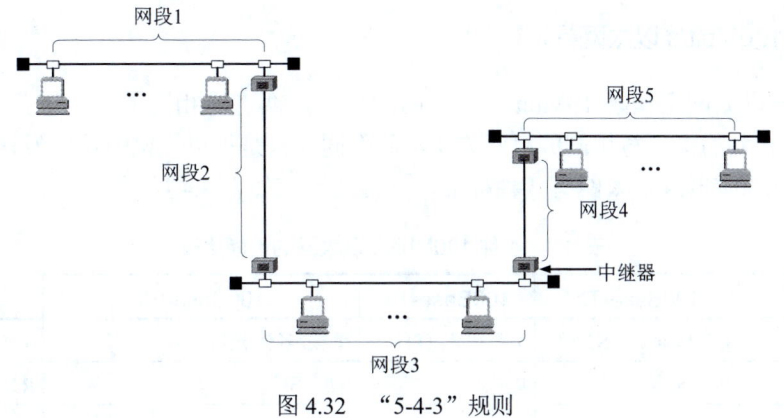

4.11.3 以太网物理层标准

IEEE 802.3 标准先后为不同的传输介质制定了不同的物理层标准，有 10Base-5、10Base-2、10Base-T 和 10Base-F 等，目前 10Base-5 和 10Base-2 标准以太网基本被淘汰。常见以太网物理层标准的比较如表 4.3 所示。

表 4.3　常见以太网物理层标准的比较

特性	10Base-T	10Base-F
IEEE 规范	802.3i	802.3j
数据速率	10Mbit/s	10Mbit/s
信号传输方式	基带	基带
网段的最大长度	100m	2000m
最大网络跨度	500m	4000m
网络介质	UTP	单模、多模光纤
网段上的最大工作站数目	1024 台	无限制
拓扑结构	星形	星形
介质挂接方法	网卡	网卡
网线上的连接端	RJ-45	光纤
线缆电阻	100Ω	—

4.12　快速以太网技术

提高以太网的带宽，是解决网络规模与网络性能之间矛盾的方案之一，一般把数据传输速率为 100Mbit/s 的局域网称为快速局域网，数据传输速率为 1000Mbit/s 及以上的局域网称为高速局域网。对于目前已大量存在的以太网来说，需要保护用户已有的投资，因此快速以太网必须和传统以太网兼容，即使快速以太网可以不采用 CSMA/CD 协议，但是它必须保持局域网的帧结构、最大与最小帧长度等基本特征。在物理层提高数据传输速率时，必然要在使用的传输介质和信号编码方式方面有所变化。

4.12.1 100Mbit/s 以太网标准

100Mbit/s 以太网保留了 10Mbit/s 以太网的特征，两者有相同的介质访问控制方法（即 CSMA/CD）、相同的接口与相同的组网方法，而不同的只是把以太网每比特发送时间由 100ns 降低到 10ns。100Mbit/s 以太网有 4 种标准，其性能比较如表 4.4 所示。

表 4.4 4 种 100Mbit/s 以太网的性能比较

特性	100Base-TX	100Base-T4	100Base-FX	100Base-T2
传输介质	UTP Cat 5，STP	3 类以上 UTP	单模/多模光纤	3 类以上 UTP
接头	RJ-45	RJ-45	ST、SC	RJ-45
最长介质段	100m	100m	2000m/40000m	100m
拓扑结构	星形	星形	星形	星形
传输线对数目	2	4	1	2
发送线对数目	1	3	1	1
集线器数量	2	2	不支持集线器组网	2
全双工支持	是	否	是	是
信号编码方式	4B/5B	8B/6T	4B/5B	PAM5X5
信号频率	125MHz	25MHz	125MHz	25MHz

4.12.2 100Mbit/s 以太网应用举例

在如图 4.33 所示的 100Mbit/s 以太网典型应用中，采用一个快速以太网集线器作为中央设备，使用非屏蔽 5 类双绞线以星形连接的方式连接网络节点（工作站或服务器）及另一个快速以太网集线器和 10Base-T 的共享集线器。

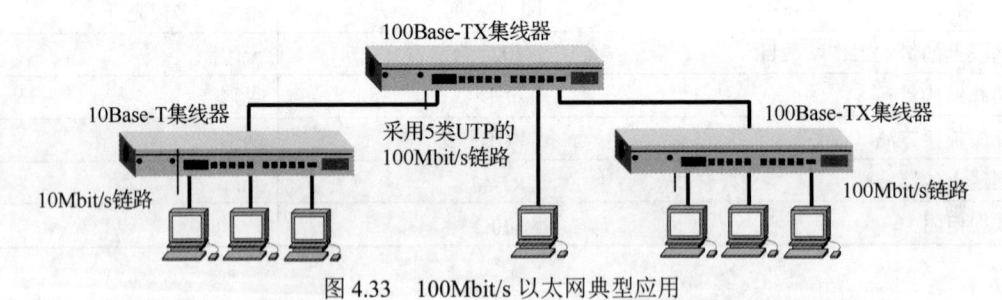

图 4.33 100Mbit/s 以太网典型应用

4.13 1000Mbit/s 以太网技术

1997 年 2 月 3 日，IEEE 确定了 1000Mbit/s 以太网的核心技术；1998 年 6 月正式通过千兆以太网标准 IEEE 802.3z；1999 年 6 月，正式批准 IEEE 802.3ab 标准（即 1000Base-T），把双绞线用于 1000Mbit/s 以太网中。1000Mbit/s 以太网标准的制定基础：以 1Gbit/s 的速率进行半双工、全双工操作；使用 802.3 以太网帧格式；使用 CSMA/CD 访问方式。

4.13.1 1000Mbit/s 以太网标准

表 4.5 所示为 4 种 1000Mbit/s 以太网的性能比较。

表 4.5 4 种 1000Mbit/s 以太网的性能比较

特性	1000Base-SX	1000Base-LX	1000Base-CX	1000Base-T
编码技术	8B/10B	8B/10B	8B/10B	PAM-5
传输介质	MMF	MMF/SMF	STP	5 类 UTP
线对	1	1	2	4
接口	SC	SC	DB9	RJ-45
最长介质段	275m/550m	550m/5000m	25m	100m
拓扑结构	星形	星形	星形	星形

4.13.2 1000Mbit/s 以太网应用举例

在网络设计中，通常用一个或多个 1000Mbit/s 以太网交换机构成主干网，以保证主干网的带宽，用快速以太网交换机构成楼内局域网。组网时，采用层次结构将几种不同性能的交换机结合使用，1000Mbit/s 以太网典型应用如图 4.34 所示。

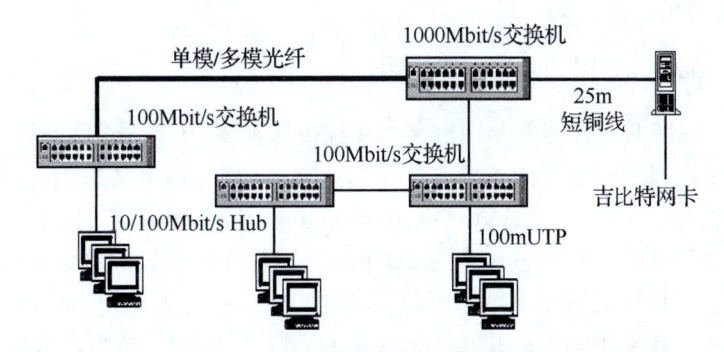

图 4.34 1000Mbit/s 以太网典型应用

4.14 10Gbit/s 以太网技术

在 GE 标准 802.3z 通过后不久，1999 年 3 月 IEEE 成立高速研究组，致力于 10Gbit/s 以太网技术与标准的研究。10Gbit/s 以太网（10GE 或 10GbE 或 10GigE）又称为十吉比特以太网。10GbE 标准由 IEEE 802.3ae 委员会制定，正式标准在 2002 年完成。

10GbE 并非将 GE 的速率简单提高到 10 倍，还存在很多复杂的技术问题要解决。10GbE 主要具有以下特点：

（1）10GbE 保留着传统的以太网的帧格式与最小、最大帧长度的特征。

（2）10GbE 定义了介质专用接口 10GMII，将 MAC 层与物理层分隔开。这样，物理层在实现 10Gbps 速率时使用的传输介质和信号编码方式的变化不会影响 MAC 层。

（3）10GbE 只工作在全双工方式下，如在网卡与交换机之间使用两根光纤连接，分别完成发送与接收的任务，因此不再采用 CSMA/CD 协议，这就使 10GbE 的覆盖范围不受传统以太网的冲突窗口限制，其传输距离只取决于光纤通信系统的性能。

（4）10GbE 的应用领域已经从局域网逐渐扩展到城域网与广域网的核心交换网络之中。

（5）10GbE 的物理层协议分为局域网物理层标准与广域网物理层标准两类。

4.15　40/100Gbit/s 以太网技术

回顾局域网的发展历程，可以发现，10Mbit/s 以太网淘汰了速率比它高 60%的 16Mbit/s 的令牌环网；100Mbit/s 快速以太网也使曾经最快的局域网 FDDI 变成了历史；万兆位以太网的问世，进一步提升了以太网的市场占有率，使得 ATM 在城域网和广域网中的应用逐渐淡出人们的视野。从 10Mbit/s 以太网到万兆位以太网的演进过程足以证明了以太网能够更高效、更灵活、更经济地满足局域网、城域网和广域网的不同应用需求。

4.15.1　40/100Gbit/s 以太网的特点

2010 年，IEEE 发布了 40/100Gbit/s 以太网的 IEEE 802.3ba 标准，40/100Gbit/s 以太网也称为四万兆/十万兆以太网。IEEE 802.3ba 标准定义了两种速率，其中 40Gbit/s 主要用于计算应用；100Gbit/s 主要用于汇聚应用。IEEE 802.3ba 标准只工作在全双工模式下，仍然采用 IEEE 802.3 标准规定的帧格式及长度。

4.15.2　40/100Gbit/s 以太网技术的应用

IEEE 802.3ba 标准的两种速率分别定义了 4 种传输媒体，这里不分别对其进行介绍。需要指出的是，100Gbit/s 以太网在使用单模光纤作为传输媒体时，最大传输距离可以达到 40km 以上，但需要通过波分复用（Wavelength Division Multiplexing，WDM）技术将 4 个波长复用到一根光纤上，每个波长的有效传输速率为 25Gbit/s，这样 4 个波长的总传输速率为 100Gbit/s，这一特性决定了它可以广泛应用于城域网和广域网的核心层连接。40/100Gbit/s 以太网使用铜缆作为传输媒体时，传输距离不能超过 1m 或 7m，其广泛应用于数据中心内部服务器之间的连接。

4.16　交换式以太网

共享式以太网中，数据传输速率往往成为整个系统的瓶颈。交换式以太网则从根本上改变了"共享介质"的工作方式，通过交换机支持多个节点之间的并发连接，实现多节点间的数据并发。

4.16.1　交换式以太网的基本概念

对共享式以太网而言，受到 CSMA/CD 协议的制约，整个网络都处于冲突域中，网络带宽为所有站点共同分割，当网络规模不断扩大时，网络中的冲突量就会大大增加，造成网络整体性能下降，因此集线器的带宽成了网络的瓶颈。

交换式以太网采用了以以太网交换机为核心的技术。交换机连接的每个网段都是一个独立的冲突域，它允许多个用户之间同时进行数据传输，每个节点独占端口带宽，随着网络用户的增加，网络带宽也随之增加，因而交换式以太网从根本上解决了网络带宽问题。

共享式以太网和交换式以太网的主要区别如图 4.35 所示。

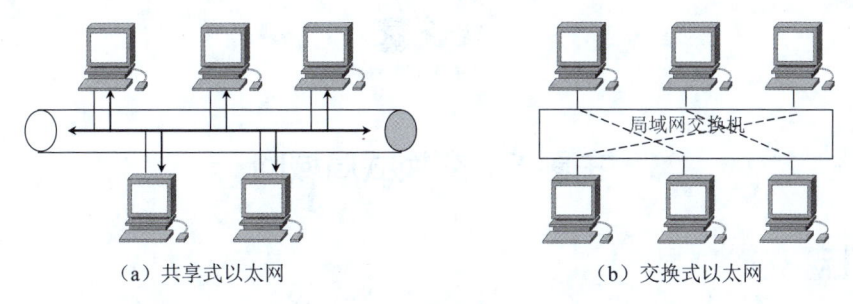

(a) 共享式以太网

(b) 交换式以太网

图 4.35 共享式以太网与交换式以太网的主要区别

4.16.2 交换式以太网的应用实例

在实际应用中，通常将一台或多台快速交换以太网交换机连接起来，构成园区的主干网，再下连交换式以太网交换机或自适应交换式以太网交换机，组成全交换的快速交换式以太网。通常，用以太网交换机构成星形结构，主干交换机可以连接共享式快速以太网设备，交换机的普通端口连接客户端计算机，上行端口连接数据传输量很大的服务器，其连接结构如图 4.36 所示。

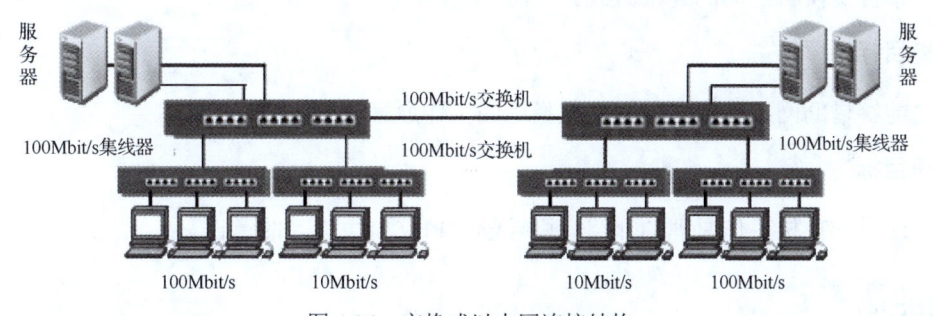

图 4.36 交换式以太网连接结构

课堂同步

实现两个相距 2000m 的 100Mbit/s 交换机端口互联时，采用的连接方式是（　　）。
A．多段由集线器互联的双绞线　　　　　B．多段由集线器互联的光缆
C．单段采用全双工通信方式的双绞线　　D．单段采用全双工通信方式的光缆

动手实践

探索交换式以太网的优势

课后检测

模块4 主题4 课后检测

主题5 交换式局域网

学习目标

通过对本主题的学习达到以下目标。

知识目标：

- 理解交换机的工作原理。
- 掌握交换机的数据转发方式。
- 了解交换机与集线器的区别。
- 掌握交换机之间的连接方式。

技能目标：

- 能够借助网络模拟工具探究交换机的工作原理。

素质目标：

- 通过交换机工作原理的介绍，引导学生树立自主学习的意识。

课前评估

1．与集线器相比，交换机能有效隔离冲突的原因是_____。

2．交换机的背板带宽决定了交换机的交换带宽，其定义是交换机接口处理器、接口卡和数据总线之间单位时间能够交换的最大数据量。背板带宽的计算方法：端口数×相应端口速率（全双工模式乘以2）。若一台交换机有24个100Mbit/s和2个1000Mbit/s端口，则其最大背板带宽是_____。

3．以太网性能的演进如图4.37所示，请写出（1）～（8）的名称。

```
10Mbit/s          100Mbit/s         1000Mbit/s        10Gbit/s及以上
协议：(1)     →   协议：(3)     →   协议：(5)     →   协议：(7)
双工模式：(2)     双工模式：(4)     双工模式：(6)     双工模式：(8)
```

图4.37 以太网性能的演进

4.17 交换机的工作原理

交换机是工作在 OSI 参考模型的第 2 层上的网络设备，其主要任务是将接收到的数据快速转发到目的地，当交换机从某个端口接收到一个数据帧时，它将按照图 4.38 所示的工作流程进行操作。

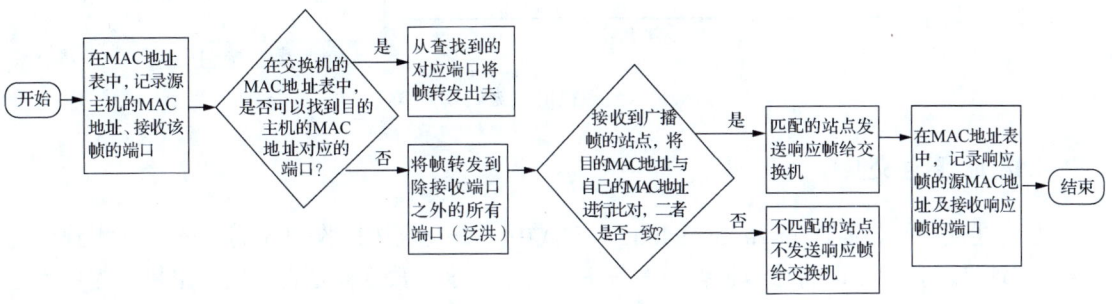

图 4.38 交换机工作流程

（1）交换机在自己的转发表（也称为 MAC 地址表或交换表）中添加一条记录，记录下发送该数据帧的站点 MAC 地址（源 MAC 地址）和交换机接收该数据帧的端口，通常称这种行为是交换机的"自学习功能"（Self-Learning Function）。

（2）依据数据帧的目的 MAC 地址，在转发表中查找该 MAC 地址对应的端口。

（3）如果在转发表中找到了 MAC 地址对应的端口，则将该数据帧从找到的端口转发出去，此种行为称为交换机的"转发功能"（Forwarding Function）。

（4）如果在转发表中没有找到目的 MAC 地址，则交换机将该数据帧广播到除接收方口之外的所有端口，这种行称为交换机的"泛洪功能"（Flooding Function）。

（5）接收到广播帧的站点将目的 MAC 地址与自己的 MAC 地址相比较，如果匹配，则发送一个响应的单播数据帧给交换机，交换机在转发表中记录下目的 MAC 地址和交换机接收相应数据帧的端口。

（6）交换机将接收数据帧从接收响应帧的端口转发出去。

另外，如果交换机发现数据帧中的源 MAC 地址和目的 MAC 地址都在转发表中，并且两个 MAC 地址对应的端口为同一个端口，则说明两台计算机是通过集线器连接到同一端口上的，不需要该交换机转发该数据帧，交换机将不对该数据帧做任何转发处理，这种行为称为交换机的"过滤功能"（Filtering Function）。

4.18 交换机的数据转发方式

交换机的数据转发方式可以分为直通交换、存储转发交换和无（免）碎片交换 3 类，如图 4.39 所示。

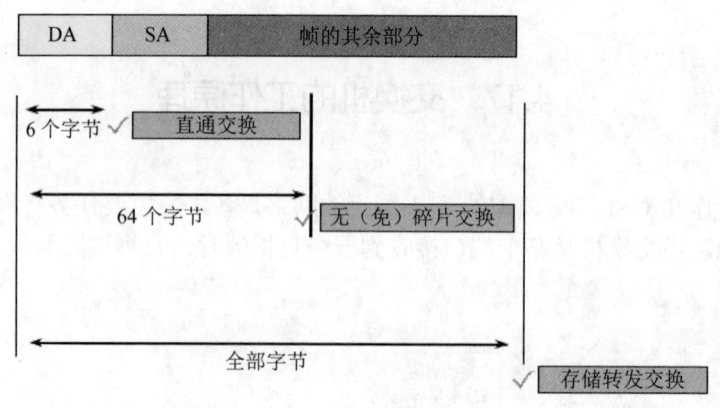

```
      ┌────┬────┬──────────────────┐
      │ DA │ SA │    帧的其余部分    │
      └────┴────┴──────────────────┘
      ←6个字节→ ✓  直通交换

      ←──── 64 个字节 ────→  ✓ 无（免）碎片交换

      ←────── 全部字节 ──────→  ✓ 存储转发交换
```

图 4.39　交换机的数据转发方式

4.18.1　直通交换

在直通交换（Cut-Through Switching）方式中，交换机边接收边检测。一旦检测到目的 MAC 地址字段，就立即将该数据帧转发出去，而不管这一数据帧是否出错，出错检测任务由节点主机完成。这种交换方式的优点是交换时延短，缺点是缺乏差错检测能力，不支持不同输入/输出速率的端口之间的数据帧转发。

课堂同步

对于 100Mbit/s 的以太网交换机，采用直通交换方式转发一个以太网帧（不包括前导码）时的转发时延至少是_____。

4.18.2　存储转发交换

在存储转发交换（Store And Forward Switching）方式中，交换机首先要完整地接收站点发送的数据帧，并对数据帧进行差错检测。如果接收到的数据帧是正确的，则根据目的 MAC 地址确定输出端口号，再将数据帧转发出去。这种交换方式的优点是具有差错检测能力，并能支持不同输入/输出速率端口之间的数据帧转发，缺点是交换时延相对较长。

4.18.3　无（免）碎片交换

无（免）碎片交换（Fragment-Free Switching）将直通交换与存储转发交换结合起来，它通过过滤无效的碎片帧来降低交换机直接交换错误数据帧的概率。在以太网的运行过程中，一旦发生冲突，就要停止数据帧的继续发送并发送帧冲突的加强信号，形成冲突帧或碎片帧。碎片帧的长度小于 64B，在改进的直通交换方式中，只转发那些长度大于 64B 的帧，任何长度小于 64B 的帧都会被立即丢弃。显然，无（免）碎片交换的时延要比直通交换方式的时延大，但它的传输可靠性得到了提高。

4.19　交换机与集线器的区别

交换机与集线器的区别主要体现在工作层次、转发机制、带宽分配及通信方式等方面。

4.19.1 工作层次不同

集线器工作在 OSI 参考模型的物理层，而交换机至少工作在 OSI 参考模型的第 2 层，更高级的交换机可以工作在 OSI 参考模型的第 3 层（网络层）和第 4 层（传输层）。

4.19.2 转发机制不同

集线器对比特流是透明的，它只能将一个端口接收到的比特流"盲目转发"到集线器剩余端口，也就是采用广播的工作方式。交换机能识别数据帧，根据其中的转发表，实现数据帧的"明确转发"功能，只有在自己的转发表中找不到目的地址的情况下才使用广播方式发送。

4.19.3 带宽分配方式不同

集线器所有端口共享集线器的总带宽，而交换机的每个端口都具有自己的带宽，这样交换机每个端口的带宽比集线器端口可用带宽要高许多，这也决定了交换机的数据转发速率比集线器的数据转发速率要快许多。

4.19.4 通信方式不同

集线器只能采用半双工通信的方式，而交换机则可以采用全双工通信的方式，因此在同一时刻，交换机可以同时进行数据的接收和发送，这不但使数据的转发速率大大加快，而且在整个系统的吞吐量方面，交换机是集线器的 2 倍以上。

4.20 交换机的连接方式

常见的交换机连接方式有两种，分别是级联和堆叠。

4.20.1 级联

级联（Cascade Connection）是最常见的连接方式，即使用网线将两个交换机连接起来，分为普通端口级联和使用 Uplink 端口级联两种情况。当普通端口之间相连时，使用交叉线；当一台交换机使用 Uplink 端口，另一台交换机使用普通端口相连时，使用直通线，如图 4.40 所示。

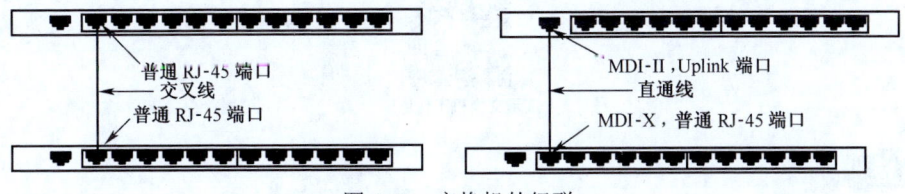

图 4.40 交换机的级联

4.20.2 堆叠

提供堆叠（Stack）接口的交换机之间可以通过专用的堆叠线连接起来，以扩大带宽。堆叠的带宽是交换机端口速率的几十倍，例如，一台 100Mbit/s 交换机，堆叠后两台交换机之间的带宽可以达到几百兆甚至数十吉比特。堆叠的方法有菊花链和主从式。菊花链堆叠方式如图 4.41 所示，主从式堆叠方式如图 4.42 所示。

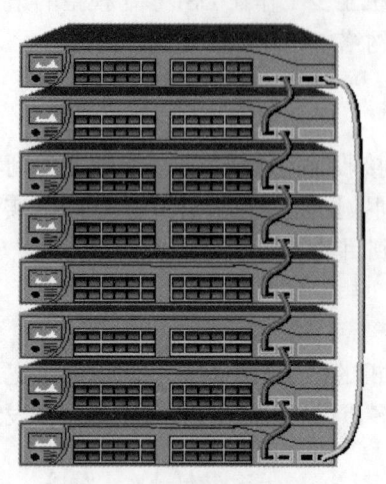

图 4.41　菊花链堆叠方式　　　　　　图 4.42　主从式堆叠方式

4.20.3　级联和堆叠的区别

1. 连接方式不同

级联是两台交换机通过两个端口互联，而堆叠是交换机通过专门的背板堆叠模块相连。堆叠可以增加设备的总带宽，而级联不能增加设备的总带宽。

2. 通用性不同

级联可通过光纤或双绞线在任何网络设备厂家的交换机之间进行连接，而堆叠只在自己厂家的设备之间进行连接，且设备必须具有堆叠功能才可实现。

3. 连接距离不同

级联的设备之间可以有较远的距离（一百米至几百米），而堆叠的设备之间距离十分有限，必须在几米以内。

动手实践

演示交换机工作原理

课后检测

模块 4 主题 5 课后检测

主题 6　虚拟局域网

学习目标

通过对本主题的学习达到以下目标。

知识目标：

- 了解冲突域和广播域的概念。
- 掌握不同层次中网络设备隔离冲突域和广播域的效果。
- 掌握虚拟局域网技术的概念、优点及分类。

技能目标：

- 能够使用虚拟局域网技术隔离广播域。

素质目标：

- 通过在交换机上划分虚拟局域网时不同接口之间的相互配合实现网络隔离功能的介绍，引导学生树立"我为人人，人人为我"的大爱观。

课前评估

1. 计算机网络中需要广播通信，但如果网络中存在过量的广播包，会极大地影响网络性能，如消耗网络的_____和主机的_____。

2. 在日常生活中，如果很多人在一个大的房间开会，很难做到有秩序地沟通交流，甚至可能存在场面失控的情况。为了解决这个问题，我们可以把同一个房间的参会人员分成若干个小组，各组之间单独沟通交流。在计算机网络中，也采用了类似的思路，将一个大的广播域分割成若干个小的广播域，避免广播域过大带来的负面影响，这是如何实现的呢？请提出解决方案。

4.21　冲突域与广播域

冲突和广播是计算机网络中非常重要的两个基本概念，是学习交换式局域网的基础，同时也是掌握集线器、交换机等设备的工作原理的必备知识。

4.21.1　冲突和冲突域

（1）冲突是指在以太网中，共享链路上的节点同时传输数据时发生碰撞的现象。冲突是影响网络性能的重要因素。

（2）冲突域是指共享链路上所有节点所构成的区域。冲突域被认为是 OSI 参考模型中物理层的概念,因此集线器、中继器连接的所有节点都被认为属于同一个冲突域,如图 4.43 所示。虽然交换机不是物理层上的设备,但它工作在半双工通信方式时,与交换机连接的所有节点也将构成一个冲突域。工作在全双工通信方式时的数据链路层设备,如交换机等,以及工作在网络层的设备,如路由器、三层交换机等则可以隔离冲突域。

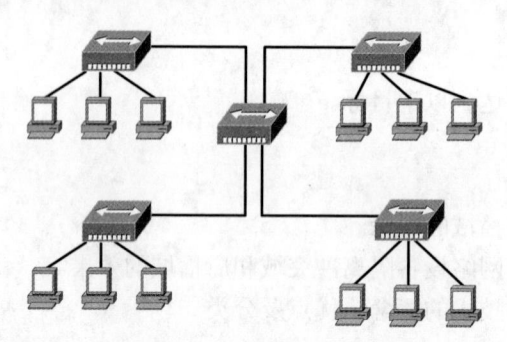

图 4.43　集线器构成冲突域

4.21.2　广播和广播域

(1) 广播是指向连接在网络中的所有节点发送数据流量的现象,告知网络中的所有节点接收并处理此数据。需要注意的是,过量的广播操作会降低网络带宽的利用率及增加终端的处理负担。更为严重的是,广播传输方式将 MAC 帧传输给网络中的每一个终端时,将引发 MAC 帧中的数据安全问题。

(2) 广播域是指网络中能够接收到同样广播信息的节点的集合。默认状态下,通过交换机连接的网络是一个广播域,交换机的每一个端口都是一个冲突域,所有端口在同一个广播域内,如图 4.44 所示。广播域被认为是 OSI 参考模型中第 2 层的概念,因此集线器、交换机等物理层、数据链路层设备连接的节点被认为是同一广播域,而路由器、三层交换机则可分割广播域。

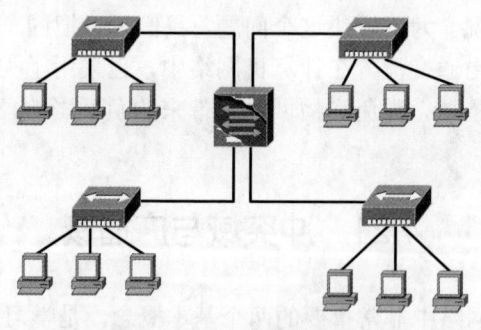

图 4.44　交换机构成广播域

4.21.3　冲突域与广播域比较

冲突域和广播域之间最大的区别在于:任何设备发出的数据帧均覆盖整个冲突域,而只有以广播形式传输的数据帧才能覆盖整个广播域。集线器、交换机、路由器分割冲突域与广播域比较情况如表 4.6 所示。

表 4.6 集线器、交换机、路由器分割冲突域与广播域比较情况

设备	冲突域	广播域
集线器	所有端口处于同一冲突域	所有端口处于同一广播域
交换机	每个端口处于同一冲突域	可配置的（划分虚拟局域网）广播域
路由器	每个端口处于同一冲突域	每个端口处于同一广播域

课堂同步

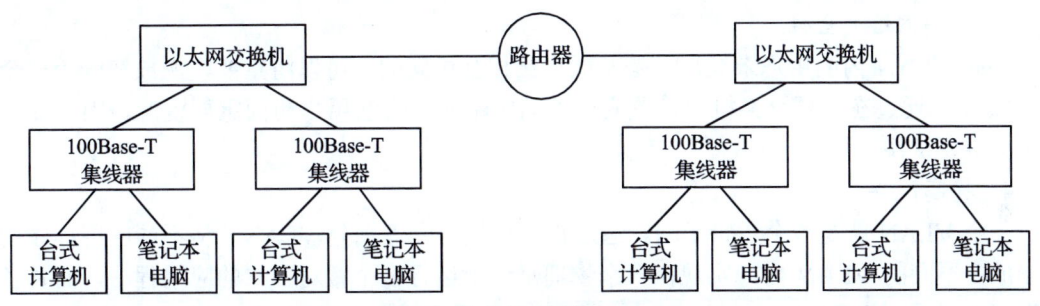

在图 4.45 所示的网络中，冲突域和广播域的个数分别是_____和_____。

图 4.45 网络

4.22 虚拟局域网技术

虚拟局域网（Virtual LAN，VLAN）是一种将局域网内的站点划分成与物理位置无关的多个逻辑组的技术。一个逻辑组就是具有某些共同应用需求的 VLAN，这些逻辑组在物理上是连接在一起的，在逻辑上是分离的。

VLAN 技术的实施可以确保：在不改变一个大型交换式以太网的物理连接的前提下，任意划分子网；每一个子网中的终端具有物理位置无关性，即每一个子网都可以包含位于任何物理位置的终端；子网划分和子网中终端的组成可以通过配置改变，且这种改变对网络的物理连接不会提出任何要求，VLAN 连接示意图如图 4.46 所示。

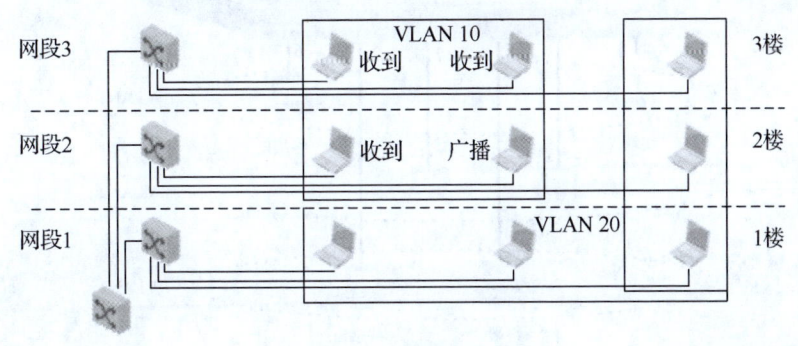

图 4.46 VLAN 连接示意图

4.22.1 VLAN 的优点

1. 控制广播流量

默认状态下，在一个交换机组成的网络中，所有交换机端口都在一个广播域内。VLAN 技术可以控制广播域的大小，采用 VLAN 技术可将某个（或某些）交换机端口划到某一个 VLAN 内。每个 VLAN 都是一个独立的广播域，在同一个 VLAN 内的端口处于相同的广播域。例如，图 4.46 所示的 VLAN 10、VLAN 20 各是一个独立的广播域，终端发送的广播帧的传播范围被限制在同一个 VLAN 内。

2. 简化网络管理

当用户的物理位置变动时，不需要重新布线、配置和调试，只需保证在同一个 VLAN 内即可，这样可以减少网络管理员在移动、添加和修改用户时的开销。

3. 提高网络安全性

不同 VLAN 内的用户未经许可是不能直接相互访问的。可以将重要资源放在一个安全的 VLAN 内，通过在三层交换机上设置安全访问策略允许合法用户访问重要资源，限制非法用户访问重要资源。

4. 提高设备利用率

一个 VLAN 就是一个逻辑子网。通过在交换机上合理划分 VLAN，将不同应用程序的服务器放在不同的 VLAN 内，实现在一个物理平台上运行多个相对独立的应用程序，而且各应用程序之间不会相互影响。

4.22.2 VLAN 的分类

在应用 VLAN 时，各交换机设备生产商对 VLAN 的具体实现方法有所不同，基于端口的 VLAN 和基于 MAC 地址的 VLAN 是常见的两种实现方法。

1. 基于端口的 VLAN

基于端口的 VLAN 划分是一种使用最广泛、最简单、最有效的 VLAN 实现方法。在一台交换机上，可以按需求将不同的端口划分到不同的 VLAN 中，如图 4.47 所示。在多台交换机上，也可以将不同交换机上的几个端口划分到同一个 VLAN 中，每一个 VLAN 可以包含任意的交换机端口组合。

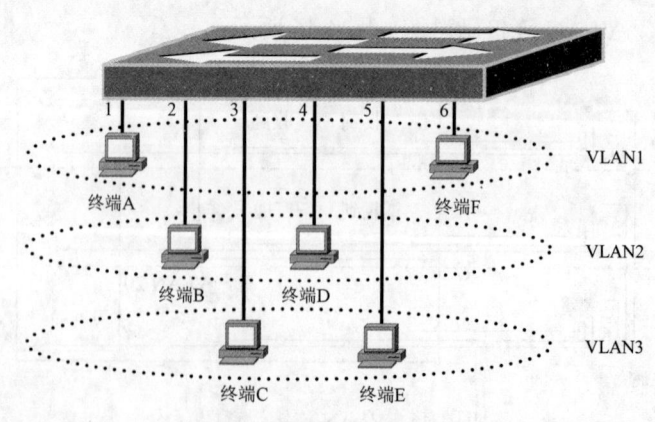

图 4.47 基于端口 VLAN 划分

2. 基于 MAC 地址的 VLAN

基于 MAC 地址的 VLAN 是用终端系统的 MAC 地址定义的 VLAN。这种实现方法允许终端移动到网络的其他物理网段，而自动保持原来的 VLAN 成员资格。这种 VLAN 技术的不足之处是在终端入网时，需要在交换机上进行比较复杂的手动配置，在网络规模较小时，这种方法是一种较好的方法，但随着网络规模的扩大，网络设备、终端均会增加，在很大程度上加大了管理的难度。

课堂同步

判断：MAC 帧只能在一个 VLAN 内传输。　　　　　　　　　　　　　　（　　）

动手实践

使用 VLAN 隔离广播域

课后检测

模块 4 主题 6 课后检测

主题 7　无线局域网

学习目标

通过对本主题的学习达到以下目标。

知识目标：

- 了解有线局域网和无线局域网的区别。
- 掌握无线局域网技术标准。
- 掌握常见无线局域网组件的主要功能。

技能目标：

- 能够组建家庭无线局域网。

素质目标：

- 通过介绍常见的无线局域网技术，从需求牵引和技术推动的角度，引导学生正确认识其中蕴含的矛盾运动规律。

课前评估

1. 写出禁用和启用无线网卡的主要操作步骤。
2. 通过"无线网络连接状态"窗口，查看自己笔记本电脑上连接的无线路由器的服务集标识符（Service Set Identifier，SSID）是_____，无线连接的速度是_____。
3. 单击"无线网络连接状态"窗口中"详细信息"的超链接，显示的无线网卡的 MAC 地址为_____。
4. 在"无线网络属性"窗口的"安全"选项卡中，显示的安全类型是_____，加密类型是_____。

4.23 无线局域网简介

无线局域网（Wireless Local Area Network，WLAN）与有线网络的用途十分类似，最大的区别在于使用的传输介质不同，WLAN 用电磁波取代了网线。通常情况下，有线网络依赖同轴电缆、双绞线或光缆作为主要的传输介质，但在某些场合会受到布线的限制，存在布线改线工程量大、线路容易损坏、网络中各节点移动不便等问题，WLAN 就是为了解决有线网络的这些问题而出现的。

4.23.1 WLAN 协议栈

IEEE 802.11 定义了 WLAN 的物理层和 MAC 层的协议规范，如图 4.48 所示。

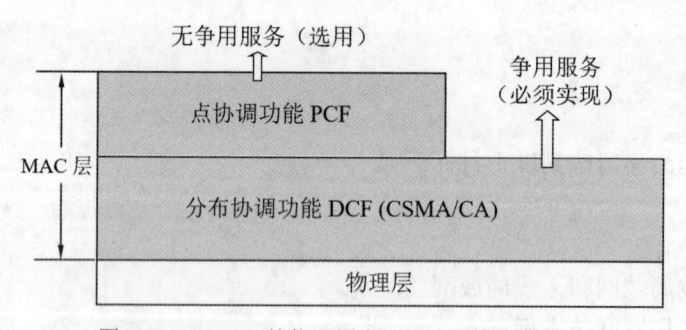

图 4.48 WLAN 的物理层和 MAC 层的协议规范

1. IEEE 802.11 的物理层

IEEE 802.11 的物理层非常复杂，依据其工作频段、传输速率、实现技术等，可将其分为多种物理层标准，几种常见的 IEEE 802.11 物理层标准如表 4.7 所示。

表 4.7　几种常见的 IEEE 802.11 物理层标准

标准	制定时间	工作频段	最高数据率	实现技术
802.11b	1999 年	2.4GHz	11Mbit/s	扩频
802.11a	1999 年	5GHz	54Mbit/s	正交频分复用（OFDM）
802.11g	2003 年	2.4GHz	54Mbit/s	OFDM
802.11n	2009 年	2.4/5GHz	600Mbit/s	多入多出（MIMO）、OFDM
802.11ac	2014 年	5GHz	7Gbit/s	MIMO、OFDM
802.11ax	2019 年	2.4/5GHz	9.6Gbit/s	MIMO、OFDM

2. IEEE 802.11 的 MAC 层

IEEE 802.11 的 MAC 层支持两种不同的工作方式，分别是分布式协调功能（Distributed Coordination Function，DCF）和点协调功能（Point Coordination Function，PCF）。分布式协调功能的核心是带有冲突避免的载波侦听多路访问（Carrier Sense Multiple Access with Collision Avoid，CSMA/CA）技术，是 IEEE 802.11 协议中数据传输的基本方式，所有移动节点竞争信道发送数据。点协调功能是可选的、由接入点（Access Point，AP）控制的轮询方式，采用非竞争的集中式控制工作方式，不会产生冲突，传输时间可控，主要用于传输时间敏感性业务，如网络电话。下面主要介绍 DCF 机制。

（1）冲突避免。在 WLAN 中，冲突的检测存在一定的问题，其原因是要检测 WLAN 中存在的冲突，设备必须能够一边接收数据信号一边传送数据信号，这在 WLAN 中是无法办到的。另外，在 WLAN 中可能存在隐蔽站问题，如图 4.49 所示。在理想情况下，无线电波的传播范围是以发送站为球心的一个球体空间。假设无线站点 A 和 B 同时向 AP 发送数据，站点 A 发送的无线信号无法到达站点 B，站点 B 发送的无线信号也无法到达站点 A。因此，站点 A 和 B 都无法检测到对方的无线信号，也就误认为当前无线信道是空闲的，于是都向 AP 发送数据，这会造成 AP 收到的信号是站点 A 和 B 产生的碰撞信号。这种问题称为隐蔽站问题（Hidden Station Problem）。图中 A 和 B 互为隐蔽站，它们彼此都检测不到对方发送的信号。需要注意的是，即使 A 和 B 相距很近，当它们之间存在障碍物时，也有可能出现隐蔽站问题。

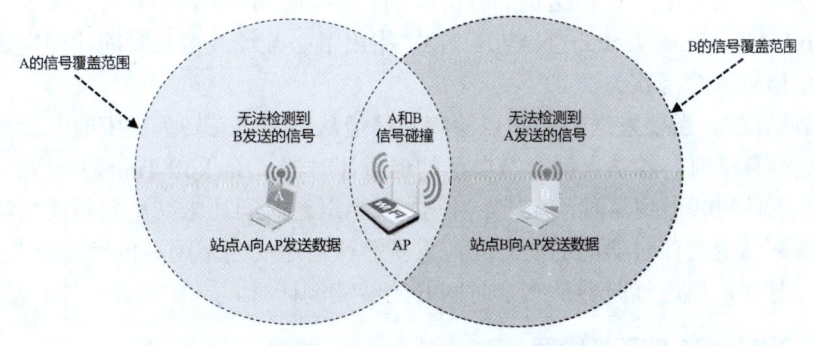

图 4.49　WLAN 的隐蔽站问题

以上原因导致 WLAN 不能利用 CSMA/CD 进行冲突检测，但可以采用 CSMA/CA 进行冲突避免。载波侦听用来检测传输媒介是否繁忙，多路访问用来确保每一个无线终端可以进行公平的媒介访问（但每次只能有一个终端传输），冲突避免意味着在指定时间内只有一个无线终端可以得到媒介访问能力，希望借此避免冲突。

(2) 确认机制。WLAN 中并不能完全避免冲突，而是尽量减少冲突发生的概率。另外，无线信道的误码率较高，还需使用确认机制来实现可靠传输。WLAN 确认机制如图 4.50 所示，无线终端每传输一个单播帧，接收方会回复一个确认帧（ACK）来证明该单播帧已经被正确接收。大多数的 WLAN 单播帧必须得到确认，但广播帧和多播帧并不要求确认。如果单播帧遭到损坏，CRC 将会失败，无线接收方也不会回复 ACK。如果发送方没有收到 ACK，即单播帧未得到确认，该帧就不得不重传。

图 4.50 WLAN 确认机制

(3) 帧间间隔。为了尽量避免冲突发生，不同类型的报文可以通过采用不同帧间间隔（Inter-Frame Space，IFS）的时长来区分访问介质的优先级，最终的效果是控制报文比数据报文优先获得介质发送权，接入点比主机优先获得介质发送权。

SIFS（Short IFS）：用于优先级最高的时间敏感的控制报文（如请求发送 RTS，允许发送 CTS、ACK）。

PIFS（PCF IFS）：用于接入点发送报文。

DIFS（DCF IFS）：用于一般的主机发送报文。

它们之间时间间隔大小的关系：SIFS<PIFS<DIFS。

(4) 虚拟载波监听（Virtual Carrier Sense）机制。WLAN 还采用了虚拟载波监听机制，其目的是让发送站把它要占用信道的时间（包括目的站发回确认帧所需的时间）及时通知给其他站点，以便使其他站点在这一段时间都停止发送帧，通过这样的方式来减少冲突发生的概率。当某个站点检测到信道中正在传送帧的首部中的"持续时间"字段时，就调整自己的网络分配向量（Network Allocation Vector，NAV）。NAV 指出了必须经过多长时间才能完成帧的这次传输，才能使信道进入空闲状态。

(5) 退避算法。当要发送帧的站点检测到信道从忙碌状态转为空闲时，就要执行退避算法。在执行退避算法时，各站点都会给自己的退避计时器（Backoff Timer）设置一个随机的退避时间。当退避时间减小到零时，就开始发送帧；当退避时间还未减小到零而信道又转变为忙碌状态时，就冻结退避计时器的退避时间，重新等待信道变为空闲，再经过 DIFS 间隔后，继续启动退避计时器，退避计时器从剩余时间开始继续倒计时。

4.23.2　CSMA/CA 的工作原理

为了能确保每次只有一个无线站点在传输数据而其他站点处于侦听状态，必须在站点上使用 CSMA/CA 协议。这种协议实际上是无线站点在发送数据之前对无线信道进行预约。下面借助图 4.51 来理解 CSMA/CA 的工作原理。

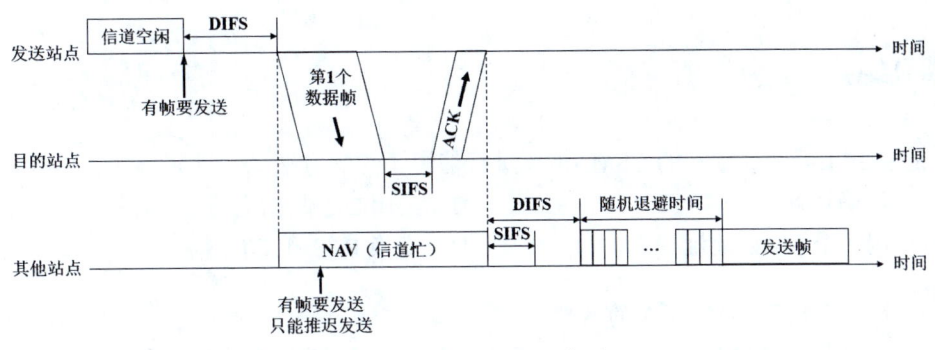

图 4.51 CSMA/CA 的工作原理

1. CSMA/CA 工作过程

（1）当发送站点要发送它的第 1 个数据帧时，若检测到信道空闲，则在等待 DIFS 间隔后就可发送。等待 DIFS 间隔是考虑到可能有其他的站点有高优先级的帧要发送。这里假设没有其他的站点有高优先级的帧要发送，因而发送站点就发送了自己的数据帧。

（2）目的站点若正确收到该帧，则经过 SIFS 间隔后，向发送站点发送确认帧（ACK）。若发送站点在重传计时器设置的超时时间内没有收到 ACK，就必须重传之前已发送的数据帧，直到收到 ACK 为止，或者经过若干次的重传失败后放弃发送。

图 4.51 中还展示了其他站点通过虚拟载波监听调整自己的 NAV 的情况。在 NAV 这段时间内，若其他站点也有数据帧要发送，就必须推迟发送。在 NAV 这段时间结束后，再经过一个 DIFS 间隔，然后还要退避一段随机时间后才能发送帧。

2. 信道预约方法

CSMA/CA 允许发送站点采用信道预约方法解决隐蔽站问题，具体过程如图 4.52 所示。发送站点在发送数据帧之前，先监听信道，若信道空闲，则等待 DIFS 间隔后，广播一个请求发送（Request To Send，RTS）帧，它包括源地址、目的地址和这次通信所需的持续时间。若 AP 正确收到 RTS 帧，且信道空闲，则等待 SIFS 间隔后，向发送站点发送一个允许发送（Clear To Send，CTS）帧，它也包括这次通信所需的持续时间。发送站点收到 CTS 帧后，再等待 SIFS 间隔，就可发送数据帧。若 AP 正确收到了发送站点发来的数据，则等待 SIFS 间隔后就向发送站点发送确认帧 ACK。AP 覆盖范围内的其他站点听到 CTS 帧后，将在 CTS 帧中指明的时间内抑制发送。发送 CTS 帧有两个目的：其一是给发送站点明确的发送许可；其二是指示其他站点在预约期内不要发送。

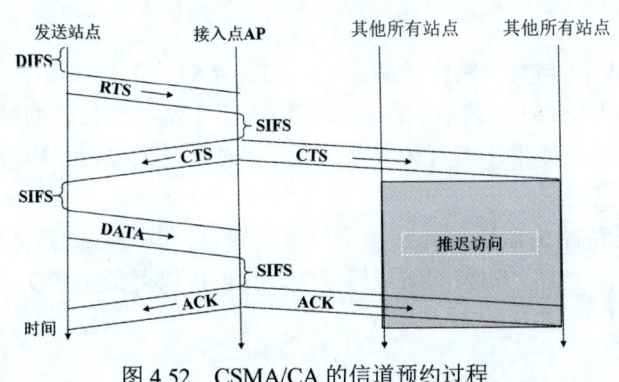

图 4.52 CSMA/CA 的信道预约过程

> 课堂同步

IEEE 802.11 无线局域网的 CSMA/CA 进行信道预约的方法（　　）
A．发送确认帧　　　　　　　　B．采用二进制指数退避
C．使用多个 MAC 地址　　　　　D．交换 RTS 和 CTS 帧

3．CSMA/CD 与 CSMA/CA 的区别

CSMA/CD 与 CSMA/CA 虽然只有一个字母之差，它们之间却存在本质上的区别，主要表现在以下几个方面。

（1）CSMA/CD 可以检测冲突，但无法避免冲突；CSMA/CA 发送数据时不能检测信道上有无冲突，本站点处没有冲突并不意味着在接收站点处就没有冲突，只能尽量避免冲突。

（2）传输介质不同。CSMA/CD 用于总线形以太网；CSMA/CA 用于 WLAN 802.11a/b/g/n 等。

（3）检测方式不同。CSMA/CD 通过电缆中的电压变化来检测信道空闲的方式；而 CSMA/CA 采用能量检测、载波检测和能量载波混合检测 3 种检测信道空闲的方式。

总之，CSMA/CA 在发送数据帧之前先广播告知其他站点，让其他站点在某段时间内不要发送数据帧，以免发生冲突。CSMA/CD 在发送数据帧之前监听，边发送边监听，一旦发生冲突，就立即停止发送。

4.23.3　WLAN 的常用组件

组建 WLAN 时所需的组件主要包括无线网卡、无线接入点（Wireless Access Point，WAP）、无线路由器、天线（Antenna）等，其中无线网卡是必须的组件，而其他的组件则可以根据不同的网络环境选择使用。例如，WLAN 与以太网连接时需要用到 WAP，WLAN 接入 Internet 时需要用到无线路由器，接收远距离传输的无线信号或者扩展网络覆盖范围时需要用到天线。

1. 无线网卡

无线网卡的作用类似以太网的网卡，其作为无线网络的接口，实现与无线网络的连接。

2. 无线接入点

WAP 的作用类似以太网中的集线器。当网络中增加一个 WAP 之后，即可成倍地扩展网络覆盖直径，也可使网络中容纳更多的网络设备。通常情况下，一个 WAP 最多可以支持 80 台无线终端的接入，推荐接入 30 台无线终端。

3. 无线路由器

无线路由器是 WAP 与宽带路由器的结合，如图 4.53 所示。其中，WAP 实现有线与无线网络互联，交换机互联 WAP、终端和路由器；路由器实现 ADSL、同轴电缆调制解调器和小区宽带的无线共享接入。如果不购置无线路由器，则必须在无线网络中设置一台代理服务器才可以实现 Internet 连接共享。

通常情况下，无线路由器通常拥有 4 个以太网接口，其外观如图 4.54 所示，用于直接连接传统的台式计算机。当然，如果网络规模较大，其也可以用于连接交换机，为更多的计算机提供 Internet 连接共享。

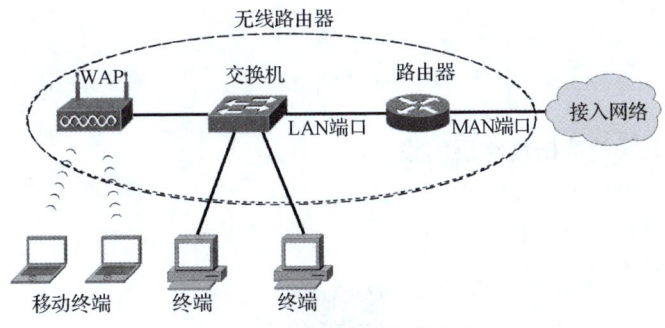

图 4.53　无线路由器的构成

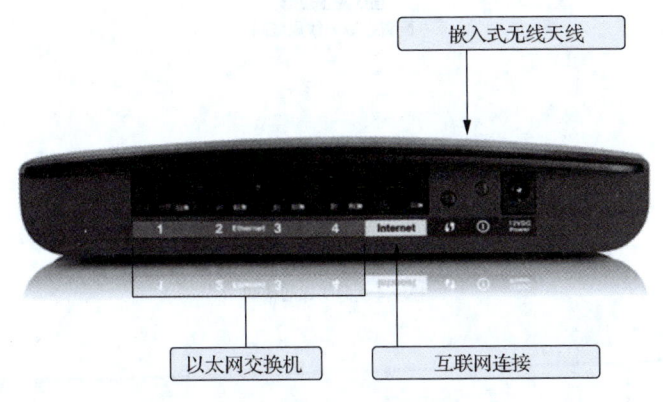

图 4.54　无线路由器外观

4.23.4　WLAN 实现举例

简单地讲，WLAN 的组建步骤如下。

（1）将 WAP 通过网线与网络接口（如局域网或 ADSL 宽带网络接口等）相连。

（2）WAP 为配置了无线网卡的笔记本电脑或台式计算机等无线终端提供 SSID，当无线终端搜索到该 SSID 并连接成功后，无线终端即可在有效的无线信号覆盖范围内登录局域网或 Internet。

WLAN 组网示意图如图 4.55 所示。

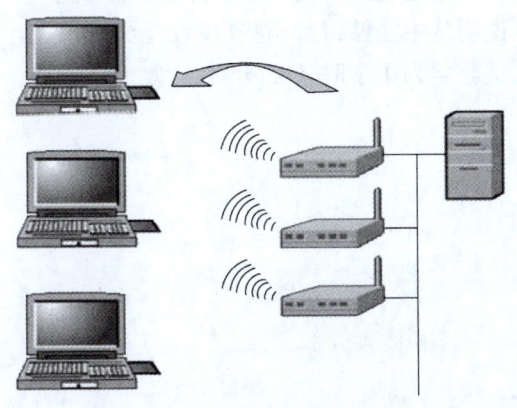

图 4.55　WLAN 组网示意图

课堂同步

判断：无线路由器是数据链路层的设备。（　　）

动手实践

配置家庭无线局域网

课后检测

模块 4 主题 7 课后检测

拓展提高

独步局域网领域的以太网

万事万物都需要经历"缘起—发展—成熟—进一步发展"的过程，这是事物发展的客观规律，以太网的发展同样遵循这一规律。以太网从诞生到现在已经走过几十年的历程，在这几十年里，一些公司在以太网技术领域开辟了新的发展方向，为以太网的发展做出了巨大的贡献，如今这些公司有些已经不复存在，但是当人们回顾以太网的历史时，它们的名字依然会在记忆中闪现，就像夜空中闪耀的星辰。

请学生以时间为线索，从技术演进的层面探寻以太网的"前世今生"，总结局域网领域中以太网的发展是如何经历从诞生之初到百花齐放、从三足鼎立到一枝独秀、从优势领先到独步天下的过程的，并进一步说明从中能够得到哪些启示，至少列举 3 点。

建议：本部分内容课堂教学为 1 学时（45 分钟）。

模块 5　扩展网络立体空间——网络互联技术

▶ 学习情景

　　使用 IEEE 802 标准实现的任何一种网络均能正确进行通信，但是不同的网络因各自环境条件的不同，在实现技术上存在很大的差别，这些网络是异构的，即便连接在一起也是相互隔离的网络"孤岛"。随着计算机技术、计算机网络技术和通信技术的飞速发展，以及计算机网络的广泛应用，单一网络环境已经不能满足社会中各行各业的人员对信息的获取需求。因此，将多个相同或不同的计算机网络互联成规模更大、功能更强、资源更丰富的网络系统，以实现更广泛的资源共享和信息交流成为大势所趋。Internet 的巨大成功和人们对 Internet 的热情都充分证明了计算机网络互联的重要性。

　　网络互联涉及许多要解决的问题，包括在网络间提供互联的链路，在不改变所有互联网络体系结构的前提下采用网间互联设备来协调和适配网络之间存在的各种差异等。IP 是一种面向 Internet 的网络层协议，它在设计之初就考虑了各种异构的网络和协议兼容性，使得异构网络的互联变得很容易，它屏蔽了互联的网络在数据链路层、物理层协议与技术实现的差异问题，向传输层提供统一的 IP 数据包。路由器是在网络层上实现网络互联的重要设备，为数据的传输指出一条明确的路径。

　　时至今日，计算机网络终端从主机相连扩展到万物互联，通信方式从地面扩展到空间，考虑到 IP 在 TCP/IP 栈中的核心和基础地位，有必要对 IP 的改进思路和发展动向，如 IPv6、移动 IP、IP 多播、软件定义网络（Software Defined Network，SDN）等进行分析和总结。

▶ 学习提示

　　本模块围绕如何实现多网络之间的互联和通信这一主线，将计算机网络的连接和通信范围扩展到多个网络环境，包含网络互联、IP 数据包格式、定长子网掩码划分、变长子网掩码划分、扩展 IP 技术、互联设备、静态路由配置、动态路由协议 8 个主题，重点讨论了 IP 的基本概念、IP 数据包文格式、划分子网的方法、路由器的工作原理和路由选择协议等内容。本模块的学习路线图如图 5.1 所示。

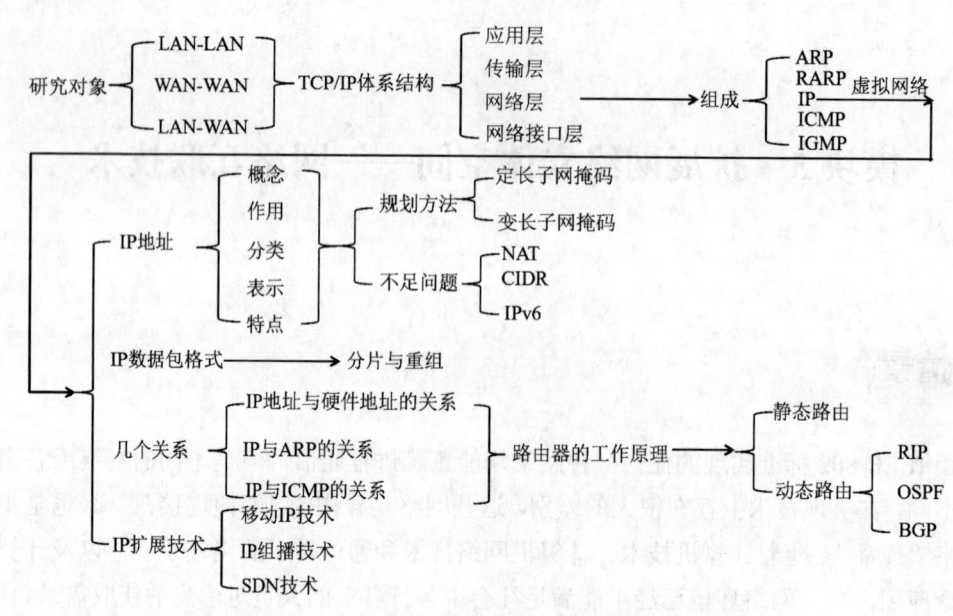

图 5.1　模块 5 学习路线图

主题 1　网络互联

学习目标

通过对本主题的学习达到以下目标。

知识目标：

- 了解网络互联的概念。
- 掌握 IPv4 协议的特点。
- 掌握 ICMP、ARP 的作用。

技能目标：

- 能够使用常见的网络命令工具解决实际问题。

素质目标：

- 通过对 IP 在网络层的核心地位的介绍，引导学生做事情要从整体着手，树立"观大势，谋全局"的观念。

课前评估

1. 网络已经成为人们日常生活中的一部分，互联网在改变我们通信及生活方式的同时，也推动着各行各业的发展。请了解互联网在过去 30 年里发生的变化，探究其未来的发展趋势，进一步思考使用网络平台还能做哪些方面的事情。

2．在生活中，人们不再局限于与同一个网络中的终端进行通信，还希望可以与其他网络中的终端进行通信，产生联系。因此，需要进行网络互联，将两个以上的通信网络通过一定的方法，使用一种或多种网络通信设备相互连接起来，构成更大规模的网络系统。请思考网络互联的动力来源是什么？

3．人们对当前 Internet 采用的 TCP/IP 模型的描述是"Everything over IP，IP over Everything"，如何理解这一描述？

5.1 网络互联概述

没有哪种交通工具能够满足所有出行需求，如出租车适合市内短途通勤，大巴车适合城际间的中短途旅行，火车适合距离较远的中长途旅行，飞机适合距离更远的长途旅行。网络技术也是如此，没有哪种网络技术可以满足所有通信需求，如局域网技术主要用于短距离、高速通信，而广域网技术主要用于长距离、低速通信。恰恰因为没有哪一种交通工具可以满足所有出行需求，人们在完成一次完整的旅行时才需要将多种交通工具衔接起来使用。为了到达最终目的地，人们常常会采用如出租车—火车/飞机—出租车这样的方式衔接。同样，为了实现任意联网设备之间的通信，人们也需要将由不同网络技术构成的传输网络衔接起来。

互联网络简称互联网，是指将多个异构网络相互连接而成的计算机网络。互联网是"网络的网络"，将网络互联起来需要使用一些中间设备（也称中间系统），如中继器、网桥/交换机、路由器等。当中间设备是集线器或网桥/交换机时，不能称为网络互联，因为其仅仅是把一个网络扩大了，从网络层的角度看，其仍然属于同一个网络。当通过路由器将很多异构网络连接起来时，如图 5.2（a）所示，所有异构网络在网络层使用的都是相同的 IP，人们把互联以后的计算机网络称为图 5.2（b）所示的虚拟互联网络。所谓的虚拟互联网络是指位于不同物理网络中的任何两台主机都能够进行信息交互和资源共享，就像在同一个物理网络中一样。通过在网络层使用 IP，就可以使各种异构的物理网络从网络层角度看就像是一个统一的网络（IP网），通信双方在使用虚拟互联网络时，不需要看见互联网的具体异构实现细节就能够进行互联互通。

（a）实际的互联网络　　　　　　　　　　　（b）虚拟互联网络

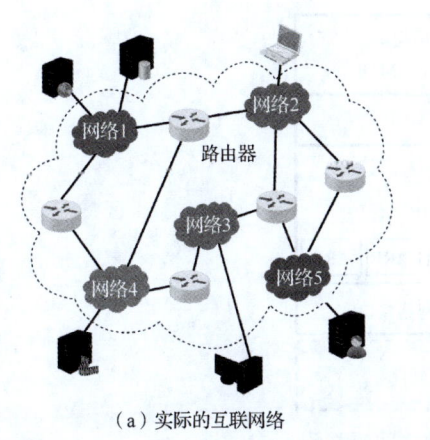

图 5.2　网络互联示意图

Internet 是一个互联网络（简称网际网络或因特网）的全球集合。图 5.3 是将 Internet 看作互联的局域网和广域网集合示例。Internet 的全球化速度已超乎所有人的想象，社会、商业、政治及人际交往的方式正紧随这一全球性网络的发展而快速更新。

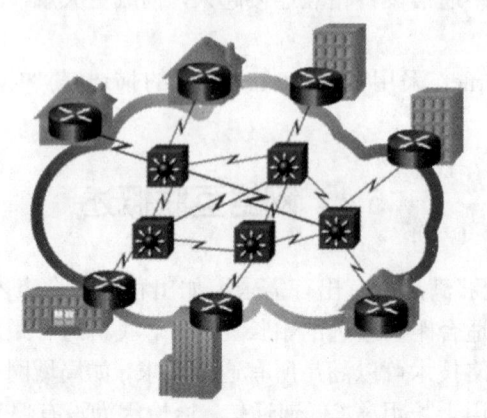

图 5.3 将 Internet 看作互联的局域网和广域网集合示意图

5.2 IP 协议简介

IP 是 TCP/IP 栈中最重要的两个协议之一，也是最重要的因特网标准协议之一，与 IP 配套使用的还有 4 种协议，分别是 ARP、RARP、ICMP 和 IGMP，具体介绍如下。

（1）ARP 和 RARP，用于实现 IP 地址和物理地址之间的相互转换。

（2）ICMP，用于对传送的 IP 数据包实现差错控制。

（3）IGMP，一种多播协议，用于主机和路由器之间。

图 5.4 给出了 IP 及其配套协议之间的关系。ARP 和 RARP 在 IP 的下面，因为在用户使用 IP 传送 IP 报文的过程中，需要使用这两种协议完成地址转换。ICMP 和 IGMP 在 IP 的上面，这是因为这两种协议产生的报文在传送过程中需要使用 IP。需要说明的是，RARP 现在已经被淘汰不再使用了。

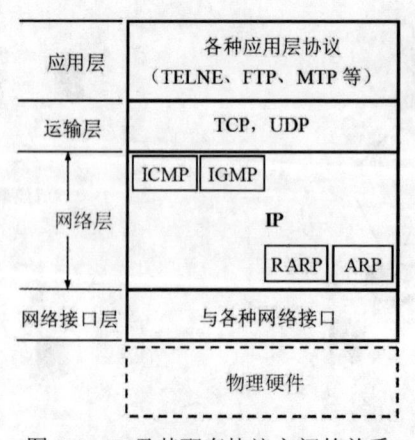

图 5.4 IP 及其配套协议之间的关系

1. IP 提供的是一种"尽力而为（Best-Effort）"的服务

（1）IP 是不可靠的分组传送服务协议。这意味着 IP 不能保证数据包的可靠投递，IP 本身没有能力证实发送的报文是否被正确接收。数据包可能在线路延迟、路由错误、数据包分片和重组等过程中受到损坏，但 IP 不能检测这些错误。在错误发生时，IP 也没有可靠的机制来通知发送方或接收方。

（2）无连接的传输服务。IP 不管数据包沿途经过哪些节点，甚至也不管数据包起始于哪台计算机、终止于哪台计算机。从源节点到目的节点的每个数据包可能经过不同的传输路径，而且在传输过程中数据包有可能丢失，也有可能正确到达。

（3）尽最大努力投递服务。尽管 IP 提供的是无连接的不可靠服务，但是 IP 并不会随意地丢弃数据包，只有在系统的资源用尽、接收数据错误或网络故障等状态下，IP 才会被迫丢弃数据包。

2. IP 是点到点的网络层通信协议

网络层需要在 Internet 中为通信的两个主机之间寻找一条路径，而这条路径通常由多个路由器、点到点链路组成。IP 要保证分组从一个路由器到另一个路由器，通过多跳路径从源节点到目的节点。因此，IP 是针对源主机－路由器、路由器－路由器、路由器－目的主机之间的数据传输的点到点的网络层通信协议。

3. IP 屏蔽了互联网络间的差异

IP 作为一种面向互联网的网络层通信协议，必然要面对各种异构网络和协议。如局域网、广域网和城域网等，它们的物理层和数据链路层协议可能不同，但通过 IP，网络层向传输层提供统一的 IP 数据包，网络层不需要考虑互联的不同类型的物理网络在帧结构与地址上的差异，使各种异构网络的互联变得更容易。

课堂同步

以下关于 IP 的描述中错误的是（　　）。
A．IP 地址是独立于传输网络的统一地址格式
B．IP 数据包是独立于传输网络的统一分组格式
C．IP over X 和 X 传输网络实现 IP 数据包在 X 传输网络中两个节点之间的传输
D．所有传输网络以 IP 数据包为分组格式，以 IP 地址为节点地址

5.3 ARP

在网络层使用统一的 IP 地址屏蔽了底层网络的差异性，但这种"统一"实际上是将底层的物理地址隐藏起来，而不是用 IP 地址代替它。事实上，物理地址是必不可少的，因为只有通过物理地址才能找到节点设备的接口。基于这个原因，在使用 IP 地址时，有必要在它与物理地址之间建立映射关系，这样才可以将数据最终传送到物理设备的接口上。

5.3.1 ARP 的作用

以太网内传输 IP 数据包的过程如图 5.5 所示。在图 5.5 中，假定终端 A 和服务器 B 通过

交换机连接在同一网络上，即便如此，终端 A 访问服务器 B 时所给出的地址也不是服务器 B 的 MAC 地址，而是服务器 B 的 IP 地址（若是域名地址，也要经过解析，最终得到的也只能是 IP 地址）。根据以太网交换机的工作原理，以太网交换机只能根据以太网帧的目的 MAC 地址和转发表来转发以太网帧。这就意味着不能在以太网上直接传输 IP 数据包，必须将 IP 数据包封装成以太网帧，在将 IP 数据包封装成以太网帧前，必须先获取连接在同一个网络上的源终端和目的终端的 MAC 地址。源终端的 MAC 地址可以直接从安装的网卡中读取，问题是如何根据目的终端的 IP 地址来获取目的终端的 MAC 地址。

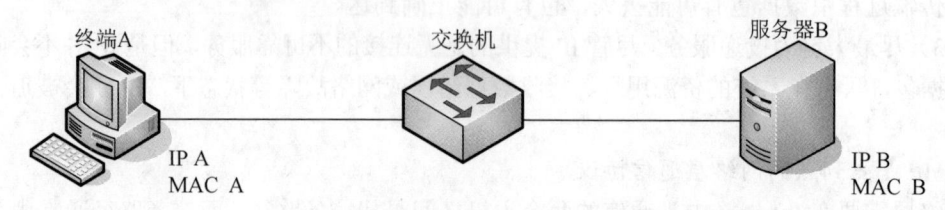

图 5.5 以太网内传输 IP 数据包的过程

5.3.2 ARP 的工作过程

将 IP 地址映射到物理地址的实现方法有多种，每种网络都可以根据自身的特点选择适合自己的映射方法。ARP 是以太网经常使用的地址映射方法，它充分利用了以太网的广播能力。在图 5.5 中，终端 A 获取了服务器 B 的 IP 地址 IP B 后，广播一个以太网帧，该以太网帧的结构如图 5.6 所示。它的源 MAC 地址为终端 A 的 MAC 地址 MAC A；目的 MAC 地址为广播地址 FF-FF-FF-FF-FF-FF；以太网帧的数据字段包含终端 A 的 IP 地址 IP A 和 MAC 地址 MAC A，以及服务器 B 的 IP 地址 IP B，IP B 为需要解析的地址。该以太网帧被称为 ARP 请求帧，它要求 IP 地址为 IP B 的网络终端回复它的 MAC 地址。

图 5.6 用于地址解析的以太网帧

由于该帧的目的地址为广播地址，同一网络内所有终端都能接收到该以太网帧，每一个接收到该以太网帧的终端首先检查自己的 ARP 缓冲区，如果 ARP 缓冲区中没有发送终端的 IP 地址和 MAC 地址对，则将发送终端的 IP 地址和 MAC 地址对（IP A 和 MAC A）记录在 ARP 缓冲区中，然后比较以太网帧中给出的目标 IP 地址是否和自己的 IP 地址相同。如果不相同，则丢弃；如果相同，则回复自己的 MAC 地址，ARP 地址解析过程如图 5.7 所示。当终端 A 接收到 ARP 响应帧后，发现 ARP 响应帧中的目的 MAC 地址就是自己的 MAC 地址，于是接收该单播帧，并将其所封装的 ARP 响应报文交给上层处理。上层的 ARP 进程解析该 ARP 响应报文，将其包含的服务器 B 的 IP 地址与 MAC 地址记录到自己的 ARP 高速缓存表中。

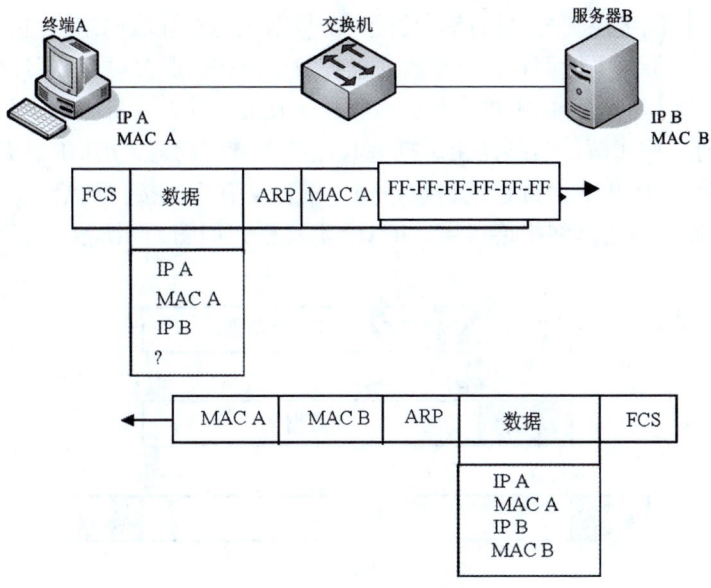

图 5.7　ARP 地址解析过程

通过以上分析可以知道，ARP 的主要用途是在知道同一以太网内目的主机 IP 地址的前提下，获取目的主机的 MAC 地址。在 Windows 操作系统的命令提示符窗口下，使用 arp 命令能够查看本地计算机或另一台计算机的 IP 地址和 MAC 地址的映射对。

arp 命令格式：arp [参数] [主机 IP 地址] [MAC 地址]。

arp 命令的常见参数如下：

-a：显示本机与该接口相关的 ARP 高速缓存表。

-s：向 ARP 高速缓存表中加入一条静态项目。

-d：删除一条静态项目。

以下是一个 arp 命令运行示例，如图 5.8 所示。ARP 高速缓存表中包含两类地址映射信息：一类是静态（Static）映射信息，这类信息是由网络管理员或用户手动配置的 ARP 映射信息；另一类是动态（Dynamic）映射信息，这类信息是由 ARP 自动学习得来的。动态 ARP 高速缓存表是有时间限制的，如果在 2min 内未使用该 ARP 表项，则其会被自动删除。

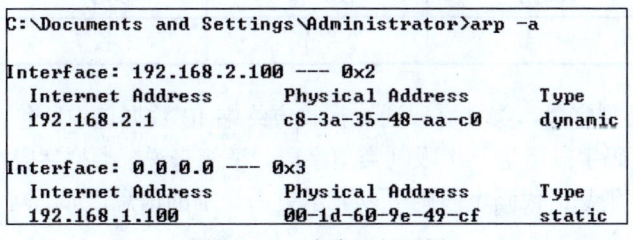

图 5.8　arp 命令运行示例

5.4　ICMP

IP 提供的是一种无连接的、不可靠的、尽力而为的服务，不存在关于网络连接的建立和维护过程，也不包括流量控制与差错控制功能，在数据包通过互联网络的过程中，出现各种传输错误是难免的。对于源主机而言，一旦数据包被发送出去，那么对该数据包在传输过程中是否出现差错、是否顺利到达目标主机等就会变得一无所知。因此，需要设计某种机制来帮助人们对网络的状态有一些了解，包括路由、拥塞和服务质量等问题，ICMP 就是为此而设计的。

虽然 ICMP 属于 TCP/IP 网际层的协议，但它的报文并不直接传送给网络接口层，而是先封装成 IP 数据包后再传送给网络接口层，ICMP 消息格式如图 5.9 所示。

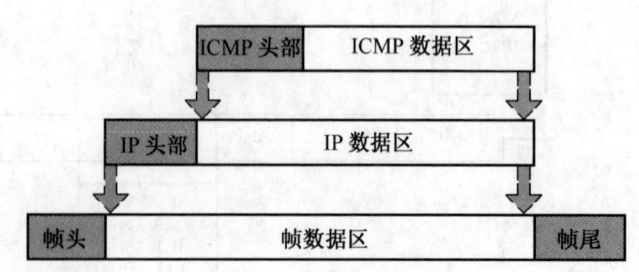

图 5.9 ICMP 消息格式

5.4.1 ICMP 报文类型

ICMP 定义了多种消息类型，这些消息类型可分为差错报告报文和查询报文两种。其中，差错报告报文又可分为终点不可达、超时、参数问题、源端抑制（Source Quench）和重定向（Redirect）路由 5 种类型；查询报文又可分为回应请求（ICMP Echo）与应答（ICMP Reply）、时间标记请求与应答、地址掩码请求与应答、路由器询问与通告等。

5.4.2 ICMP 报文格式

正如数据链路层帧头包含网络层报头（在此为 IP 头），IP 也包含着 ICMP 报头。这是因为 IP 为整个 TCP/IP 栈提供数据传输服务，那么 ICMP 要传递某种信息被封装在 IP 数据包中是自然而然的事情。表 5.1 显示了 ICMP 报头包含有 5 个字段，共 8 个字节的长度。

表 5.1 ICMP 报头

类型	代码	校验和	标记	队列号
1 字节	1 字节	2 字节	2 字节	2 字节

其中，最重要的是类型字段，类型字段通知接收方终端 IP 数据包中所包含的 ICMP 数据的类型。如果需要，则代码字段可进一步限制类型字段。举例来说，类型字段可能表示消息是一条"目的地不能到达"消息；代码字段则可以显示更加详细的信息，如"网络不可到达"或"主机或端口不可到达"等。

5.4.3 ICMP 的典型应用

大部分操作系统和网络设备都会提供一些 ICMP 工具程序，方便用户测试网络连接状况。如在 UNIX、Linux、Windows 操作系统和网络设备中都集成了 ping 和 tracert 命令。我们经常使用这些命令来测试网络的连通性和可达性

ICMP 的典型应用

1. 测试网络的连通性

回应请求/应答 ICMP 报文用于测试网络的连通性，如图 5.10 所示。请求者（某主机）向特定目的 IP 地址发送一个包含任选数据区的回应请求，要求具有目的 IP 地址的主机或路由器响应，当目的主机或路由器收到该请求后，发出相应的回应应答。

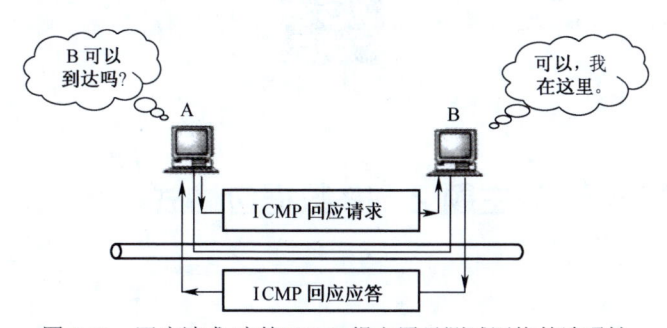

图 5.10　回应请求/应答 ICMP 报文用于测试网络的连通性

2. 实现路由跟踪

tracert 是路由跟踪实用程序，通过向目标发送具有不同 IP 生存周期（Time To Live，TTL）值的 ICMP 回应数据包，确定到目标所采取的路由，要求路径上的每个路由器在转发数据包之前至少将数据包上的 TTL 递减 1，当数据包上的 TTL 减为 0 时，路由器应该将"ICMP 已超时"的消息发送回源系统。

tracert 命令格式：tracert[参数 1][参数 2]目标主机。

tracert 命令的常见参数如下：

-d：不解析目标主机地址。

-h：指定跟踪的最大路由数，即经过的最多主机数。

-j：指定松散的源路由表。

-w：以毫秒（ms）为单位指定每个应答的超时时间。

该命令的路由跳数默认为 30 跳。tracert 命令运行示例如图 5.11 所示。

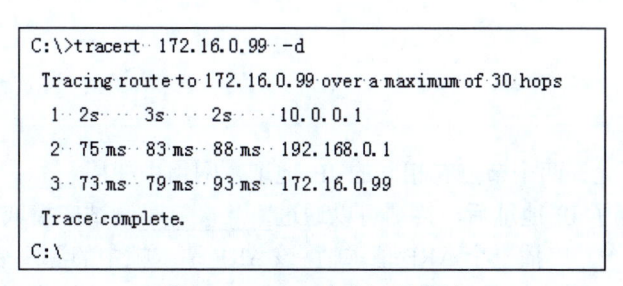

```
C:\>tracert 172.16.0.99 -d
Tracing route to 172.16.0.99 over a maximum of 30 hops
  1   2s    3s    2s   10.0.0.1
  2  75 ms 83 ms 88 ms 192.168.0.1
  3  73 ms 79 ms 93 ms 172.16.0.99
Trace complete.
C:\
```

图 5.11　tracert 命令运行示例

动手实践

ping 命令的使用

课后检测

模块 5 主题 1 课后检测

主题 2　IP 数据包格式

学习目标

通过对本主题的学习达到以下目标。

知识目标：

- 理解 IP 数据包的格式。
- 掌握 IP 数据包分片原理。

技能目标：

- 能够捕获与分析 IP 数据包。

素质目标：

- 通过以"剥洋葱"的方式揭开 IP 数据包的神秘"面纱"，引导学生建立"透过现象看本质"的哲学思维。

课前评估

1. IP 网络中不允许两个节点有相同的 IP 地址，网络中使用_____机制来检测这一冲突。当对终端分配了 IP 地址后，终端可以通过_____测试广播域中是否存在具有相同地址的终端。_____广播一个 ARP 请求帧，该 ARP 请求帧中的源终端地址为_____，表明是未知地址，下一跳地址是终端自身的 IP 地址。如果源终端接收到响应帧，则意味着广播域中已经有终端使用了该 IP 地址，终端报错。

2. ping 命令使用_____的回送请求、回送应答。客户机传送一个回送请求包给服务器，服务器返回一个_____回送应答包。在默认情况下，发送请求数据包的大小为_____B，屏幕上回显_____个应答包。其主要功能是用来测试网络_____。在回显的应答包中包含了 TTL 的信息，其中文含义是_____，这里 TTL 的值并不表示一个时间，因为要确保所有网络设备上的时间完全同步是非常困难的，所以采用了一种简化的等效处理方法，其值为目的设备的默认 TTL 值减去路径中的路由器数量。TTL 的默认最大值为 255，不同网络设备或操作系统的 TTL 不一样，利用 TTL 这一特性，可以用来识别_____的类型。TTL 这个字段封装在_____协议数据单元中。

5.5 IP 数据包

IP 是 TCP/IP 栈中的两个核心协议之一，它将所有高层的数据都封装成 IP 数据包。IP 数据包的格式能够说明 IP 具有什么功能。在 TCP/IP 栈中，各种数据包格式通常以 4 个字节为单位来描述，IP 数据包的完整格式如图 5.12 所示。从图 5.12 可以看出，IP 数据包由首部和数据区两部分组成，首部中的前一部分是固定部分，共 20 字节，是所有 IP 数据包必须有的，后一部分是可变部分。

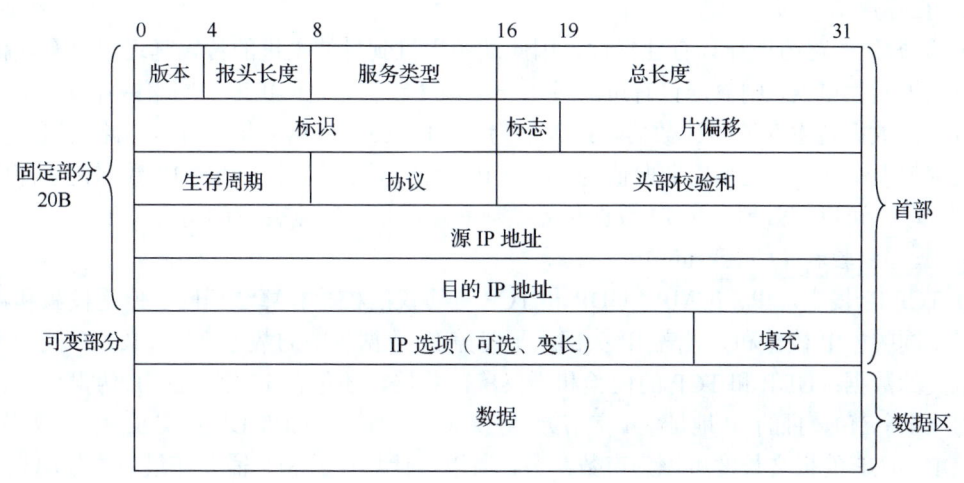

图 5.12 IP 数据包的完整格式

5.5.1 首部字段功能说明

1．版本与协议

在 IP 首部中，版本字段表示该数据包对应的 IP 版本号，不同 IP 版本规定的数据包格式稍有不同，目前使用的 IP 版本号为 4，通常称为 IPv4。若协议版本号是 6，则称为 IPv6。协议字段表示在 IP 数据包所对应的上层协议（如 TCP）或网络层中的子协议（如 ICMP）。

2．长度（Length）

首部中有两个表示长度的字段，一个为报头长度（Internet Head Length，IHL），另一个为总长度（Total Length）。

报头长度表示占据了多少个 32bit，或者说多少个 4 个字节的数目。在没有选项和填充的情况下，该值为 5，即 IP 的报头长度为 20 个字节。IP 报头长度值最大为 15，即 60 个字节。

总长度表示整个 IP 数据包的长度（其中包含报头长度和数据区长度）。数据包的总长度以 32 位（4 个字节）为单位。由于该字段的长度占 16 位，IP 数据包的总长度字段的最大值为 $2^{16}-1$，即 65535。需要注意的是，IP 数据包的最大长度为 2^{16} 字节，即 64KB。

3. 服务类型（Type of Service，ToS）

服务类型字段规定对本数据包的处理方式，常用于服务质量（Quality of Service，QoS）中，如图 5.13 所示。其中，前 3 位为优先级，用于表示数据包的重要程度，优先级取值为 0（普通优先级）～7（网络控制高优先级）；第 4 位到第 7 位分别为 D、T、R 和 C，表示本数据包希望的传输类型，D 表示时延（Delay）需求，T 表示吞吐量（Throughput）需求，R 代表可靠性（Reliability）需求，C 代表花销需求，并且这几位是互相排斥的，只有其中一位可以被置 1；第 8 位保留。

0	1	2	3	4	5	6	7
优先级			D	T	R	C	保留

图 5.13　IP 数据包提供的服务类型

4. 生存周期

IP 数据包的路由选择具有独立性，因此从源主机到目的主机的传输延迟也具有随机性。如果路由表发生错误，则数据包有可能进入一条循环路径，无休止地在网络中流动。生存周期是用以限定数据包生存期的计数器，最大值为 $2^8-1=255$。数据包每经过一个路由器，其生存周期的取值要减 1，当生存周期取值为 0 时，IP 数据包将被删除。利用 IP 数据包首部中的生存周期字段，可以有效地避免 IP 数据包死循环和过度消耗网络带宽的情况发生。

5. 头部校验和（Checksum）

在 TCP/IP 栈中，IP、ICMP、UDP 和 TCP 等协议的校验和算法相同，但是校验和覆盖的范围是不同的。IP 校验和只覆盖 IP 头部，不覆盖 IP 数据包中的数据字段；ICMP 校验和覆盖整个报文的数据；UDP 和 TCP 的校验和不仅覆盖数据，还包含 12 字节的 IP 伪报头，包括源 IP 地址（4 字节）、目的 IP 地址（4 字节）、协议（2 字节）、TCP/UDP 报文长度（2 字节）。另外，UDP、TCP 的报文长度可以为奇数字节，所以在计算校验和时需要在最后增加填充字节 0（填充字节只是为了计算校验和，可以不被传送）。在 UDP 中，校验和是可选的，校验和字段为 0 时，表明该 UDP 报文未使用校验和，接收方就不需要校验和检查了。下面以 IP 为例说明头部校验和的计算过程。

头部校验和用于保证 IP 数据包的完整性。在 IP 数据包中只含有头部校验字段，而没有数据区校验字段。这样做的最大好处是可以大大节约路由器处理每一个数据包的时间，并允许不同的上层协议选择自己的数据校验方法。

下面以发送方将 IP 数据包的头部划分为 2 个 16 位的二进制序列（1101001001100100 与 1100001001100110），并以将校验和字段置 0（0000000000000000）为例来说明计算校验和的方法。从高位开始逐位相加（0 和 0 相加为 0；1 和 0 相加是 1；1 和 1 相加是 0，但要产生一个进位 1，将该进位移至次高位，参与次高位的二进制求和运算），如果最低位的二进制求和结果有进位，则将此进位放在单独的进位列，再与 16 位二进制序列求和结果相加，然后将求和的结果取反，便得到发送方的校验和，如图 5.14（a）所示。发送方将 2 个二进制序列和得到的校验和（0110101100110100）一并发送给接收方后，执行与发送方相同的校验和计算过程。接收方将得到的校验和结果取反后，如果结果是 16 位 0，如图 5.14（b）所示，则 IP 数据包头部数据在传输过程中没有出错；否则 IP 数据包头部数据在传输过程中出现了错误。

(a) 发送方校验和计算过程　　　　　　　(b) 接收方校验和计算过程

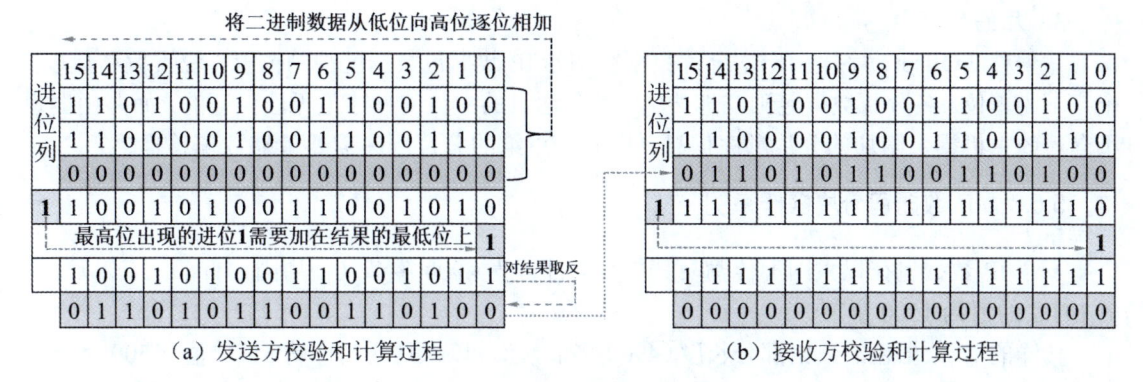

图 5.14　IP 数据包头部校验和计算

6. 地址

在 IP 数据包的首部中，源 IP 地址和目的 IP 地址分别表示该 IP 数据包发送方和接收方地址。在整个数据包传输过程中，无论经过什么路由，无论如何分片，这两个字段一直保持不变。

7. IP 选项和填充

IP 选项（Options）主要用于控制和测试。作为选项，用户可以根据具体情况选择使用或不使用。但作为 IP 的组成部分，所有实现 IP 的设备必须能处理 IP 选项。在使用选项的过程中，有可能造成数据包的首部长度不是 32 位的整数倍的情况，如果发生这种情况，则需要使用填充（Padding）字段凑齐。

5.5.2　分片与重组

传输网络中允许的数据链路层帧的数据字段的最大长度称为最大传输单元（Maximum Transfer Unit，MTU）。例如，以太网的 MTU 为 1500B，光纤分布数据接口（Fiber Distributed Data Interface，FDDI）的 MTU 为 4352B，PPP 的 MTU 为 296B 等。因此，一个 IP 数据包的长度只有小于或等于一个网络的 MTU 时才能在这个网络中进行传输。如果一个 IP 数据包的长度超过传输网络所允许的 MTU，则必须对 IP 数据包进行分片。分片就是将 IP 数据包的数据分为多个数据报片。IP 数据包分片的原则是，除最后一个数据报片外，其他数据报片必须是 8B 的倍数，且加上 IP 首部后尽量接近 MTU。在 IP 数据包中，标识、标志和片偏移 3 个字段与控制分片和重组有关。

1. 标识

标识（Identification）字段用于标识被分片后的数据包。目的主机利用此域和目的地址判断收到的分片属于哪个数据包，以便数据包重组。所有属于同一数据包的分片被赋予相同的标识值。

2. 标志

标志（Flag）字段用来告诉目的主机该数据包是否已经分片，该字段长度为 3 位。其中，最高位为 "0"；次高位为 DF（Don't Fragment），该位的值若为 "1" 则表示不可分片，若为 "0" 则表示可分片；第 3 位为 MF（More Fragment），其值若为 "1" 则代表还有进一步的分片，若为 "0" 则表示接收的是最后一个分片。

3. 片偏移

片偏移（Offset）字段指出本分片数据在初始 IP 数据包数据区中的位置，位置偏移量以 8 个字节为单位。各分片数据包独立地传输，其到达目的主机的顺序是无法保证的，而路由器也不向目的主机提供附加的分片顺序信息，因此，重组的分片顺序需要依靠片偏移提供。

5.5.3 IP 数据包分片操作举例

一个 IP 数据包在以太网上传输，其中数据部分为 4900 字节（使用固定首部），该以太网的 MTU 的值为 1500 字节。

传输的 IP 数据包的数据部分长度（4900 字节）超过以太网所允许的 MTU 值（1500 字节），因此在通过以太网链路传输之前，需要对 IP 数据包进行分片处理，具体操作方法如下。

1. 确定数据包分片后数据最大长度和总片数

设 IP 数据包数据载荷的长度为 D；首部长度为 20 字节；L 是长度为 D 的数据分片后的满载长度；n 为总片数。

（1）根据分片原则：分片后数据长度 L 能被 8 整除，小于且非常接近传输网络允许的 MTU 值，可以得出如下关系式：

$$L = \left\lfloor \frac{MTU - 20}{8} \right\rfloor \times 8 \tag{5.1}$$

式中，"$\lfloor \ \rfloor$"为向下取整符号。代入 MTU=1500，则 $L = \left\lfloor \frac{MTU - 20}{8} \right\rfloor \times 8 = \left\lfloor \frac{1500 - 20}{8} \right\rfloor \times 8 = 1480$。

（2）总片数 n、原始数据长度 D、分片后数据长度 L 之间存在如下关系：

$$n = \left\lceil \frac{D}{L} \right\rceil \tag{5.2}$$

式中，"$\lceil \ \rceil$"为向上取整符号。代入 D=4900，L=1480，则 $n = \left\lceil \frac{D}{L} \right\rceil = \left\lceil \frac{4900}{1480} \right\rceil = 4$。

（3）除最后一个分片，其余的分片必须满载，即其载荷长度必须为 L。设 L_i（其中 $1 \leqslant i \leqslant n$=4）为 4 个分片的长度，则 L_i 的表达式如下：

$$L_i = \begin{cases} L & 1 \leqslant i < n \\ D - L \times (n-1) & i = n \end{cases} \tag{5.3}$$

根据式（5.3），可以求得原始数据分为 4 个长度分别为 L_1=L_2=L_3=1480B，L_4=4900−1480×3=460。

2. 确定分片后数据报片的偏移量

设 F_i 为第 i（$1 \leqslant i \leqslant n$）个分片的数据报片得片偏移，则 F_i、i 和 L 之间存在如下关系：

$$F_i = \frac{L}{8} \times (i-1) \tag{5.4}$$

根据式（5.4）可以计算出每个分片的数据报片的片偏移。

第 1 个分片的片偏移 $F_1 = \frac{1480}{8} \times (1-1) = 0$。

第 2 个分片的片偏移 $F_2 = \frac{1480}{8} \times (2-1) = 185$。

第 3 个分片的片偏移 $F_3 = \dfrac{1480}{8} \times (3-1) = 370$。

第 4 个分片的片偏移 $F_4 = \dfrac{1480}{8} \times (4-1) = 555$。

原始数据分片后片偏移量的结果如图 5.15 所示。

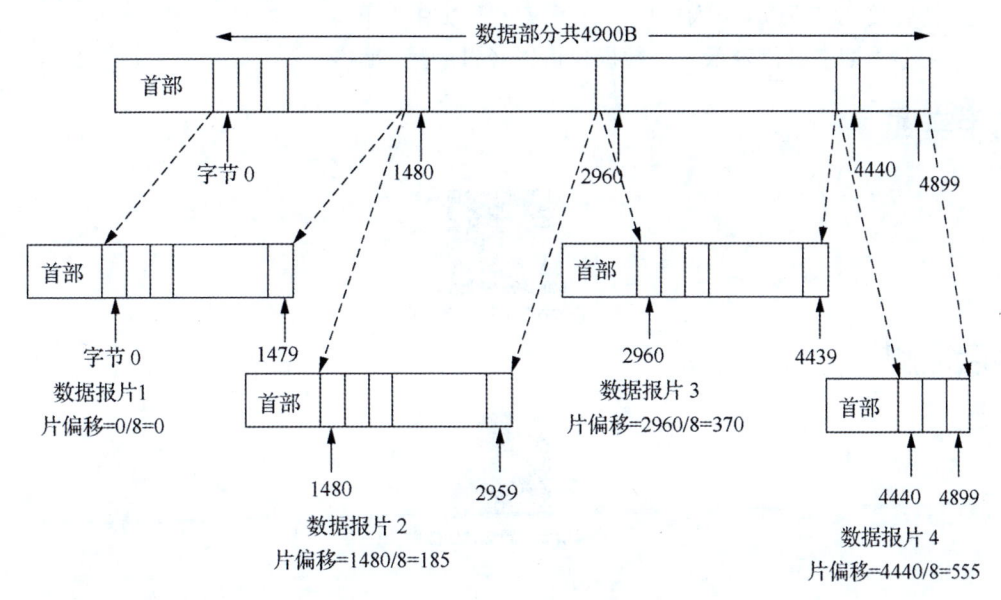

图 5.15 分片后片偏移量的结果

3. 确定分片后数据报片标识字段

原始数据包的首部被复制为各数据报片的首部，但必须修改有关字段的值。一个 IP 数据包分片后，每一个分片的标识值都是随机产生的，表示来自于同一个 IP 数据包，这里 IP 数据包的标识值取为 13579。

4. 确定分片后数据报片标志字段

根据 IP 数据包中 MF 和 DF 标志字段的定义可知，除最后一个分片的 MF=0 外，其他分片的 MF=1；DF 位均为 0，表示还可以继续分片。表 5.2 是各种数据包的首部中与分片有关的字段中的数值。

表 5.2 各种数据包的首部中与分片有关的字段中的数值

字段	总长度	标识	MF	DF	片偏移
原始数据包	4920	13579	0	0	0
数据报片 1	1500	13579	1	0	0
数据报片 2	1500	13579	1	0	185
数据报片 3	1500	13579	1	0	370
数据报片 4	480	13579	0	0	555

课堂同步

以下关于 IP 数据包结构的描述中，错误的是（　　）。

A．IPv4 数据包的长度是可变的
B．协议字段表示 IP 的版本，值为 4 表示 IPv4
C．包头长度字段以 4B 为单位，总长度字段以 B 为单位
D．生存周期字段值表示一个数据包可以经过的最多跳数

动手实践

IP 数据包的捕获与分析

课后检测

模块 5 主题 2 课后检测

主题 3　定长子网掩码划分

学习目标

通过对本主题的学习达到以下目标。

知识目标：

- 了解划分子网的原因。
- 掌握划分子网的概念。
- 理解子网掩码的作用。
- 掌握划分子网的原理。

技能目标：

- 能够结合网络实际需求规划 IP 地址方案。

素质目标：

- 学习定长子网掩码划分方法，使学生认识到使用科学的方法带来的价值，树立"理论联系实际"的思想。

课前评估

1. 在前面的学习内容中先后介绍了 IP 地址和 MAC 地址的相关知识，已经了解到 IP 地址的组成类似于邮政通信地址，是一种长度为_____bit 且采用_____结构的地址，反映了主机在网络中的位置关系；MAC 地址类似于人的名字，是一种长度为_____bit 且采用_____结构的地址，但不能反映主机在网络中的位置关系。从这里可以看出，出于通信效率和可行性等方面的考虑，IP 地址用于_____规模网络内的主机之间寻址，MAC 地址用于_____规模网络内的主机之间的寻址，这就是计算机网络中主机之间的通信过程中使用 MAC 地址还必须使用 IP 地址的原因。

2. 在 ARPANET 的早期，IP 地址的设计出现了不合理的现象。例如，在 A 类 IP 地址中，默认一个网络可以容纳_____台主机；在 B 类 IP 地址中，默认一个网络支持_____台主机。如果直接把 A 类或 B 类的 IP 地址分配给一个公司来使用，会带来哪些问题呢？请至少列举 2 点。

如何解决这一问题呢？可能想到的一个解决方案是将一个大的网络从逻辑上划分成若干个小的网络，如同一个婴儿一口不能吃下一个苹果时，需要将一个苹果切割成若干小片。在计算机网络中，将大网变化成若干个小网的过程称为划分子网。划分子网可以带来很多好处，如降低整体网络流量并改善网络性能，让网络管理员实施安全策略，以及确定哪些子网之间允许或不允许通信。网络管理员可以通过下面的依据为设备和服务划分子网：大型楼栋中的各楼层；同公司的各部门；设备类型的不同等，如图 5.16 所示。通过以上的介绍，你能说出划分子网还能带来哪些其他好处么？

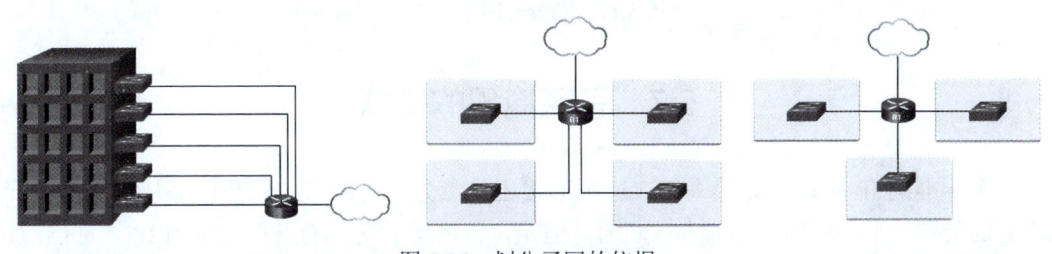

图 5.16　划分子网的依据

5.6　划分子网的概念

一方面公网上可用的 IP 地址越来越少，另一方面在 IP 地址的使用过程中又存在严重的浪费现象。例如，某单位的路由器互联时只需要两个 IP 地址，如果申请了一个 C 类地址，则为两个路由器的互连接口各分配一个 IP 地址后，还剩余大量的 IP 地址，这些 IP 地址既不能被该单位的网络使用，又不能被其他单位的网络使用，造成 IP 地址资源的浪费。因此，在实际应用中，一般以子网（Subnet）的形式将主机分布在若干物理地址上。

5.6.1　划分子网的原因

网络上常常需要将大型的网络划分为若干小网络，这些小网络称为子网。划分子网的作用主要体现在三个方面：一是隔离广播流量在整个网络内的传播，提高信息的传输效率；二是在小规模的网络中细分网络，起到节约 IP 地址资源的作用；三是进行多个网段划分，提高 IP 地址使用的灵活性。

5.6.2 划分子网的定义

IP 地址具有层次化结构的特点，标准的 IP 地址分为网络号和主机号两层。这两级编址可以提供基础网络分组，便于将数据包路由到目的网络。路由器根据 IP 地址的网络号转发数据包，一旦确定了网络位置，就可以根据 IP 地址的主机号找到目的主机。但是，随着网络不断扩大，许多组织将数百甚至数千台主机添加到网络中，两级分层结构就显得很不灵活，很难保证组织的网络结构与管理结构相适应。因此，申请到网络地址的组织一般会在网络地址的基础上进一步划分子网，使 IP 地址的使用更加灵活。

为了创建子网，需要从原有 IP 地址的主机号中借出连续的若干高位作为子网号，于是 IP 地址从原来两层结构的"网络号+主机号"变成了三层结构的"网络号+子网号+主机号"形式，如图 5.17 所示。可以这样理解，经过划分后的子网的主机数量减少，已经不需要原来那么多位作为主机号，可以借用多余的主机位作为子网号。

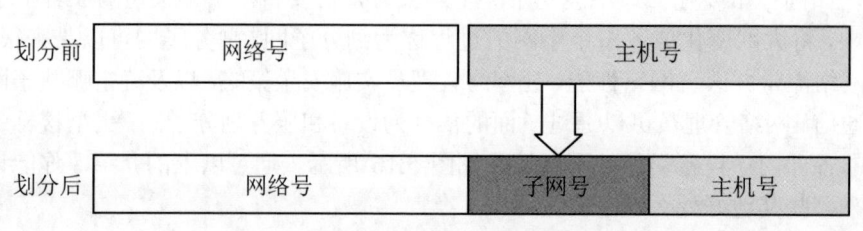

图 5.17　划分子网的示意图

5.7　子网掩码的概念

一个标准的 IP 地址，无论采用二进制形式还是点分十进制形式，都可以从数值上直观地判断它的类别，指出它的网络号和主机号。但是，当包括子网号的三层结构的 IP 地址出现后，一个很现实的问题是如何从 IP 地址中提取子网号。为了解决这个问题，人们提出了子网掩码（Subnet Mask）的概念。

5.7.1 子网掩码的表示方法

子网掩码采用与 IP 地址相同的位格式，由 32 位长度的二进制数构成，也被分为 4 个 8 位组并采用点分十进制来表示。子网掩码通常与 IP 地址配对出现，它将 IP 地址中网络号（包含子网号）对应的所有位设置为"1"，主机号对应的所有位设置为"0"。为了表达方便，在书写上还可以采用更加简单的"X.X.X.X/Y"方式来表示 IP 地址与子网掩码对。其中，每个 X 分别表示与 IP 地址中的一个 8 位组对应的十进制值，而 Y 表示子网掩码中与网络号对应的位数。例如，IP 地址为 102.2.3.3，默认掩码为 255.0.0.0，可表示为 102.2.3.3/8，这种表示方法称为 IP 地址的前缀表示法。

5.7.2 子网掩码的作用

下面举一个例子，说明子网掩码的第一个作用：分离给定 IP 地址的子网号。

若给定的 IP 地址为 192.168.1.203，子网掩码为 255.255.255.224，试求取这个 IP 地址的子网号和主机号。

首先，将 IP 地址与子网掩码的十进制形式转化为二进制形式，过程如下：

11000000　　10101000　　00000001　　110 01011　　（192.168.1.203）　……①
11111111　　11111111　　11111111　　111 00000　　（255.255.255.224）　……②

再将①和②对应位做"与"运算，所得结果如下：

11001010　　10101000　　00000001　　110 00000　　（192.168.1.192）　……③

③中的 192.168.1.192 即所求的子网号。可以看出，一个 IP 地址为 192.168.1.203 的主机，在子网 192.168.1.192 中的主机号为 11。

由于 IP 地址的长度固定为 32 位，子网号所占的位数越多，拥有的子网数就越多，可分配给主机的位数就越少，所分配给主机的 IP 地址数量就越少。反之，子网号所占的位数越少，拥有的子网数就越少，可分配给主机的位数就越多，所分配给主机的 IP 地址数量就越多。因此，可以使用子网掩码来划分子网，这是子网掩码的第二个作用。划分子网的关键是所需子网数量和最大子网所需主机数量之间的平衡。

5.8 定长子网掩码划分方法

当借用 IP 地址主机号的高位作为子网号时，就可以在某类地址中划分出更多的子网。假设从主机号的最高位开始连续借用 n 位作为子网号，剩下 m 位仍作为主机号（$n+m$=主机号的位数，若为 A 类网络，则 $n+m$=24；若为 B 类网络，则 $n+m$=16；若为 C 类网络，则 $n+m$=8），则有

$$子网数 \leqslant 2^n （个） \tag{5.5}$$
$$每个子网具有的最大主机数量（含默认网关）\leqslant 2^m-2 （台） \tag{5.6}$$

RFC 950 文档规定，子网号全为 0 和全为 1 的情况是不可分配的，但随着无类别域间路由选择（Classless Inter-Domain Routing，CIDR）的广泛使用，全为 0 和全为 1 的子网号也可以使用了。本书在讨论的时候，默认全为 0 和全为 1 的子网号可以使用。

下面以一个例子来说明划分子网的过程。

一个 C 类地址 192.168.10.0 需要划分为 6 个子网，每个子网分别能容纳 13、24、7、12、2、29 台主机，在不考虑子网中网关分配的情况下，给出子网掩码和对应的地址空间范围。

因为需要 6 个子网，子网中最大主机数为 29 台，所以根据式（5.5）有 $6 \leqslant 2^n$；根据式（5.6）有 $29 \leqslant 2^m-2$；且 $n+m=8$。所以取 $n=3$，$m=5$，能够满足 6 个子网、子网最大主机数为 29 台的需要。

划分子网后，新的子网掩码的网络位数变为默认掩码位数 24 加上 n（这里 n 取 3），即 27，如表 5.3 所示。表示成点分十进制，其值为 225.255.255.224。

表 5.3　划分子网后掩码变化

默认子网掩码（C 类）	从主机号部分所借 n 位作为子网位	剩下 m 位作为主机位
11111111.11111111.11111111	111	00000

显然，原有的网络位并没有发生变化，因此经过划分子网后的 IP 地址的二进制形式可以写成 11000000 10101000 00001010 xxxyyyyy 形式。其中，xxx 为子网位；yyyyy 为主机位。根据网络地址的概念，在写出子网地址的时候，变化的是 xxx，为 0 或 1 的 3 位组合；yyyyy 为 00000。子网划分的具体过程如表 5.4 所示。

表 5.4　子网划分的具体过程

子网地址	网络位	子网位（x x x）	主机位（y y y y y）	子网序号
192.168.10.0	11000000 10101000 00001010	000	00000	子网 1
192.168.10.32	11000000 10101000 00001010	001	00000	子网 2
192.168.10.64	11000000 10101000 00001010	010	00000	子网 3
192.168.10.96	11000000 10101000 00001010	011	00000	子网 4
192.168.10.128	11000000 10101000 00001010	100	00000	子网 5
192.168.10.160	11000000 10101000 00001010	101	00000	子网 6
192.168.10.192	11000000 10101000 00001010	110	00000	子网 7
192.168.10.224	11000000 10101000 00001010	111	00000	子网 8

接下来写出每一个子网可用的 IP 地址范围。此时变化的部分不再是子网位 xxx 了，而是主机位 yyyyy。例如，要写出其中第 2 个子网 192.168.10.32 可用的 IP 地址范围，具体过程如表 5.5 所示。

表 5.5　第 2 个子网可用的 IP 地址范围

子网地址	网络位	子网位（x x x）	主机位（y y y y y）	子网 2IP 地址序号
192.168.10.32	11000000 10101000 00001010	001	00000	子网 2 网络地址（192.168.10.32）
			00001	第一个可用 IP 地址（192.168.10.33）
			00010	第二个可用 IP 地址（192.168.10.34）
			00011	第三个可用 IP 地址（192.168.10.35）
			…	…
			11110	最后一个可用 IP 地址（192.168.10.62）
			11111	子网 2 的广播地址（192.168.10.63）

由表 5.5 可知，每一个子网的第一个地址是网络地址，最后一个地址是广播地址，都不能用作主机地址，故每一个子网可用的 IP 地址数量都要减 2。经过子网划分后，所有子网的子网地址、广播地址、主机地址及子网分配情况如表 5.6 所示。

表 5.6 所有子网的子网地址、广播地址、主机地址及子网分配情况

子网地址	广播地址	主机地址	子网分配情况
192.168.10.0	192.168.10.31	192.168.10.1～192.168.10.30	分配给具有 13 台主机的子网
192.168.10.32	192.168.10.63	192.168.10.33～192.168.10.62	分配给具有 24 台主机的子网
192.168.10.64	192.168.10.95	192.168.10.65～192.168.10.94	分配给具有 7 台主机的子网
192.168.10.96	192.168.10.127	192.168.10.97～192.168.10.126	分配给具有 12 台主机的子网
192.168.10.128	192.168.10.159	192.168.10.129～192.168.10.158	分配给具有 2 台主机的子网
192.168.10.160	192.168.10.191	192.168.10.161～192.168.10.190	分配给具有 29 台主机的子网
192.168.10.192	192.168.10.223	192.168.10.193～192.168.10.222	预留将来使用
192.168.10.224	192.168.10.255	192.168.10.225～192.168.10.254	预留将来使用

以上划分子网的方法被称为定长子网掩码（Fixed Length Subnet Mask，FLSM）划分方法，其特点是每个子网都使用同一个子网掩码，每个子网具有相同数量的 IP 地址空间，在一定程度上提高了 IP 地址分配的灵活性，但可能造成 IP 地址资源的浪费。例如，上例中 192.168.10.128 子网中的绝大部分 IP 地址资源被浪费了。

需要注意的是，上例对网络 192.168.10.0 使用 FLSM 方法划分子网后，每个子网有 30 个可用的 IP 地址。为了实现不同子网的主机之间的通信，须从 30 个可用 IP 地址中任选一个 IP 地址用作默认网关，剩余的 29 个 IP 地址分配给主机。如果每个子网要求分配给主机使用的最大 IP 地址数量是 30 个，而不是 29 个，则上述方法将不能实现例子的需求。

课堂同步

如果某个路由器接口配置的 IP 地址是 192.1.1.19，子网掩码是 255.255.255.240，以下 IP 地址（ ）可能是该路由器接口连接的网络中主机的 IP 地址。
A．192.1.1.16　　　　B．192.1.1.14　　　　C．192.1.1.31　　　　D．192.1.1.30

动手实践

设计子网划分方案

课后检测

模块 5 主题 3 课后检测

主题 4 变长子网掩码划分

学习目标

通过对本主题的学习达到以下目标。

知识目标：

- 了解变长子网掩码的使用场合。
- 掌握使用变长子网掩码划分子网的过程。
- 了解无分类域间路由选择的概念。
- 掌握网络地址转换的基本概念。
- 了解移动 IP 技术。

技能目标：

- 能够根据网络实际需求优化子网划分方案。

素质目标：

- 通过探究可变长子网掩码划分过程，明确其是对定长子网掩码划分的继承与发展，培养学生用发展的眼光看问题。

课前评估

1. 随着计算机技术的普及和网络技术的高速发展，单纯的计算机已经不能满足办公、生活和学习的需求，网络已经成为计算机发展的主流，它正以一种全新的方式改变着人们的生活方式。说到网络，IP 地址是不能避免的话题，一个网络要满足通信功能，除了最基本的物理连接外，首要的就是配置 IP 地址，其次是配置通信协议。请指出手动配置 IP 地址涉及的通信参数有哪些？

2. 目前上网的人和物越来越多，必然存在 IP 地址不够用的情况。为了提高 IP 地址的可用性、网络效率和安全性，划分子网不失为一种临时性的解决方案，IP 地址采用_____、_____和_____三级层次结构。

3. 定长子网掩码划分方法类似于日常生活中将一张正方形纸片对折若干次后的结果。每个子网使用的子网掩码都是_____的，每个子网容纳的 IP 地址数量都是_____。该方法能否节省 IP 地址资源？是否可以进一步提高 IP 地址资源的利用率？请举例说明。

5.9 变长子网掩码的基本概念

将一个网络使用定长子网掩码划分方法划分为多个子网后，每个子网拥有相同数量的 IP 地址。如果所有子网对主机数量的要求相同，则这些固定大小的地址块有较高的利用效率，但是绝大多数情况并非如此。

5.9.1 定长子网掩码划分方法的不足

虽然定长子网掩码划分方法满足了子网中最大主机数量的 IP 地址需要，并将原有网络地址空间划分为足够数量的子网，但是存在大量 IP 地址未被使用的情况，造成 IP 地址资源的浪费。例如，在 5.8 节的例子中，对网络 192.168.10.0 进行子网划分时，从最后一个 8 位二进制数高位开始借用 3 位，以满足其 6 个子网的要求，这样每个子网最多可容纳 30 台主机（即 30 个可用 IP 地址），而部分子网需要使用 14、7、12、2 个 IP 地址，这些子网未被使用的 IP 地址数量分别是 16、23、18、28 个。因此，对 5.8 节的例子采用的定长子网掩码划分方案，整个 IP 地址资源的利用率并不高，这种低效的 IP 地址利用率正是定长子网掩码划分方法的不足。

5.9.2 变长子网掩码的定义

定长子网掩码划分方法可以创建 IP 地址空间大小相等的子网，并且每个子网都使相同的子网掩码，如图 5.18（a）所示。变长子网掩码（Variable Length Subnet Mask，VLSM）划分方法使网络 IP 地址空间分为大小不等的部分，如图 5.18（b）所示。使用 VLSM 划分方法时，子网掩码将根据特定子网所借用的位数而变化，从而成为 VLSM 划分方法的"变量"部分。

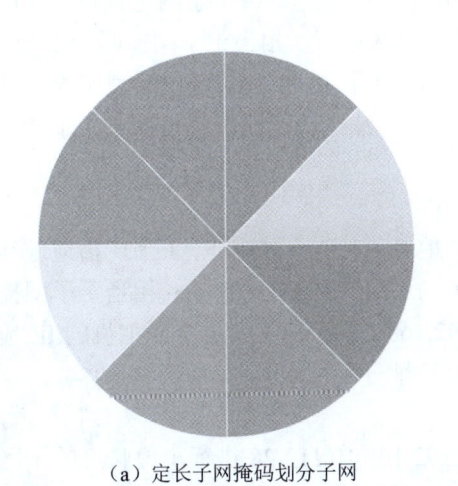

（a）定长子网掩码划分子网 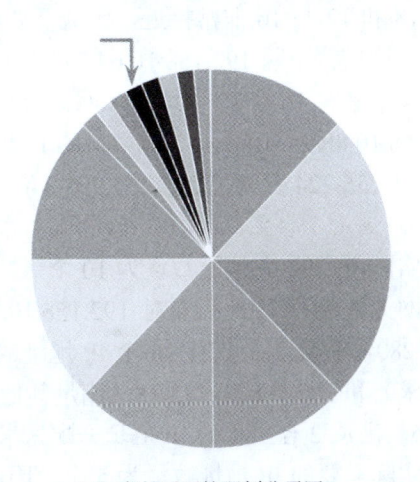　　　　　　　（b）变长子网掩码划分子网

图 5.18　划分子网

5.9.3 变长子网掩码划分方法

VLSM 划分方法与定长子网掩码划分方法类似，通过借用 IP 地址主机号的高位来创建子网，用于计算每个子网主机数量和所创建子网数量的公式仍然适用。区别在于，子网划分不再

是可以一次性完成的活动。使用 VLSM 划分方法时，要先对网络划分子网，然后对这些子网再划分子网。该过程可能重复多次，最终创建不同大小的子网。需要注意的是，使用 VLSM 划分方法划分子网时，需要根据子网中拥有的主机数量按从大到小的顺序，连续分配 IP 地址，直到 IP 地址空间用完。下面在 5.8 节所举例子的基础上，说明 VLSM 划分方法的使用过程。

一个 C 类地址 192.168.10.0/24 需要划分成 6 个子网，每个子网分别能容纳 13、24、7、12、2、29 台主机，考虑子网中默认网关的分配情况，请以最节约的方式设计一个 IP 地址编址方案（Addressing Scheme）。

因为本例要考虑每个子网默认网关的分配情况，所以每个子网可用的 IP 地址数量需求分别为 14、25、8、13、3、30。另外，每个子网容纳的主机数量不一样，并尽可能提高 IP 地址资源的利用率，因此采用 VLSM 划分方法来实现，具体步骤如下。

1. 满足 29 台主机的 IP 地址分配需求

按照 $30 \leqslant 2^m - 2$，求得 $m=5$，且 $n+m=8$，所以 $n=3$，即需要向 IP 地址 192.168.10.0/24 的主机号的最高位开始连续借 3 位作为子网位，划分的结果为表 5.6 所示的 8 个子网，并且子网掩码均为 255.255.255.224。将 192.168.10.0/27 作为 29 台主机的 IP 地址需求的网络前缀。

2. 满足 24 台主机的 IP 地址分配需求

在进行第一次划分子网后，每个子网的 IP 地址容量为 32 个，若进一步划分，则会划分为 2 个具有 16 个 IP 地址的子网，显然不能满足子网中分配 25 个 IP 地址（含 24 个主机 IP 地址和 1 个默认网关地址）要求。因此，在完成第一次子网分配后，从剩下的 7 个子网中任选一个子网作为 24 台主机的 IP 地址需求的子网，这里选择 192.168.10.32/27 作为 24 台主机的 IP 地址需求的网络前缀。

3. 满足 13 台和 12 台主机的 IP 地址分配需求

13 和 12 与 16 非常接近，因此需要从剩下的 6 个子网中选出一个子网进行进一步的子网划分，这里将子网 192.168.10.64/27 进行 1 位长度的子网划分（相当于子网掩码长度为 28），得到 2 个具有 16 个 IP 地址的子网：192.168.10.64/28（满足 13 台主机的 IP 地址分配需求）和 192.168.10.80/28（满足 12 台主机的 IP 地址分配需求）。注意，子网掩码再次发生了变化，从 255.255.255.224 变为了 255.255.255.240。

4. 满足 7 台主机的 IP 地址分配需求

实际所需的 IP 地址数量为 10 个（7 个主机 IP 地址、1 个子网地址、1 个广播地址和 1 个默认网关地址），因此需要对 192.168.10.96/27 进行 1 位长度的子网划分（相当于子网掩码长度为 28），得到 2 个具有 16 个 IP 地址的子网：192.168.10.96/28（满足 7 台主机的 IP 地址分配需求）和 192.168.10.112/28（满足其他主机的 IP 地址分配需求）。

5. 满足 2 台主机的 IP 地址分配需求

实际需要的 IP 地址数量为 5 个，因此需要对 192.168.10.112/28 进行 1 位长度的子网划分（相当于子网掩码长度为 29），得到 2 个具有 8 个 IP 地址的子网：192.168.10.112/29（满足 2 台主机的 IP 地址分配需求）和 192.168.10.120/29（备用）。

需要注意的是，如果 2 个 IP 地址用于点到点链路（如路由器和路由器之间）的互联，则不用考虑默认网关，实际需要的 IP 地址数量为 4 个，因此需要对 192.168.10.112/28 进行 2 位长度的子网划分（相当于子网掩码长度为 30），得到 4 个具有 4 个 IP 地址的子网：192.168.10.112/30（满足 2 台主机的 IP 地址需求）、192.168.10.116/30（备用）、192.168.10.120/30

(备用)、192.168.10.124/30（备用）。

至此，所有主机需求的 IP 地址都已分配完成，剩下的 192.168.10.112/28、192.168.10.128/27、192.168.10.160/27、192.168.10.192/27、192.168.10.224/27 子网地址未作分配，留作将来备用。

下面针对本例的 VLSM 划分过程做一个小结，如表 5.7 所示。

表 5.7 VLSM 划分过程小结

实际 IP 地址个数	子网地址	子网掩码	网络前缀	浪费 IP 地址个数
30（29+1）	192.168.10.0	255.255.255.224	192.168.10.0/27	2
25（24+1）	192.168.10.32	255.255.255.224	192.168.10.32/27	7
14（13+1）	192.168.10.64	255.255.255.240	192.168.10.64/28	2
13（12+1）	192.168.10.80	255.255.255.240	192.168.10.80/28	3
8（7+1）	192.168.10.96	255.255.255.240	192.168.10.96/28	8
3（2+1）	192.168.10.112	255.255.255.248	192.168.10.112/29	5

注 表中"+1"表示每个子网均需 1 个默认网关，子网掩码长度变化：24→27→28→29。

课堂同步

在子网 192.2.2.0/30 中，能够接收目的 IP 地址为 192.2.3.3 的 IP 数据包的最大主机数目为（　　）。

A. 0   B. 1   C. 2   D. 4

5.10 CIDR 技术

前面介绍的划分子网方法在一定程度上提高了 IP 地址资源的利用率，但是无法缓解 IP 地址迅速减少的困境和互联网主干网络上路由器的路由表项数的快速膨胀，于是 IETF 在 1993 年提出了无类域间路由（Classless Inter-Domain Routing，CIDR），对应的技术文档是 RFC 1517～1520。

5.10.1 CIDR 的表示方法

CIDR 摒弃了传统 A、B、C 三类地址及划分子网的概念，从三级 IP 编址（使用子网掩码）又回到了二级 IP 编址（只有网络号和主机号），且网络号的长度不再固定为 8、16、24，而是根据实际情况可以灵活变化，从而可以更加有效地分配 IP 地址空间。CIDR 把网络号改称为网络前缀，网络前缀是一个十进制数，用来标识 IP 地址中网络号所占的位数。在实际应用中，为了知道 CIDR 的网络前缀长度，使用了斜线计法。CIDR 称网络前缀相同的所有 IP 地址为一个 CIDR 地址块。例如，192.1.0.0/22，表示在 32 比特的 IP 地址中，前 22 位表示网络前缀，后面的 10 位表示主机号；192.1.0.0/22 地址块共有 2^{10} 个地址，最小为 192.1.0.0，最大为 192.1.3.255。

5.10.2 CIDR 的使用条件

为了保证 CIDR 正确工作,连续分配 B 类或 C 类 IP 地址时,必须确保这组地址满足如下条件。

(1) 这组地址必须是连续的。

(2) 这组地址的数量必须是 2^n 个。

(3) 这组地址的起始地址必须保证能被 2^n 整除。

例如上例中的 192.1.0.0/20,实际为 192.1.0.0/24、192.1.1.0/24、192.1.2.0/24、192.1.3.0/24 这 4 个连续的 C 类网络,总计 1024 个 IP 地址,即 2^{10} 个 IP 地址;这组 IP 地址数量有 2^2 个,且 192.1.0.0 能被 2^2 整除。

如果大学 B 在教育网中的 IP 地址范围是 192.1.0.0~192.1.3.255,按照传统的分类 IP 地址来说,总共有 4 个 C 类网络。在这种情况下,大学 B 的路由器 R1 现要发送 4 个路由信息给大学 C 的路由器 R2,R2 的路由表也必须为此保存 4 个表项,如图 5.19 所示。很显然,无论是发送路由信息,还是保存路由信息,都是非常浪费的。

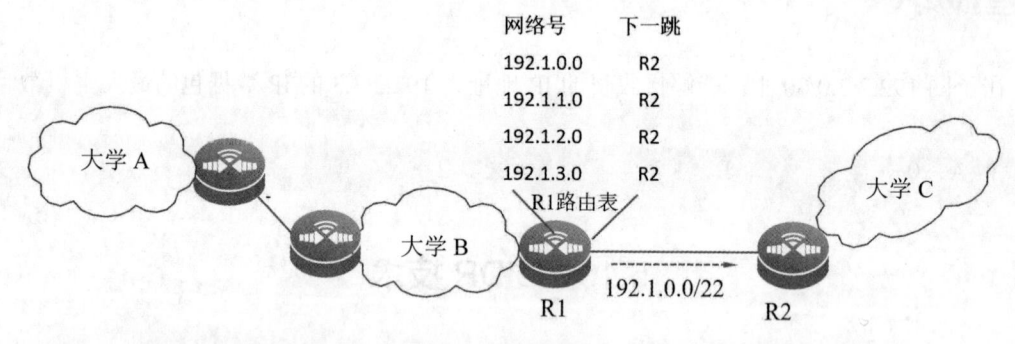

图 5.19 路由聚合

分析 192.1.0.0/24、192.1.1.0/24、192.1.2.0/24、192.1.3.0/24 这 4 个网络号,发现这些地址的前 22 位都是相同的,如图 5.20 中的阴影部分,因此可以把这些地址写成地址块的形式,即 192.1.0.0/22。这样,在 R2 的路由表中,只需要写入一个表项"192.1.0.0/22,R1"即可。由此可见,一个 CIDR 地址块可能包括很多网络地址,这种情况被称为路由聚合。路由聚合可以减少路由器间交换的信息量,减少路由表的表项数目,有利于提高整个互联网的性能。

根据以上分析,图 5.21 展示了 IP 数据包的转发过程。其中,步骤③和⑧构成一个循环,用来在路由表中逐条对路由 R 进行匹配操作。步骤④是进行路由匹配,如果 P 的目的地址 D 和路由 R 的子网掩码 S 做逻辑"与"运算的结果与路由 R 的网络前缀 N 是一致的,则路由器执行步骤⑤将 IP 数据包 P 转发至路由 R 指定的下一跳路由器(或直接交付);如果所有路由均不能匹配待转发的 IP 分组 P(这也意味着路由表中没有默认路由),则路由器执行步骤⑦将分组 P 丢弃。

图 5.20　CIDR 地址块 192.1.0.0/22

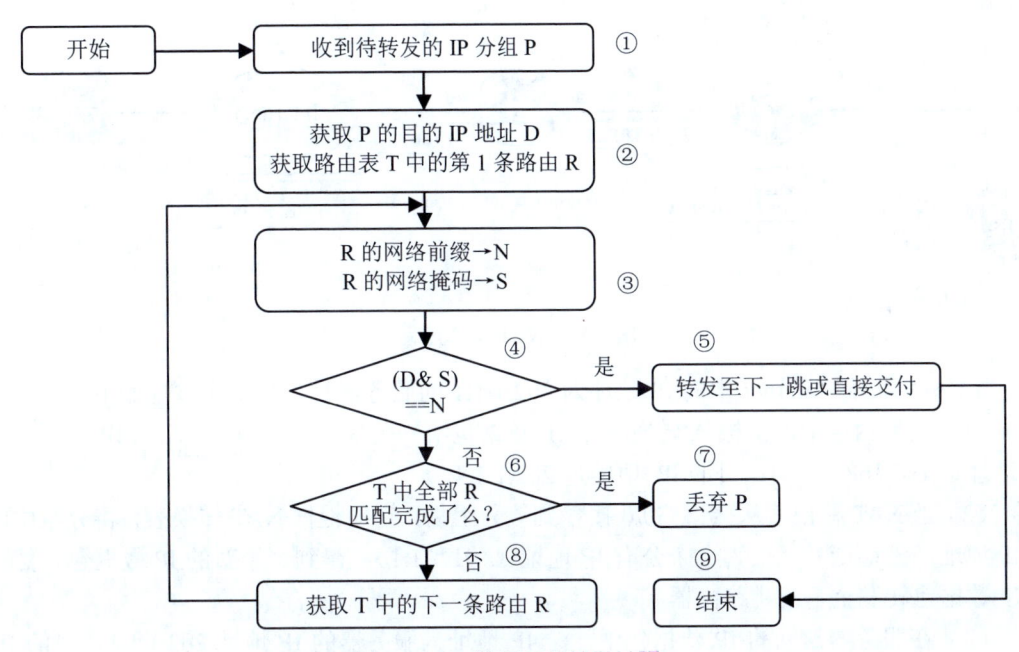

图 5.21　IP 数据包的转发过程

5.11　网络地址转换技术

　　IP 地址空间内大部分是公有 IP 地址,使用公有 IP 地址的主机可以访问 Internet 上的资源。与之相对,使用私有 IP 地址的主机访问范围被限制在组织机构的内部网络内,不能直接访问 Internet 上的资源。在 A、B、C 这 3 类网络的 IP 地址空间中,各取出其中的一个子集作为私有地址(Private Address)空间。A 类私有地址空间为 10.0.0.0~10.255.255.255(10.0.0.0/8);

B 类私有地址空间为 172.16.0.0～172.31.255.255（172.16.0.0/12）；C 类私有地址空间为 192.168.0.0～192.168.255.255（192.168.0.0/16）。

如果组织内部的主机使用私有地址访问 Internet，则需要使用网络地址转换（Network Address Translation，NAT）技术。NAT 是因特网工程任务组公布的标准，允许一个组织以一个公有 IP 地址的形式出现在 Internet 上。它能够解决 IP 地址紧缺的问题，而且使内外网络隔离，提供一定的网络安全保障。它解决问题的办法如下：在内联网络（Intranet）中使用私有 IP 地址，通过 NAT 把私有 IP 地址翻译成公有 IP 地址在 Internet 上使用。

5.11.1 NAT 的工作过程

在图 5.22 所示的 NAT 工作过程图中，NAT 路由器的接口 G0/0 连接一个局域网络，其私有 IP 地址 192.168.1.1/24 是局域网络的网关；NAT 路由器的接口 S0/0 与 Internet 的某个路由器相连，其公有 IP 地址为 191.1.1.1/30。

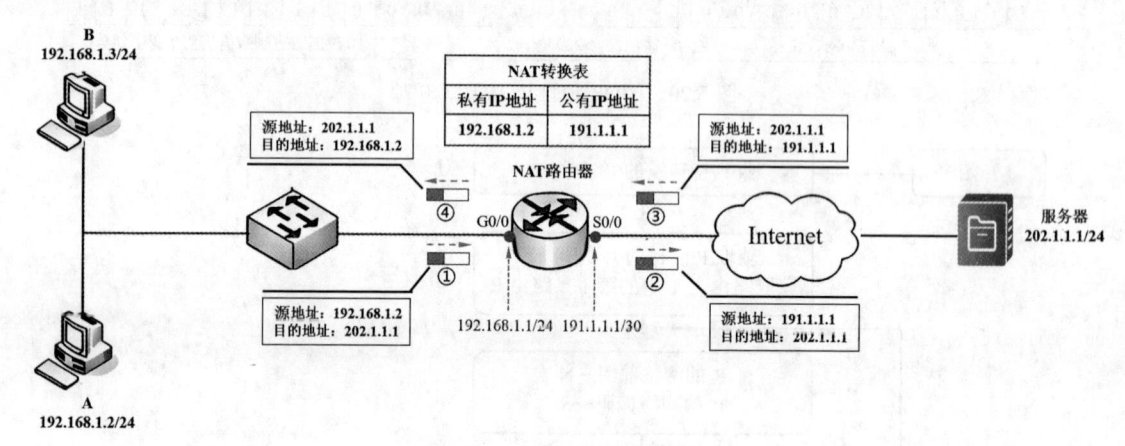

图 5.22 NAT 工作过程图

当主机 A 访问 Internet 中的 IP 地址为 202.1.1.1 的服务器时，其工作过程如下。

（1）局域网络中的主机 A 转发一个 IP 数据包给网关（NAT 路由器），该 IP 数据包的源 IP 地址是 192.168.1.2/24，目的 IP 地址是 202.1.1.1。

（2）当 NAT 路由器从接口 G0/0 接收到该分组后，它便根据 NAT 转换表，将分组中的私有 IP 地址（源地址）替换为一个公有 IP 地址（191.1.1.1），得到一个新的 IP 数据包，然后将该 IP 数据包转发至下一跳路由器。

（3）在服务器返回的 IP 数据包中，源 IP 地址为服务器的 IP 地址 202.1.1.1，目的 IP 地址是 191.1.1.1，该分组经 Internet 转发至 NAT 路由器。

（4）NAT 路由器从 Internet 中收到分组，它通过查找 NAT 转换表，将分组中的目的 IP 地址转换为私有 IP 地址 192.168.1.2，并将转换后的 IP 数据包直接交付给主机 A。

5.11.2 NAT 的实现方式

NAT 的实现方式有静态 NAT、动态 NAT 和端口地址转换（Port Address Translation，PAT）这 3 种方式。

（1）静态 NAT。静态 NAT 是一种一对一的转换方式，即将一个固定的私有 IP 地址对应地转换成一个固定的公有 IP 地址，并没有起到节省公有 IP 地址的作用，主要用于将局域网络中的服务器发布到 Internet 中，供 Internet 中的用户访问。

（2）动态 NAT。动态 NAT 也是一种一对一的转换方式，同样没有起到节省公有 IP 地址的作用，但局域网络中的同一主机每次转换后的公有 IP 地址是不固定的，主要用于公有 IP 地址数量少于局域网络中私有 IP 地址数量的场合。

（3）端口地址转换，也称为网络地址端口转换（Network Address Port Translation，NAPT）。PAT 可以实现将多个私有 IP 地址映射为一个公有 IP 地址。为了区分这种多对一的映射关系，PAT 引入了传输层的端口概念，将 NAT 中私有 IP 地址到公有 IP 地址的映射转变成<私有 IP 地址:端口>到<公有 IP 地址:端口>的映射关系，起到了节省公有 IP 地址的作用，主要用于多个局域网络主机需要同时经过一个公有 IP 地址访问 Internet 的场合。

5.12 移动 IP 技术

随着智能手机、平板、笔记本电脑甚至车载电脑等移动终端的广泛使用，基于互联网的移动通信应用变得非常普遍。例如，坐在火车或汽车内的人们使用无线设备上网浏览网页、收发电子邮件、观看在线视频、使用即时通信工具进行网上社交活动等。

5.12.1 移动 IP 的概念

网络工程师无法在任何地点都部署一个具有相同网络号的网络，换言之，当某个移动终端改变地理位置时，都会改变接入的网络，其 IP 地址必然会发生改变。如果移动终端不改变自己的 IP 地址，则所有发送到该 IP 地址的数据包都只会路由到移动终端原来所在的网络，而不会被路由到现在这个新接入的网络。移动 IP 就是专门来解决这个问题的。移动 IP 是指在移动通信的过程中，即便是离开了原来的网络，移动站点的 IP 地址始终保持不变（并且对用户是透明的）。移动 IP 定义了移动节点、本地代理和外地代理 3 种功能实体。

（1）移动节点。移动节点是指具有永久 IP 地址的移动终端或移动主机。
（2）本地代理。本地代理是指连接在归属网络（初始申请接入的网络）上的路由器。
（3）外地代理。外地代理是指连接在被访问网络（移动终端或主机当前漫游所在的网络）上的路由器。

5.12.2 移动 IP 的通信过程

在移动 IP 网络中，每个移动终端都有一个原始地址，即永久地址（或归属地址），移动终端原始连接的网络称为归属网络，永久地址和归属网络的关联是不变的。在图 5.23 所示的移动 IP 通信基本过程中，移动终端 A 的永久地址是 131.8.6.7/16，归属网络是 131.8.0.0/16。归属代理通常是连接到归属网络上的路由器，其代理功能是在应用层完成的。当移动终端移动到另一地点，所接入的外地网络也称被访网络。在图 5.23 中，移动终端 A 被移动到被访网络 15.0.0.0/8 中，被访网络中使用的代理称为外地代理，它通常是连接在被访网络上的路由器。外地代理有两个重要功能：一是要为移动终端创建一个临时地址（转交地址），在图 5.23 中，移动终端 A 的转交地址是 15.5.6.7/8，转交地址的网络号显然和被访网络一致；二是及时把移动终端的转交地址告诉其归属代理。

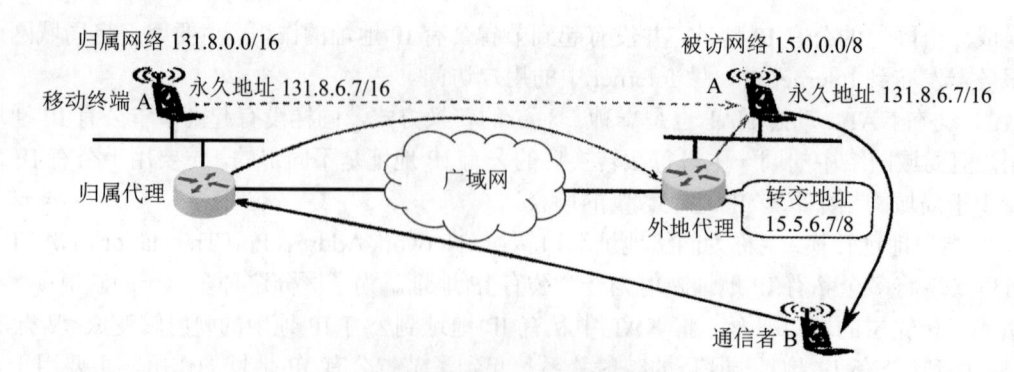

图 5.23 移动 IP 通信基本过程

在图 5.23 中，若通信者 B 要和移动终端 A 进行通信。通信者 B 并不知道移动终端 A 在什么地方，但通信者 B 可以使用移动终端 A 的永久地址作为发送的 IP 数据包中的目的地址，移动 IP 的基本通信流程如下。

（1）当移动终端 A 在归属网络时，按传统的 TCP/IP 方式进行通信。

（2）当移动终端 A 漫游到被访网络时，在外地代理处进行登记，以获得一个转交地址，外地代理要向移动终端 A 的归属代理登记移动终端 A 的转交地址。

（3）归属代理知道移动终端 A 的转交地址后，会构建一条通向转交地址的隧道，将截获的发送给移动终端 A 的 IP 数据包进行再封装，并通过隧道发送给被访网络的外地代理。

（4）外地代理把收到的封装的 IP 数据包进行拆封，恢复成原始的 IP 数据包，然后发送给移动终端 A，这样移动终端 A 在被访网络就能收到这些发送给它的 IP 数据包。

（5）当移动终端 A 在被访网络对外发送 IP 数据包时，仍然使用自己的永久地址作为 IP 数据包的源地址，此时显然无须通过移动终端 A 的归属代理来转发，而是直接通过被访网络的外部代理来转发。

（6）移动终端 A 移动到另一被访网络时，在新外地代理进行登记后，新外地代理将 A 的新转交地址告诉其归属代理。无论如何移动，移动终端 A 收到的 IP 数据包都是由归属代理转发的。

（7）移动终端 A 回到归属网络时，移动终端 A 向归属代理注销转交地址。

动手实践

最大化利用 IP 地址资源

课后检测

模块 5 主题 4 课后检测

主题 5 扩展 IP 技术

学习目标

通过对本主题的学习达到以下目标。

知识目标：

- 了解 IPv6 地址的基本概念。
- 掌握 IPv6 地址的表示方法。
- 了解 IPv6 过渡技术。
- 了解 IP 多播技术。
- 了解 SDN 的特点。

技能目标：

- 能够在终端、中间设备上配置 IPv6 地址。

素质目标：

- 通过分析 IPv4 地址必然向 IPv6 地址演化的本质原因，帮助学生认识事物发展的基本规律，建立对"量变到质变"的正确认知。

课前评估

1. 理论上，IPv4 最多有_____亿个地址。_____、_____和_____对放缓 IPv4 地址空间的耗尽起了不可或缺的作用。在万物互联时代，交互对象关系正在经历从人与人、人与物到物与物的深刻变化。因此，当今的 Internet 设备不仅仅只有计算机、平板和智能手机，还有嵌入通信与计算功能设备，甚至包括安装有传感器和 Internet 预留装置的设备（如汽车、家用器械），以及自然生态系统等一切事物。IPv4 地址空间已经无法满足巨大联网设备数量的需求。

2. 到目前为止，全球 IPv4 地址空间已耗尽。考虑到 Internet 用户的不断增加、有限的 IPv4 地址空间和万物互联等问题，是时候向 IPv6 地址过渡了。IPv6 地址不仅拥有_____位地址空间，提供_____个地址，还修复了 IPv4 协议的一些限制，如_____和_____等，并开发了额外的增强功能。需要注意的是，过渡到 IPv6 不是一朝一夕可以完成的，因此，IPv4 和 IPv6 共存会花费数年时间。

5.13 IPv4 协议的主要问题

在 Internet 快速发展的过程中，IPv4 存在的局限性逐渐凸显。IPv4 的局限性和需要改进的原因如下。

1. 地址空间的局限性

IPv4 地址长度为 32 位，地址空间多于 40 亿的地址编码。有人可能会认为 Internet 很容易容纳数以亿计的主机，但是这只适用于 IP 地址顺序分布的情况，即第一台主机的地址为 1，第二台主机的地址为 2，依此类推。而 IPv4 地址是采用分类的层次结构划分的，造成 IP 地址空间浪费严重。

2. 缺乏对安全性的支持

长期以来人们认为底层网络协议的安全问题并不重要，都是把网络安全问题交给高层协议处理。例如，安全套接字层（Secure Sockets Layer，SSL）和安全超文本传输协议（Secure Hyper Text Transfer Protocol，S-HTTP），就是分别在运输层和应用层增强网络的安全性。这些技术均不能从根本上解决网络安全问题。

3. 缺乏对服务质量的支持

IPv4 网络提供"尽力而为"的服务，缺乏对多媒体信息传输的有效支持，不提供高带宽、低时延、低误码率和抖动等服务质量的保证。目前，计算机网络中主要是音频和视频信息流的传输，尽管已经提出了资源预留协议（Resource Reservation Protocol，RSVP）、综合服务（IntServ）、区分服务（DiffServ）、实时传输协议（Real-time Transfer Protocol，RTP）和实时传输控制协议（Real-time Transfer Control Protocol，RTCP），但是这些附加的协议又增加了构建网络的复杂性和成本。

4. IPv4 路由问题

由于 IPv4 路由表的长度随着网络数量的增加而变长，路由器在表中查询正确路由的时间变得越来越长。现在的 Internet 拥有大量的网络，在骨干路由器上通常携带超过 10 万条不同网络地址的显式路由表项，查询路由的时延将影响到网络的性能，这种影响远比地址空间的匮乏更加严重，必须寻找采用分级地址寻址来汇聚和简化选路的方法。

5.14 IPv6 协议的改进措施

IPv6 相对于 IPv4 来说，主要有以下 5 个方面的改进。

1. 扩展的地址空间和结构化的路由层次

IPv6 地址长度由 IPv4 地址的 32 位扩展到 128 位，全局单播地址采用支持无类别域间路由选择的地址聚类机制，可以支持更多的地址层次和节点数目，并且使自动配置地址更加简单。

2. 简化了格式

IPv6 基本头（Base Header）将 IPv4 首部中的一些字段取消了，其基本头字段数量减少到 8 个，但由于 IPv6 地址长度是 IPv4 地址长度的 4 倍，IPv6 基本头的长度反而增大了，是 IPv4 首部固定部分长度的 2 倍。

3. 使管理更简单，支持即插即用

通过实现一系列的自动发现和自动配置功能，IPv6 简化了网络节点的管理和维护，如 IPv6 支持主机或路由器自动配置 IPv6 地址及其他的网络配置参数。因此，IPv6 不需要使用 DHCP。

4. 增加了网络的安全性

IPv6 支持 IP 安全（IPSec）协议，为网络安全提供一套标准的解决方案，并提高不同 IPv6 实现方案之间的互操作性。IPSec 由两种不同类型的扩展头和一种用于处理安全设置的协议组

成，为 IPv6 数据包提供数据完整性、数据机密性、数据验证和重放保护服务。

5. 提供网络服务质量（QoS）能力

IPv6 基本头中的流标记字段用于鉴别同一数据流的所有报文，因此传输路径上所有路由器可以鉴别同一个流的所有报文，实现非默认的服务质量或实时服务等特殊处理操作。

5.15　IPv6 协议数据单元

IPv6 协议数据单元也称为分组，由长度为 40 字节的基本头和长度可变的有效载荷（Payload）组成，有效载荷由 0 个或多个扩展头（Extension Header）和数据部分组成。

1. IPv6 基本头

IPv6 基本头长度为 40 字节，包含 8 个字段。其格式如图 5.24 所示。

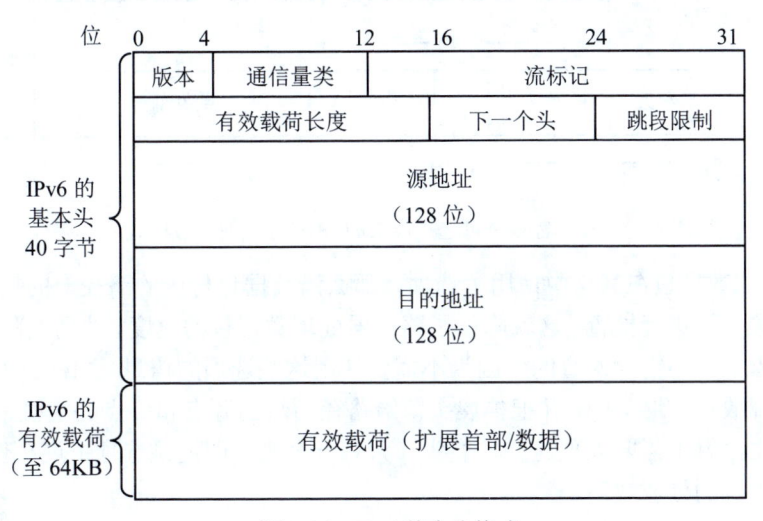

位	0	4	12	16	24	31
	版本	通信量类		流标记		
	有效载荷长度			下一个头	跳段限制	
	源地址（128 位）					
	目的地址（128 位）					
	有效载荷（扩展首部/数据）					

图 5.24　IPv6 基本头格式

IPv6 基本头 8 个字段的作用如下。

（1）版本（Version），占 4 位，指明协议的版本，IPv6 该字段的值是 6。

（2）通信量类（Traffic Class），占 8 位，用于区分不同的 IPv6 数据包的类别或优先级。目前正在进行不同的通信量类性能实验。

（3）流标记（Flow Label），占 20 位。IPv6 的一个新机制是支持资源预分配，并且允许路由器把每一个数据包与一个给定的资源分配相联系。IPv6 提出流（Flow）的抽象概念，即互联网络上从特定源点到特定终点的一系列数据包（如实时音频或视频信息流），而在流所经过的路径上的路由器都保证指明的服务质量。所有属于同一个流的数据包都具有相同的流标记，因此流标记对实时音频/视频数据的传送特别有用。对于传统的电子邮件或非实时数据，流标记则没有用处，将其置为 0 即可。

（4）有效载荷长度（Payload Length），占 16 位，指明 IPv6 数据包除基本头以外的字节数（所有扩展头都算在有效载荷之内）。这个字段的最大取值是 65535，有效载荷是 64KB。

（5）下一个头（Next Header），占 8 位，相当于 IPv4 的协议字段或可选字段。当 IPv6 数据包没有扩展头时，下一个头字段的作用和 IPv4 的协议字段一样，它的值指出了基本头后面的数据应交付给 IP 上面的哪一个高层协议（如 6 或 17 分别表示应交付给 TCP 或 UDP）；当有扩展头时，下一个头字段的值就标识后面第一个扩展头的类型。

（6）跳段限制（Hop Limit），占 8 位，用来防止数据包在网络中无限期地存在。源点在每个数据包发出时即设定某个跳段限制（最大为 255 跳）。每个路由器在转发数据包时，要先把跳段限制字段中的值减 1。当跳段限制的值为 0 时，就要把这个数据包丢弃。

（7）源地址，占 128 位，即数据包的发送方的 IPv6 地址。

（8）目的地址，占 128 位，即数据包的接收方的 IPv6 地址。

2．IPv6 扩展头

IPv6 分组在基本头后面允许有 0 个或多个扩展头，在其后面是数据。有多个可选扩展头的 IPv6 分组的一般格式如图 5.25 所示。

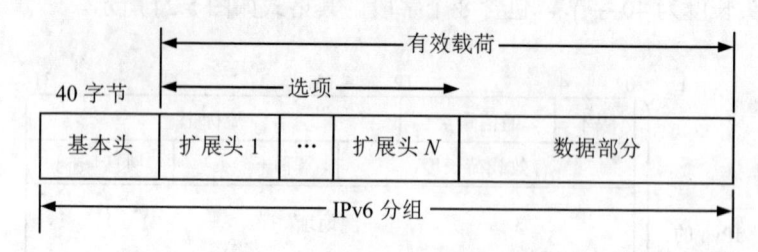

图 5.25 有多个可选扩展头的 IPv6 分组的一般格式

如果 IPv4 的数据包在其头中使用了选项，那么沿数据包传送的路径上的每一个路由器都必须对这些选项一一进行检查，这就降低了路由器处理数据包的速度。然而实际上很多的选项在中途的路由器上是不需要检查的（因为不需要使用这些选项的信息）。IPv6 把原来 IPv4 头中选项的功能都放在扩展头中，并把扩展头留给路径两端的源点和终点的主机来处理，数据包途中经过的路由器就不需要处理这些扩展头（只有一个头，即逐跳选项扩展头例外），这样就大大提高了路由器的处理效率。

5.16　IPv6 地址表示

IPv6 的主要改变之一就是地址的长度变成了 128 位，IPv6 地址空间大小为 2^{128}（大于 $3.4×10^{38}$），这个地址数足够使当前地球上的每个人拥有上千个 IPv6 地址。为了使 IPv6 地址的表示更加简单，使用冒号十六进制法将 IP 地址分割成 8 个 16 比特的数组，每个数组表示成 4 位十六进制数。IPv6 地址不区分大小写，一般有 4 种文本表示形式，具体如下。

1．首选的格式

把 128 比特划分成 8 组，每组 16 比特，用十六进制表示，并使用冒号等间距分隔，如图 5.26 所示。例如，F00D:4598:7304:3210:FEDC:BA98:7654:3210。

2．压缩格式

在某些 IPv6 的地址形式中，很可能包含长串的 0。为了书写方便，可以允许 0 压缩，即用一对冒号来取代一连串的 0。例如，地址 1080:0:0:0:8:8000:200C:417A 可以表示为 1080::8:8000:200C:417A。但要注意，为了避免出现地址表示得不清晰，一对冒号（::）在一个地址中只能出现一次。

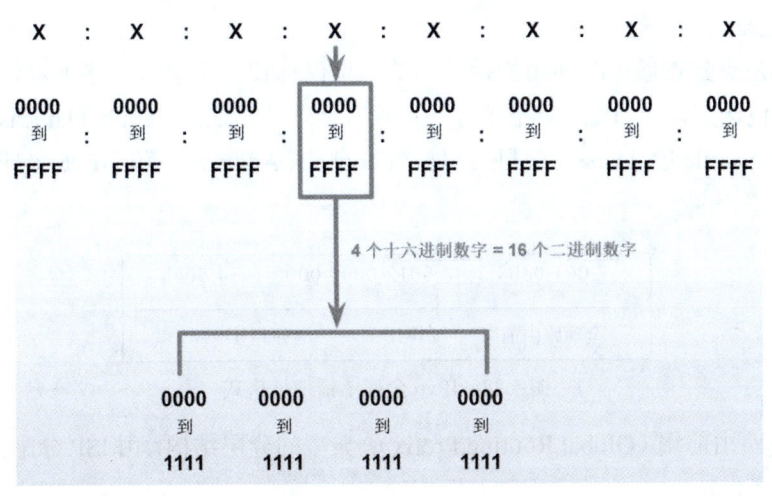

图 5.26 IPv6 地址表示

3. 内嵌 IPv4 的 IPv6 地址

当涉及 IPv4 和 IPv6 的混合环境时，为了实现 IPv4 与 IPv6 互通，IPv4 地址会被嵌入 IPv6 地址中。此时，地址常表示为 X:X:X:X:X:X:d.d.d.d，前 96 比特采用冒号十六进制表示，后 32 比特则使用 IPv4 的点分十进制表示。例如，0:0:0:0:0:0:218.129.100.10，或者以压缩形式表示为::218.129.100.10。

4. 地址/前缀长度表示法

IPv6 地址还可以使用地址/前缀长度（Prefix Length）表示法进行表示，其中前缀长度是一个十进制数，表示该地址的前多少位是地址前缀。例如，F00D:4598:7304:3210:FEDC:BA98:7654:3210，其地址前缀是 64 位，就可以表示为 F00D:4598:7304:3210:FEDC:BA98:7654:3210/64。当使用 Web 浏览器向一台 IPv6 设备发起 HTTP 连接时，必须将 IPv6 地址输入浏览器，而且要用方括号将 IPv6 地址括起来。为什么呢？这是因为浏览器在指定端口号时，已经使用了一个冒号。因此，如果不用方括号将 IPv6 地址括起来，浏览器将无法识别哪个是 IPv6 地址，哪个是端口号。下面是这种情况的一个例子，http://[2001:0db8:3c4d:0012:0000:0000:1234:56ab]:80/default.html，方括号内部是 IPv6 地址，外面的":80"是端口号。显然，如果可以的话，人们更愿意使用网站的域名来访问 Web 站点，所以在 IPv6 网络中 DNS 变得尤为重要。

课堂同步

将地址 2001:0db8:4004:0010:0000:0000:6543:0ffd 写为压缩格式的 IPv6 地址。

5.17 IPv6 地址类型

RFC 2373 中定义了 3 种 IPv6 地址类型，即单播地址（Unicast）、多播地址（Multicast）、任播地址（Anycast）。

1. 单播地址

单播地址是点到点通信时使用的地址，此地址仅标识一个接口，路由器负责把对单播地址发送的数据包送到该接口上。单播地址的形式有全球单播地址（Global Unicast Address）、未指定地址（Unspecified Address）、环回地址（Loopback Address）等。IPv6 全球单播地址格式如图 5.27 所示。

```
2001:0db8:3c4d:0012:0000:0000:1234:56ab
|  全球路由前缀  |  子网ID  |    接口ID    |
```

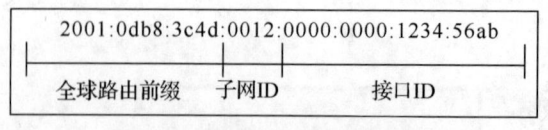

图 5.27　IPv6 全球单播地址格式

（1）全球路由前缀（Global Routing Prefix）：典型的分层结构，由 ISP 分配给站点（Site），站点是子网的集合。

（2）子网 ID（Subnet ID）：站点内子网的标识符，由站点的管理员分层构建。

（3）接口 ID（Interface ID）：用来标识链路上的接口，在同一子网内是唯一的。

2. 多播地址

多播地址用于标识一组接口。当数据包的目的地址是多播地址时，路由器会尽量将其发送到该组的所有接口上。信源利用多播功能生成一次报文即可将其分发给多个接收者。多播地址以 11111111 或 FF 开头。

3. 任播地址

任播地址用于标识一组接口，它与多播地址的区别在于发送数据包的方法不同。向任播地址发送的数据包并未分发给组内的所有成员，而是发往该地址标识的"最近的"接口。任播地址从单播地址空间中分配，可使用单播地址的任何格式。因此，从语法上来说，任播地址与单播地址没有区别。当一个单播地址被分配给多于一个接口时，就将其转化为任播地址。被分配具有任播地址的节点必须得到明确的配置，从而知道它是一个任播地址。

5.18　IPv6 过渡技术

IPv4 对 Internet 具有很好的支撑作用，而 IPv6 是下一代 Internet 的核心协议，如何完成从 IPv4 到 IPv6 的平稳转换，是 IPv6 发展需要解决的一个问题。IPv6 作为一种新的协议从诞生到广泛应用需要有一个过程，因此 IPv6 不可能立刻替代 IPv4，并且在相当长的一段时间内会和 IPv4 共存在一个环境中。

IPv4 网络向 IPv6 网络过渡阶段大致可分为 4 个阶段，如图 5.28 所示。在过渡的初期，Internet 由运行 IPv4 的"海洋"和运行 IPv6 的"小岛"组成，随着时间的推移，IPv4 的"海洋"逐渐缩小，IPv6 的"小岛"逐渐增大，最终实现 IPv6 完全替代 IPv4。在 IPv4 向 IPv6 过渡的过程中，需要重点解决两个重要问题：一是解决 IPv6 的"小岛"与 IPv4 的"海洋"之间的通信问题；二是解决 IPv6 的"小岛"之间的通信问题。

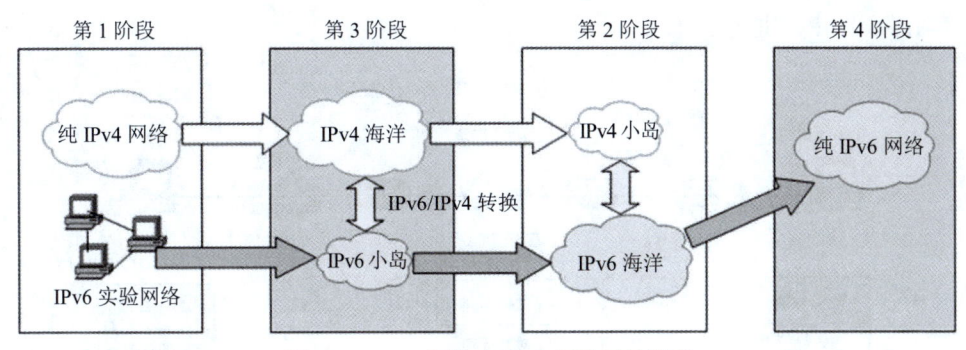

图 5.28 IPv4 网络向 IPv6 网络过渡阶段

5.18.1 双栈技术

双栈（Dual Stack）技术的设计思路：在主机和路由器的同一网络接口上运行 IPv4 和 IPv6 栈。IPv6/IPv4 双 IP 结构与 IPv6/IPv4 双协议栈结构分别如图 5.29、图 5.30 所示。在主机和路由器上配置 2 个 IP 地址，分别对应 IPv4 地址和 IPv6 地址。这种实现方式为 IPv4 网络和 IPv6 网络提供了最直接的兼容方式。

应用层协议	
TCP/UDP	
IPv6	IPv4
链路层及物理协议（IP 层以下部分）	

图 5.29 IPv6/IPv4 双 IP 结构

应用层协议	
TCP/UDP	TCP/UDP
IPv6	IPv4
链路层及物理协议（IP 层以下部分）	

图 5.30 IPv6/IPv4 双协议栈结构

5.18.2 隧道技术

隧道（Tunnel）技术的设计思路：将 IPv6 分组作为无结构意义的数据部分，封装在 IPv4 数据包中，构成 IPv4 分组，在 IPv4 网络中传输。为了标识 IPv4 分组携带（封装）的 IPv6 分组，IPv4 分组中协议字段的值设置为 41。隧道技术并不能实现 IPv6 和 IPv4 节点之间相互通信。隧道技术中的数据传输经历 3 个过程：首先在隧道的起始节点对 IPv6 分组进行封装；然后在隧道中传输封装后的 IPv4 分组；最后在隧道的末尾节点对 IPv4 分组进行解封得到 IPv6 分组。建立隧道的方式有手动配置和自动配置 2 种。

1. 手动配置隧道方式

手动配置隧道是在 IPv4 网络上手动建立点到点的隧道（如在路由器 R1 和 R2 之间建立点到点隧道）以承载 IPv6 分组，如图 5.31 所示。手动配置隧道中的 IPv6 地址是纯 IPv6 地址，而非兼容 IPv4 的 IPv6 地址。

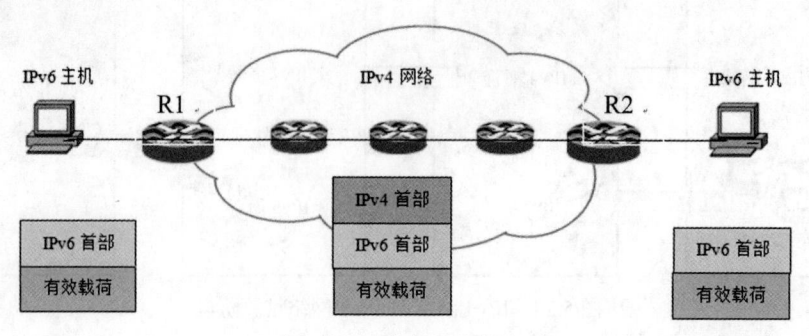

图 5.31　手动配置隧道

2. 自动配置隧道方式

自动隧道配置是指隧道的建立和拆除是动态的，在 IPv4 网络上承载 IPv6 分组，IPv6 节点可以使用不同类型的地址，如兼容的 IPv6 地址、6to4 地址、ISTAP 地址等，这些特殊的 IPv6 单播地址在其某个 IPv6 地址字段中存储 IPv4 地址，如图 5.32 所示。

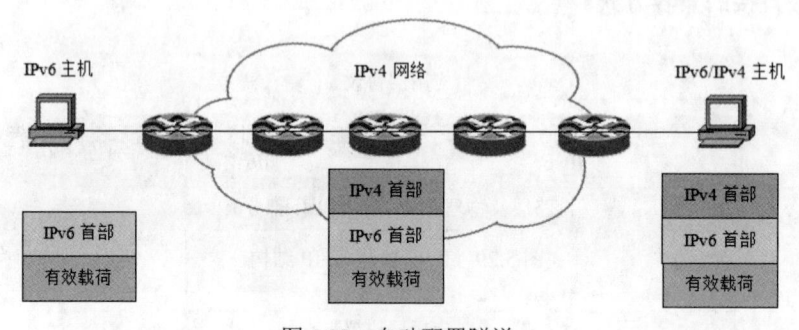

图 5.32　自动配置隧道

5.19　IP 多播技术

随着视频压缩技术的成熟和互联网传输能力的提高，视频点播、可视电话及视频会议等视频业务成为互联网上重要的业务之一。与一般业务相比，视频业务通常具有网络传输数据量大、对网络时延较为敏感的特点，需要采用与传统单播（仅涉及一个源节点和一个目的节点之间的通信）和广播（涉及一个源节点和网络中所有节点之间的通信）机制不同的转发机制来实现相关视频业务，IP 多播技术应运而生。

5.19.1　IP 多播技术的概念

在有些网络的应用中，一个节点需要将信息发送给网络中的部分节点，这种数据传输方式称为多播。在互联网上进行的多播，称为 IP 多播。与传统的"一对一"单播通信相比，IP 多播可以极大地节省网络资源。在图 5.33（a）中，视频服务器以单播方式向网络内的 40 台主机发送同样的视频节目。在图 5.33（b）中，视频服务器以多播方式向属于同一个多播组的 40 台主机发送视频节目，此时视频服务器只需要发送 1 份视频节目，而不是发送 40 份视频节目。

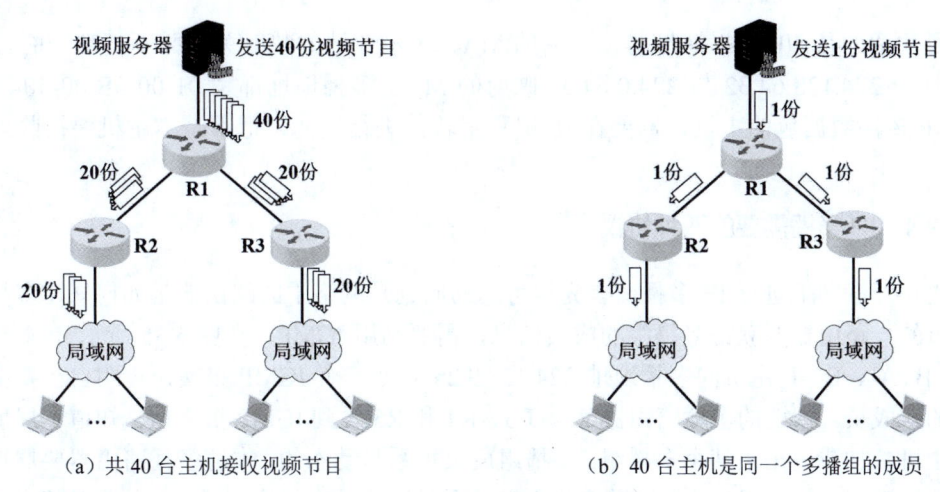

（a）共 40 台主机接收视频节目　　　　　　　（b）40 台主机是同一个多播组的成员

图 5.33　单播与多播通信的比较

5.19.2　IP 多播地址

IPv4 中的 D 类地址是 IP 多播地址，只能用作目的地址，其范围是 224.0.0.0～239.255.255.255。每个 D 类 IP 地址标志一个多播组，一台主机可以随时加入或离开一个多播组。IP 多播数据包和一般的 IP 数据包的区别是，IP 多播数据包使用 D 类 IP 地址作为目的地址，首部中的协议字段为 2，表明使用 IGMP，并且不产生 ICMP 差错报文。

IP 多播机制仅应用于 UDP，它可以将多个报文发送给多个接收者。TCP 是一个面向连接的协议，只能一对一地发送，因此 IP 多播机制不适用于基于 TCP 的应用。

IP 多播分为局域网上的硬件多播和互联网上的多播 2 种。目前，大部分主机是通过局域网接入互联网的，在互联网上进行多播的最后阶段，还是要把多播数据包在局域网上用硬件多播交付给多播组的所有成员。

5.19.3　局域网上的硬件多播

局域网支持硬件多播，因此需要将 IP 多播地址映射为 MAC 多播地址。互联网名称与数字分配机构（Internet Corporation for Assigned Names and Numbers，ICANN）把 01-00-5E-00-00-00～01-00-5E-7F-FF-FF 范围内的 MAC 地址分配给 IP 多播使用。MAC 多播地址与 IP 多播地址之间的映射关系如图 5.34 所示，首先保持 MAC 多播地址前 24 位 01-00-5E 不变，将接着的下一位设置为 0，将剩下的 23 位用 IP 多播地址的低 23 位替代。例如，主机的以太网卡的 MAC 地址为 80-C0-F6-A0-4A-B1，该主机加入的 IP 多播组为 224.0.1.10，则对应的 MAC 多播地址为 01-00-5E-00-01-0A。

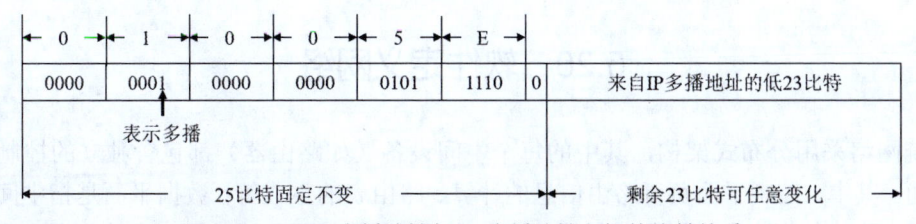

图 5.34　MAC 多播地址与 IP 多播地址之间的映射关系

需要注意的是，IP 多播地址与以太网的 MAC 多播地址的映射关系并不是唯一的。例如，IP 多播地址 224.128.64.32 与 224.0.64.32 映射的 MAC 多播地址都是 01-00-5E-00-40-20，所以收到 IP 多播数据包的主机，需要在 IP 层利用软件进行过滤，把不是本主机要接收的数据包丢弃。

5.19.4　IP 多播需要的两种协议

如果在互联网上进行 IP 多播，首先要考虑的问题是网络中的路由器是如何知道多播组有哪些成员的。路由器要获得多播组的成员信息，需要利用 IGMP。在图 5.35 所示 IP 多播路由中，A、B、C、E、F 主机向多播地址 224.128.9.26 发送一个 IGMP 报文，声明自己要成为该多播组的新成员。本地的多播路由器 R1、R3、R4 和 R5 收到 IGMP 报文后，知道本局域网上是否有主机参加或退出了某个多播组。多播组成员关系是动态的，本地多播路由器要周期性地探询本地局域网上的主机，以便知道这些主机是否仍继续是多播组的成员。只要对某个多播组有一台主机响应，多播路由器就认为这个组是活跃的。但一个多播组在经过几次探询后仍然没有一台主机响应，多播路由器就认为本网络上的主机都已离开了这个组，因此就不再把这个多播组的成员关系转发给其他的多播路由器。

连接到局域网上的多播路由器还必须和互联网上的其他多播路由器协同工作，以便把多播数据包用最小代价传送给所有组成员，这时需要使用多播路由选择协议。多播路由选择协议实际上就是要找出以源主机为根节点的多播转发树（如图 5.35 中的虚线部分），其中每个分组在每条链路上只传送一次（即在多播转发树上的路由器不会收到重复的多播数据包）。不同的多播组对应于不同的多播转发树，同一个多播组对不同的源点也会有不同的多播转发树。

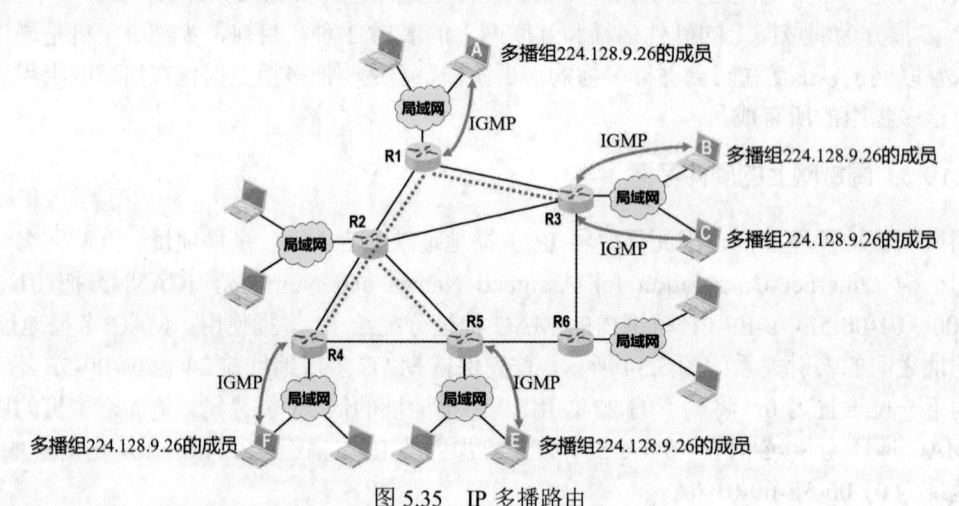

图 5.35　IP 多播

5.20　软件定义网络

传统网络采用分布式架构，其中的每个中间设备（如路由器）都包含独立的控制平面和数据平面。其中，控制平面负责路由信息的计算、路由表的生成等；数据平面是指中间设备根据控制平面生成的指令完成用户业务的转发和处理。网络管理员虽然可以在路由器上进行路由配置的改变，但是无法改变路由协议（如 RIP、OSPF、BGP 等）的工作方式，从某种意义上讲，只能被迫接受路由器硬件制造商提供的路由协议。因此，传统网络的完全分布式架构和不可预测的路由协议起作用的方式，存在路由调整不灵活、网络协议实现复杂、运行维护成本高、网络新业务升级困难等问题。目前研究的热点——软件定义网络（Software Define Network，SDN）旨在解决这些问题中的大部分。

5.20.1 SDN 概述

与传统网络架构相比，SDN 是一种新兴的基于软件的网络架构及技术，两者对比如图 5.36 所示。SDN 的最大特点是解耦了控制平面与数据平面，把所有路由器的控制平面进行集中，掌握整个网络状态，每一个分组计算出最佳路由，然后为每一个路由器生成转发表表项。这样，路由器之间不再相互交换路由信息，路由器的工作非常单纯，即收到分组，查找转发表，转发分组。在图 5.36 中，控制平面通过 OpenFlow 协议来实现对数据平面的集中控制，SDN 灵活的软件编程能力、自动化管理和控制能力得到了空前的提升，有效解决了当前网络系统所面临的资源规模扩展受限、组网灵活性差、难以快速满足业务需求等问题，但是 SDN 的控制平面也可能是网络的瓶颈所在。

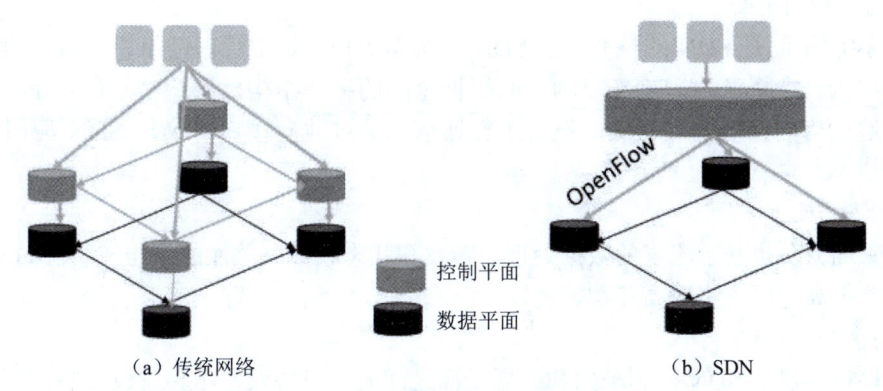

图 5.36 传统网络架构与 SDN 架构对比

5.20.2 SDN 架构

对于 SDN 的理解，不同的参与者从各自的视角出发存在很多差异。其中，开放网络基金会（Open Networking Foundation，ONF）作为重要的非营利标准化组织，从用户角度出发定义的 SDN 架构，对 SDN 的技术发展产生了重要的影响；欧洲电信标准化协会（European Telecommunications Standards Institute，ETSI）从网络运营商角度提出了网络功能虚拟化（Network Functions Virtualization，NFV）架构；另外，思科、IBM、微软（Microsoft）等公司联手推出了名为 OpenDaylight 的开源 SDN 项目，虽然该项目并非以制定标准为目标，但它非常有可能成为业界的事实标准。

下面以 ONF 提出的 SDN 架构为例进行说明。ONF 定义的 SDN 架构是典型的 3 层网络架构，由数据平面、SDN 控制平面、SDN 应用平面这 3 层，以及这 3 层之间的北向接口协议、南向接口协议组成，如图 5.37 所示。

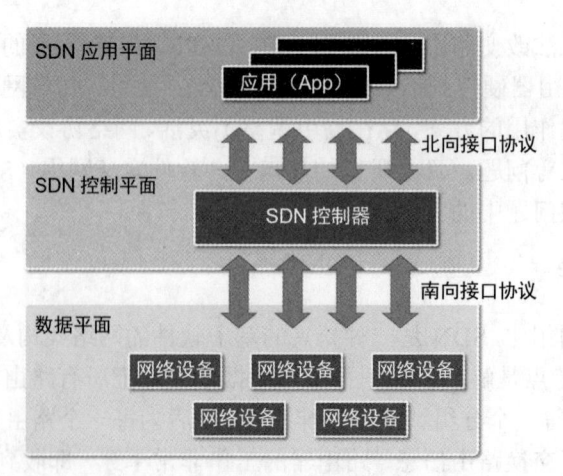

图 5.37 ONF 定义的 SDN 架构

1. SDN 应用平面

SDN 应用平面由若干应用组成，它通过控制层提供的编程接口对底层设备进行控制，把网络的控制权开放给用户，基于北向接口协议开发各种业务应用，实现丰富的业务创新。

2. SDN 控制平面

SDN 控制平面是 SDN 的核心，由 SDN 控制器组成，集中管理网络中所有的设备。整个网络被虚拟为一个资源池，SDN 控制平面根据全网的拓扑结构及用户的不同需求，灵活地分配资源。通过南向接口协议与底层设备进行通信，通过北向接口协议与 SDN 应用平面进行通信。

3. 数据平面

数据平面只负责基于流表的数据处理、转发和状态收集，关注的是与控制层的安全通信，其处理性能很高，可以实现高速数据转发。

4. 南向接口协议

南向接口协议是 SDN 控制平面和数据平面之间的接口协议，是转发设备与控制器信息传输的通道，它提供的功能包括对所有的转发行为进行控制、设备属性查询、统计报告和事件通知等。SDN 有多个南向接口协议，其中最具代表性的是 OpenFlow 协议，其他南向接口协议还包括 OVSDB、NETCONF、XMPP 和 PCEP 等。

5. 北向接口协议

北向接口协议是 SDN 应用平面和 SDN 控制平面之间的接口协议，是通过控制器向上层业务应用开发提供的接口协议，它主要负责提供抽象的网络视图，使应用能直接控制网络的行为，并使业务应用能够便利地调用底层的网络资源。目前，SDN 北向接口协议还没有统一的规范。

5.20.3 SDN 的工作流程

传统网络中路由器的数据层面主要涉及匹配（仅匹配网络前缀）和转发 2 个操作。SDN 网络中对数据层面的转发操作进行了扩充，变成了广义的转发，实现对不同层次（数据链路层、网络层，甚至传输层）的控制字段进行匹配。而动作则具有更多的选项，例如，可以把具有同样目的网络地址的数据从不同的接口转发出去（实现负载均衡）、重写数据首部（如同在 NAT

网关中的地址转换)、人为地拦截一些数据(如防火墙出于安全考虑进行拦截)等。这些控制策略是基于流的控制。所谓流就是穿过网络的一种分组序列,此序列中的分组具有一些共同的特性(如具有相同源 IP 地址和目的 IP 地址的所有分组)。在这些前提下,SDN 中的设备也不应称为路由器了,可以叫作分组交换机/OpenFlow 交换机,转发表也称为流表(Flow Table)。基于 OpenFlow 的 SDN 工作流程如图 5.38 所示。

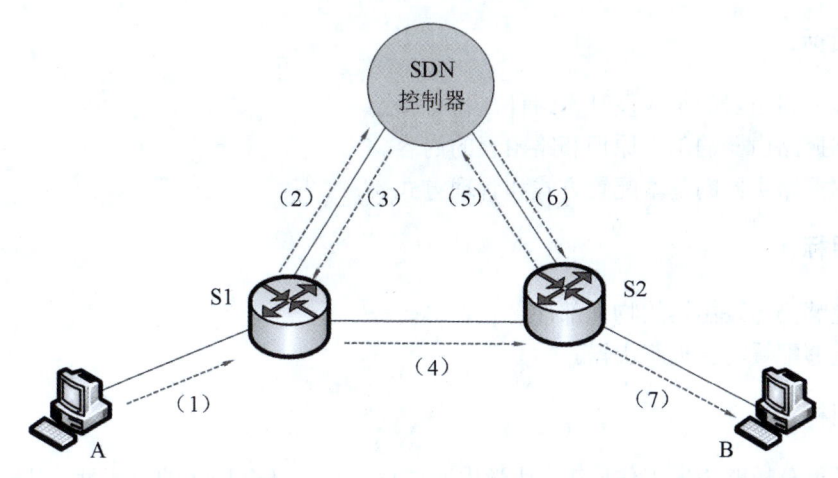

图 5.38 基于 OpenFlow 的 SDN 工作流程

(1) 主机将分组发给网络。
(2) 交换机 S1 收到分组,匹配流表失败,发送相关事件(携带分组)给 SDN 控制器。
(3) SDN 控制器计算路径后,将流表下发给 S1。
(4) S1 转发分组给 S2。
(5) S2 收到分组,匹配失败,发送相关事件(携带分组)给 SDN 控制器。
(6) SDN 控制器将流表下发给 S2。
(7) S2 转发分组给 B。后续分组根据已有的流表进行通信即可。

动手实践

配置 IPv6 地址

课后检测

模块 5 主题 5 课后检测

主题 6 互 联 设 备

学习目标

通过对本主题的学习达到以下目标。

知识目标：

- 理解路由器的组成及基本组件。
- 掌握路由器的工作原理和路由表的内容。
- 掌握路由器的基本配置方式和管理方式。

技能目标：

- 能够描述路由器的物理部件。
- 能够配置与管理路由器。

素质目标：

- 通过分析路由器工作原理，让学生明白自觉遵守社会秩序的重要性，引导学生发扬中华民族谦恭礼让的传统美德。

课前评估

1. 通过前面的学习，我们知道路由器是一种_____两个或多个网络的硬件设备，在网络间起_____的作用，是读取每一个_____中的地址，并决定如何转发的专用智能性的网络设备。

2. 在数据传输过程中会用到 MAC 地址和 IP 地址两种地址。_____地址用于同一物理或逻辑网络设备间的通信，而_____可以用于多个网络设备之间的通信，其中的一个重要操作是 ARP，即在知道下一跳的 IP 地址的前提下，获取下一跳的 MAC 地址。请分析 IP 数据包在跨网通信转发过程中，IP 地址与 MAC 地址是如何发生变化的。

3. 回顾 IP 数据包的格式中各个字段的含义，当路由器收到一个 IP 数据包的前 8 位是 01000010 时，会选择丢弃该分组，为什么？

4. 到网络实训室或借助 Internet 熟悉路由器的外部特征和组件，如电源开关、管理端口、LAN 和 WAN 接口、指示灯、网络扩展槽、内存扩展槽和 USB 端口等。图 5.39 所示为 Cisco 1941 ISR 背板示意图，请识别其各个组成部分，并回答下列问题。

图 5.39 Cisco 1941 ISR 背板示意图

（1）圈出并标记图 5.39 中描绘的路由器的电源开关。

（2）圈出并标记路由器的管理端口。

（3）圈出并标记路由器的 LAN 接口。回答图 5.39 中路由器有多少个 LAN 接口，接口的技术类型是什么。

（4）圈出并标记路由器的 WAN 接口。回答图 5.39 中路由器有多少个 WAN 接口，接口的技术类型是什么。

5.21 互联设备比较

网络互联设备是网络互联的核心，在网络中存在各种各样的网络互联设备，它们之间的本质区别是在 5 层建议参考模型中的工作层次不同。网络互联设备工作层次的含义：网络互联设备需要加载的最高层协议；可以互联该层及以下层协议不同的网络；网络互联设备按照该层地址转发数据。为了方便使用，现将 4 种互联设备的连接层次和各自的特性进行比较，如表 5.8 所示。

表 5.8　4 种互联设备特性比较

互联设备	互联层次	应用场合	功能	优点	缺点
集线器/中继器	物理层	互联相同 LAN 的多个网段	信号放大；延长信号传送距离	互联容易；价格低；基本无延迟	互联规模有限；不能隔离不需要的流量；无法控制信息传输
交换机/网桥	数据链路层	各种局域网的互联	连接局域网；改善局域网性能	互联容易；协议透明；隔离不必要的流量；交换效率高	会产生广播风暴；不能完全隔离不必要的流量；管理控制能力有限，有延迟
路由器	网络层	LAN 与 LAN 互联；LAN 与 WAN 互联；WAN 与 WAN 互联	路由选择；过滤信息；网络管理	适合于大规模复杂网络互联；管理控制能力强；充分隔离不必要的流量；安全性好	网络设置复杂；价格高；延迟高
网关	会话层；表示层；应用层	互联高层协议不同的网络；连接网络与大型主机	在高层转换协议	可以互联差异很大的网络；安全性好	通用性差；不易实现

5.22 路由器的基本概念

路由器是在不同网络之间传递分组的设备，工作在 OSI 参考模型的网络层，利用网络层上定义的逻辑网络地址（即 IP 地址）来区分不同的网络。路由器用于互联两个或多个独立的相同类型和不同类型的网络，它能对不同网络或网段之间的数据信息进行"翻译"，以使它们能够相互"读懂"对方的数据，从而构成一个更大的网络。通过路由器互联的广域网示例如图 5.40 所示。

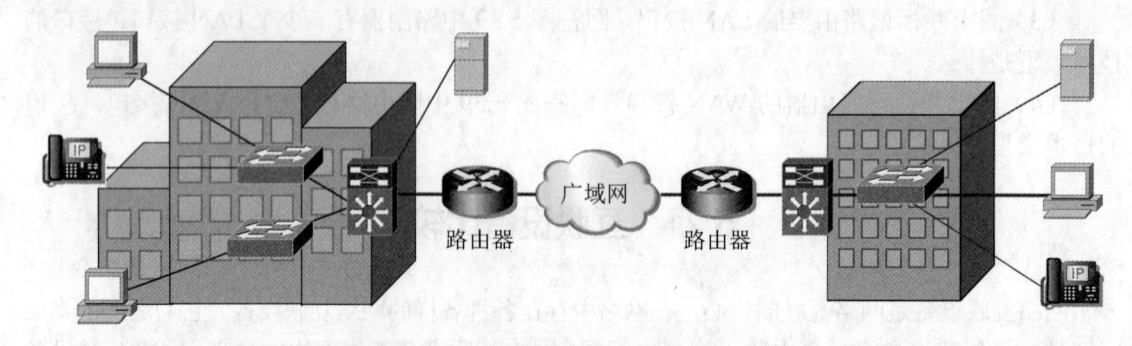

图 5.40　通过路由器互联的广域网示例

路由器主要完成两项工作，即寻径和转发。寻径是指建立和维护路由表的过程，主要由软件实现；转发是指把数据分组从一个接口传输到另一个接口的过程，主要由硬件实现。

5.23　路由器的组成部件

路由器是具有特殊功能的计算机，它的主要功能不是传统的文字和图像处理，而是路由计算和数据包的转发。路由器不仅具有和传统计算机类似的体系结构，而且拥有与之相似的操作系统（Operating System，OS）。下面介绍路由器的结构。

5.23.1　硬件组成

路由器的硬件组成如图 5.41 所示。

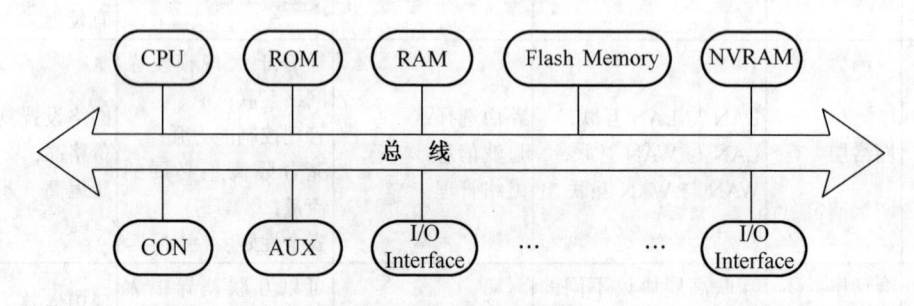

图 5.41　路由器的硬件组成

1. 中央处理单元

中央处理单元（Central Processing Unit，CPU）是路由器的控制和运算部件。

2. 只读存储器

只读存储器（Read-Only Memory，ROM）存储了路由器的开机诊断程序、引导程序和特殊版本的操作系统软件（用于诊断等有限用途），ROM 中软件升级时需要更换芯片。

3. 随机存储器

随机存储器（Random Access Memory，RAM）是路由器主要的存储部件。RAM 也称为工作存储器，包含动态的配置信息，用于存储临时的运算结果，如路由表、ARP 表、快速交换缓存、缓冲数据包、数据队列、当前配置文件等。

4. 闪存

闪存（Flash Memory）是可擦除、可编程的 ROM，用于存放路由器的操作系统，闪存的可擦除特性允许更新、升级操作系统而不用更换路由器内部的芯片。路由器断电后，闪存的内容不会丢失。当闪存容量较大时，就可以存放多个版本的操作系统。

5. 非易失性 RAM

非易失性 RAM（Non-Volatile RAM，NVRAM）用于存放路由器的配置文件，路由器断电后，NVRAM 中的内容不会丢失。NVRAM 包含的是配置文件的备份。

6. 接口

接口（Interface）用于网络连接，路由器就是通过这些接口和不同的网络进行连接的。路由器具有非常强大的网络连接和路由功能，它可以与各种各样的网络进行物理连接，这就决定了路由器的接口技术非常复杂，越是高档的路由器，所能连接的网络类型就越多，其接口种类也就越多。

（1）附件单元接口（Attachment Unit Interface，AUI）是用来与粗同轴电缆连接的接口，它是一种"D"型 15 针接口，在令牌环网或总线网络中比较常见。

（2）RJ-45 接口是最常见的双绞线以太网接口，一般为两个，分别标为 Ethernet 0/0 和 Ethernet 0/1。

（3）本地配置接口（CON 接口）使用配置专用连线直接连接至计算机的串口，利用终端仿真程序（如超级终端）进行路由器本地配置。路由器的 CON 接口多为 RJ-45 接口，但使用的线为反转线。

（4）AUX 接口为异步接口，主要用于远程配置，也可用于拨号连接，还可通过收发器与 Modem 进行连接。AUX 接口与 CON 接口通常同时提供，因为它们的用途不一样。

（5）高速同步串口。在路由器的广域网连接中，应用最多的接口是高速同步串口，这种接口主要是用于连接数字数据网络（Digital Data Network，DDN）、帧中继（Frame Relay）、X.25、PSTN 等网络。在企业网之间有时也通过 DDN 或 X.25 等广域网连接技术进行专线连接。这种接口一般要求速率非常高，因为通过这种接口所连接的网络的两端都要求实时同步。

5.23.2 软件组成

1. 路由器操作系统

不同厂商的路由器操作系统不一样。例如，大部分思科路由器使用的是思科网络互联操作系统（Internetwork Operating System，IOS）。IOS 配置通常是通过基于文本的命令行接口（Command Line Interface，CLI）进行的。

2. 配置文件

（1）启动配置文件（Startup-Configure）：也称为备份配置文件，被保存在 NVRAM 中，并且在路由器每次初始化时加载到内存中变成运行配置文件。

（2）运行配置文件（Running-Configure）：也称为活动配置文件，驻留在内存中。当通过路由器的命令行接口对路由器进行配置时，配置命令被实时添加到路由器的运行配置文件中并被立即执行。

5.24 路由器的工作原理

路由器是用来连接不同网段或网络的，它要确定通信的两台主机是否在同一网络中，且为了保证路由成功，路由器需要依靠路由表进行路由工作。

5.24.1 路由表

路由器将所有关于如何到达目的网络的最佳路径信息以数据库表的形式存储起来，这种专门用于存放路由信息的表被称为路由表。路由器寻径的依据是传输路径上数据包经过的每台路由器中的路由表。路由表中的不同表项（Routing Entry）给出了到达不同目标网络所需要历经的路由器接口或下一跳（Next Hop）地址信息。路由表不包含从源网络到目的网络的完整路径信息，它只包含该传输路径中下一跳地址的相关信息。传输路径上所有中间路由器之间的路由信息都采用网络地址的形式，而不是特定主机的地址。只有在最终路由器的路由表中，目的地址才指向特定的主机而非某一网络。图 5.42 所示为通过 3 台路由器互联 4 个子网的示例。

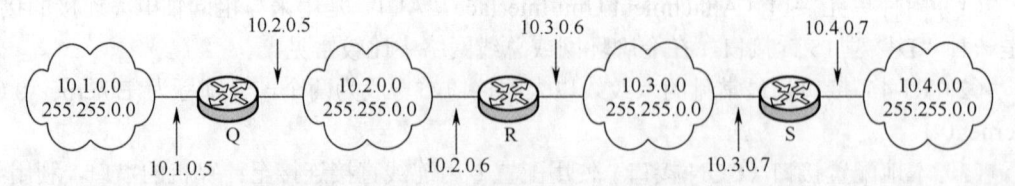

图 5.42 通过 3 台路由器互联 4 个子网的示例

表 5.9 所示为图 5.42 中路由器 R 的路由表。如果路由器 R 收到一个 IP 地址为 10.4.0.16 的 IP 数据包，那么它在进行路由选择时首先将该 IP 地址与路由表第一个表项的子网掩码 255.255.0.0 进行逻辑"与"操作。由于得到的操作结果 10.4.0.0 与本表项的网络地址 10.2.0.0 不相同，说明路由选择不成功，需要对路由表的下一个表项进行相同的操作。当对路由表的最后一个表项进行查询操作时，IP 地址 10.4.0.16 与子网掩码 255.255.0.0 进行逻辑"与"操作的结果 10.4.0.0 同目的网络地址 10.4.0.0 一致，说明选路成功，于是路由器 R 将 IP 数据包转发给该表项指定的下一跳路由器 10.3.0.7（即路由器 S）。当然，路由器 S 接收到该 IP 数据包后也需要按照自己的路由表决定该 IP 数据包的去向。

表 5.9 路由器 R 的路由表

子网掩码	要到达的网络	下一跳路由器
255.255.0.0	10.2.0.0	直接投递
255.255.0.0	10.3.0.0	直接投递
255.255.0.0	10.1.0.0	10.2.0.5
255.255.0.0	10.4.0.0	10.3.0.7

5.24.2 路由器的工作过程

对路由器而言，上述这种根据分组的目的地址查找路由表以获得最佳路径信息的功能被称为路由（Routing），而将从接收方口进来的数据分组按照输出端口所期望的帧格式重新进行封装并转发（Forward）出去的功能称为交换（Switching）。路由与交换是路由器的两大基本功能。

路由器或主机将数据包封装（翻译）成适合链路传输的数据帧（如以太网帧、PPP 帧等），当路由器接收到一个数据帧后会解封装此帧，得到源主机发送过来的数据包，根据数据包中的目的网络信息查找路由表，将数据包转发到能够达到目的网络的路由器的接口上后，再将数据包封装成适合下一条链路传输的数据帧后发送到链路上。在其他路由器上执行类似的过程，如此反复，最终将数据包从一台主机经路由器"逐跳"转发后到达目的主机。

课堂同步

路由器接收到数据帧后执行的动作有哪些？至少列举 3 个。

5.25 路由器的基本配置

两层及以上的网络设备均有 CPU 和内存，但没有键盘和显示器，需要借助主机作为仿真终端对路由器等网络设备进行配置。下面以思科路由器为例来说明路由器的基本配置方法和工作模式。

5.25.1 路由器的配置方法

对路由器进行配置，可以使用图 5.43 所示的几种方法。

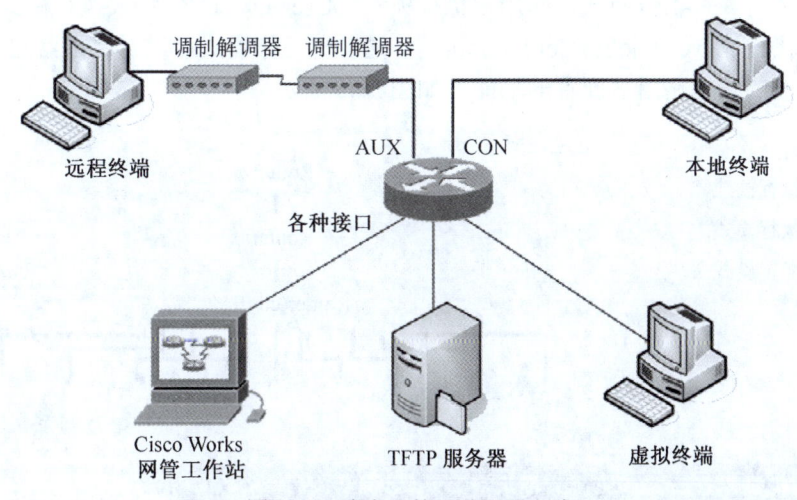

图 5.43 路由器的几种配置方法

1. 控制台接口

通过控制台接口直接对设备进行配置，连接设备的方法如图 5.44 所示。

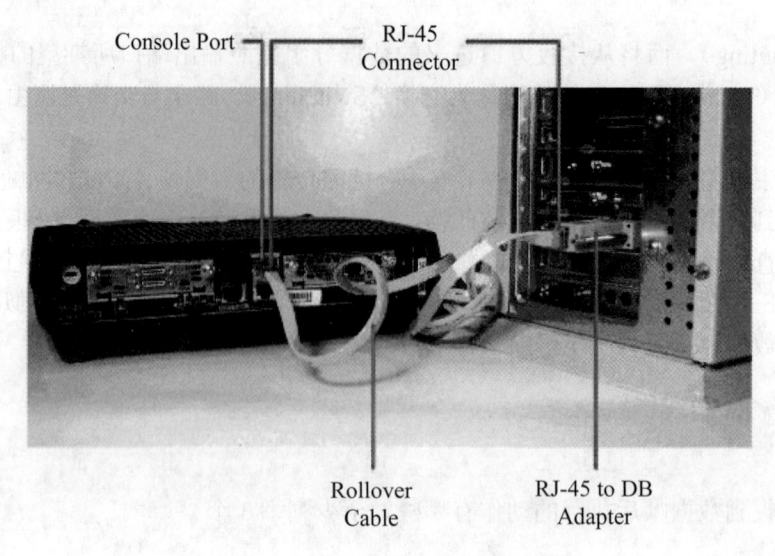

图 5.44　通过控制台接口配置路由器

2. 远程登录

可以通过远程登录（Telnet）程序对设置 IP 地址的路由器进行远程配置。例如，如果路由器的 IP 地址被设置为 192.168.1.1，那么可以在 Windows 的命令提示符窗口中的命令提示符下输入"telnet 192.168.1.1"登录路由器。

此外，还可以通过简单文件传送协议（Trivial File Transfer Protocol，TFTP）、基于 Web 页面、远程复制协议（Remote Copy Protocol，RCP）对路由器进行配置和管理。

5.25.2　路由器的工作模式

路由器主要有 3 种工作模式，即用户执行模式（User EXEC）、特权执行模式（Privileged EXEC）和全局配置模式（Global Configuration），这 3 种工作模式可以对路由器配置进行访问，同时赋予了一定的编辑路由器配置的功能，如图 5.45 所示。

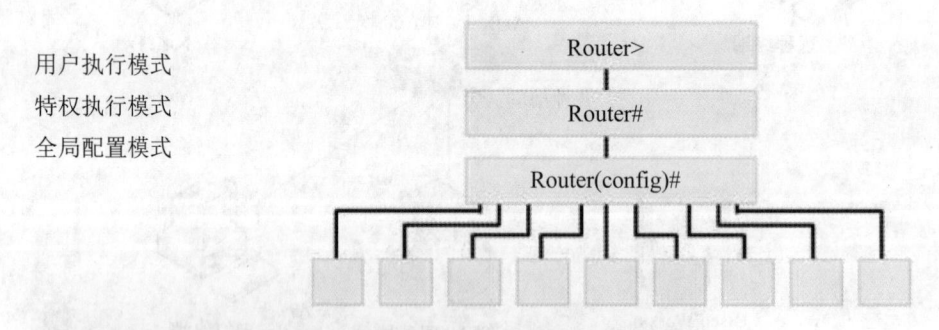

配置模式	提示符
接口	Router(config-if)#
线路	Router(config-line)#
路由器	Router(config-router)#

图 5.45　路由器的工作模式

路由器工作模式之间的相互转化如图 5.46 所示。

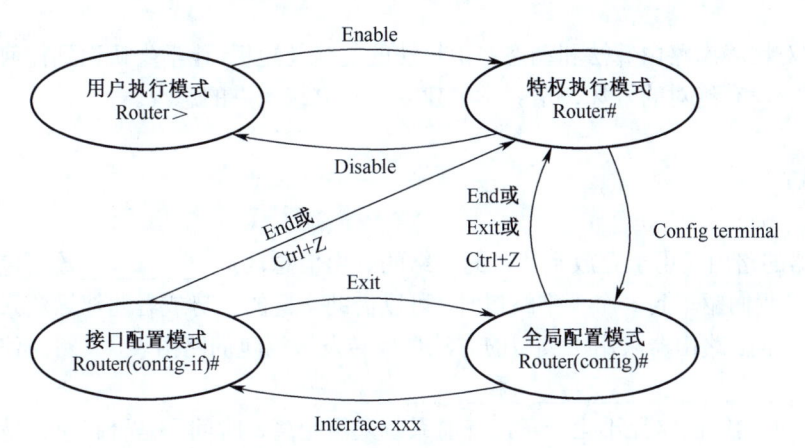

图 5.46　路由器的工作模式转化

动手实践

路由器基础配置

课后检测

模块 5 主题 6 课后检测

主题 7　静态路由配置

学习目标

通过对本主题的学习达到以下目标。

知识目标：

- 理解静态路由的概念。
- 掌握静态路由配置方法。
- 掌握静态路由的优缺点和应用场合。

技能目标：

- 能够在小规模网络环节中配置静态路由。

素质目标：

- 通过对比静态路由算法和动态路由算法的优势及短板，让学生认识到任何事物都有两面性，没有绝对的好坏，培养学生建立"对立统一"的思维。

课前评估

1. 路由器的路由表用于存放到达目的网络的路由信息，是_____数据包的依据。在现实生活中，当我们驱车到一个十字路口时，可以借助交警的手势或者北斗导航系统播报的信息决定走哪个方向。路由器采用了类似的方法形成转发数据包的路由表，其路由信息的来源有3种，分别是_____、_____和_____。

2. 到达目的网络的路径不止一条，导航系统采用距离、时间、是否高速、是否拥堵等策略选择走哪条路径，路由器可以采用_____、_____、_____、_____等策略来决定最优路径。

3. 作为对比，一辆车到达十字路口时，如果交警在岗且驾驶员开启了导航系统，则会按照交警的手势通过十字路口，说明不同的导路方法具有不同的优先级。同理，在路由器中同时运行了多种获取信息的算法，只有其中一种是最佳的，从路由信息来源上看，_____方法获取路由信息是最佳的。

5.26 静态路由

路由器转发数据包的依据是路由表，只有登记在路由表中的网络才可以对 IP 数据包进行路由。因此，除了需要登记直接连接网络的路由信息之外，那些没有与路由器直接连接的远程网络的路由信息也必须登记到路由表中。静态路由（Static Routing）是生成路由表的方法之一。

5.26.1 静态路由的概念

静态路由是指网络管理员根据所掌握的网络连通信息以手动配置方式创建的路由表表项，也称为非自适应路由。静态路由包括直连路由、手动配置静态路由和默认路由。只要网络管理员不进行修改，静态路由就不会改变，而当网络的拓扑结构或链路的状态发生变化时，需要网络管理员手动去修改路由表中的相关静态路由信息。静态路由信息在默认情况下是私有的，不会传递给其他路由器。当然，网络管理员也可以通过对路由器进行设置而使之成为共享的。

静态路由具有实现简单、可靠、开销较小、可控性强、网络安全和保密性高等优点，因此广泛用于安全性要求高的军事系统和较小的商业网络。静态路由的缺点是，配置静态路由要求网络管理员对网络的拓扑结构和网络状态有非常清晰的了解。另外，当网络拓扑结构或链路状态发生变化时，路由器中的静态路由信息需要大范围调整，且更新需要通过手动完成。因此，静态路由通常不适用于大型或复杂的网络环境中，而是适用于小而简单的网络，例如出于安全考虑想隐藏网络的某些部分，或者网络管理员想控制数据转发路径等情况。在所有的路由中，静态路由的优先级最高。

5.26.2 直连路由

一旦定义了路由器的接口 IP 地址，并启用了此接口，路由器就自动产生并激活接口 IP 地址所在网段的路由信息，即直连路由（Connected Routing），也称为接口路由。直连路由是由数据链路层协议发现的，不需要路由器通过某种算法进行计算获得，也不需要网络管理员维护，减少了维护工作。但不足的是，数据链路层只能发现接口所在的直连网段的路由，无法发现跨网段的路由。也就是说，路由器能"看清"自己"身边"的网络，但"远方"的网络对路由器来说是未知的。

5.26.3 静态路由配置命令介绍

配置静态路由可以达到网络互通的目的，网络管理员可以通过使用 ip route 命令手动配置路由信息，配置步骤如下。

（1）在连接有网络的路由器接口上配置 IP 地址。
（2）确定每台路由器的直连网段路由信息。
（3）确定每台路由器的非直连网段（远程网络）的路由信息。
（4）在所有路由器上手动添加到达非直连网段的路由信息。

手动配置静态路由的命令格式如下：
router(config)#ip route 目的网络 子网掩码 下一跳地址/本地出接口
例如：
router(config)#ip route 192.168.10.0 255.255.255.0 172.168.10.0
要删除静态路由，只需要在命令前面加上 no，例如：
router(config)#no ip route 192.168.10.0 255.255.255.0 172.168.10.0

下面是一个适合使用静态路由的实例。在图 5.47 所示的静态路由配置图中（图中的网络为末节网络，这种类型网络的特征是网络的边界只有一个出口），在路由器 A 上配置到达目的网络 172.16.1.0 的静态路由，采用的命令如下：
router(config)#ip route 172.16.1.0 255.255.255.0 172.16.2.1
或
router(config)#ip route 172.16.1.0 255.255.255.0 serial 0

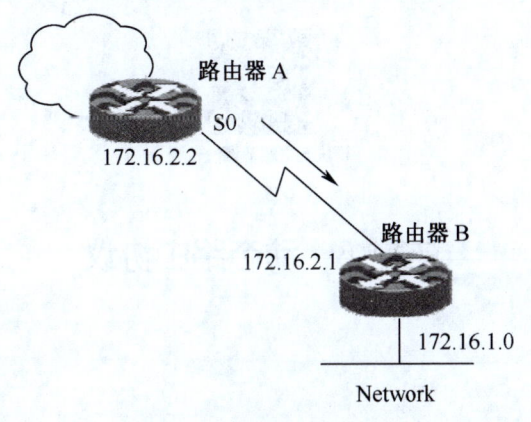

图 5.47 静态路由配置图

5.26.4 默认路由

默认路由（Default Routing）是指路由表中登记了所有网络的路由信息（该路由信息是非常模糊的）。实际上，将默认路由解释为是一种用于向未知网络传输数据包的路由信息的说法并不正确，因为默认路由表示的是所有网络。因此，在路由表中登记了默认路由的路由器中并没有未知网络。默认路由不是路由器自动产生的，需要网络管理员手动设置，所以可以把它看作一条特殊的静态路由。默认路由在末节网络中应用得最多。

在路由表中，默认路由以 0.0.0.0/0 的路由形式出现，它是在没有其他最佳路由时的最终选择。一般情况下，一台路由器只能指定一条默认路由。

配置默认路由的命令格式如下：

router(config)#ip route 0.0.0.0 0.0.0.0 下一跳地址/本地出接口

例如：

router(config)#ip route 0.0.0.0 .0.0.0.0 172.16.10.0   /*配置默认路由*/
router(config)#no ip route 0.0.0.0 .0.0.0.0 172.16.10.0   /*删除默认路由*/

课堂同步

0.0.0.0/0 为什么可以代表任何网络？为什么默认路由是路由表中可能最后才执行的一条路由？

动手实践

配置静态路由

课后检测

模块 5 主题 7 课后检测

主题 8　动态路由协议

学习目标

通过对本主题的学习达到以下目标。

知识目标：

- 了解动态路由协议的概念和工作过程。
- 了解动态路由协议的度量值及其分类。
- 了解 RIP 的特点和应用场合。
- 掌握 OSPF 协议的工作过程及应用场合。
- 了解 BGP 的工作过程及其应用场合。

技能目标：

- 能够配置 OSPF 协议。

素质目标：

- 通过分析 OSPF 协议的工作过程，明确 OSPF 路由器间需要妥善维持"邻居"关系、主动发布已知信息、相互协作才能实现全网互通，培养学生友善、互助、协作的处事准则。

课前评估

1. 静态路由要求网络管理员对整个网络的拓扑结构有深入的了解，因为其是静态的，除非网络管理员干预，否则不会发生变化，所以网络安全保密性相对较高。那么，静态路由是不是只能用于小规模网络环境中呢？大规模网络环境中不能使用静态路由么？静态路由只能手动生成么？

2. 路由器在路由过程中要根据特定条件对路径进行合理选择，在确定最佳路径的过程中，核心参考要素是路由表。路由器在众多路径中衡量路径的满意程度、评估路径开销、预计传输所需时间等，从而选择出最优的一条。那么，是否存在一种绝对的最佳路径呢？

5.27　动态路由协议概述

动态路由协议（Dynamic Routing Protocol）是路由器用来动态交换路由信息动态生成路由表的协议，通过在路由器上运行路由协议并进行相应的路由协议配置即可保证路由器自动生成并动态维护有关的路由信息，路由信息交换过程如图 5.48 所示。使用路由协议动态构建的路由表不仅能较好地适应网络状态的变化，如网络拓扑和网络流量的变化，同时也减少了人工生成与维护路由表的工作量。大型网络或网络状态变化频繁的网络通常会采用动态路由协议。但动态路由协议的开销较大，其开销一方面来自运行路由协议的路由器为了交换路由更新信息所消耗的网络带宽资源；另一方面来自处理路由更新信息、计算最佳路径所占用的路由器本地资源，包括路由器的 CPU 与存储资源。

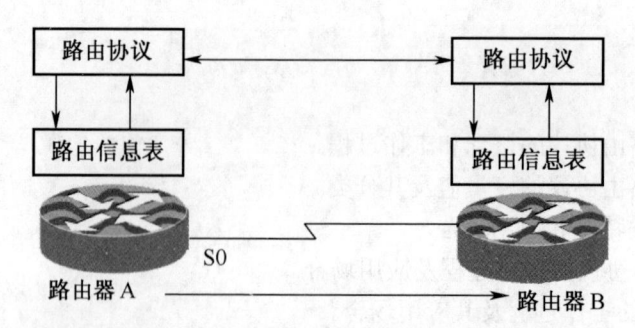

图 5.48　路由信息交换过程

5.27.1　动态路由协议的度量值

交换路由信息的最终目的在于通过路由表找到一条数据交换的"最佳"路径。例如，在图 5.49 中，计算机 A 访问计算机 B 可选择的路径有两条：一条是走以 56kbit/s 速率连接的通道；另一条则是走以 E1 速度（2.048Mbit/s）连接的通道。那么这两条路径哪一个比较有效呢？如果从远近上说，两条路径是一样的；但从速率上说，应选择后者。

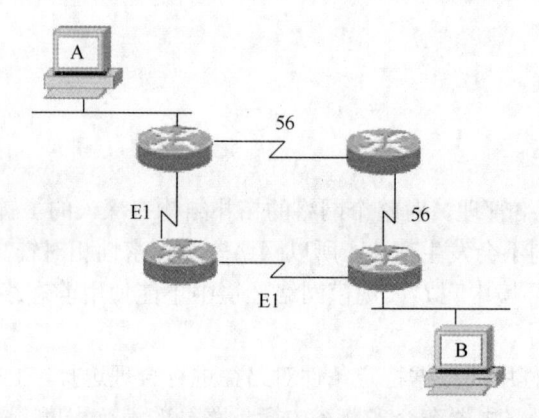

图 5.49　动态路由中"最佳"路径选择

每一种路由算法都有其衡量"最佳"路径的一套标准。大多数动态路由算法使用一个度量值（Metric）来衡量路径的优劣，一般来说，度量值越小，路径越好。该度量值可以通过路径的某些特性进行综合评价，也可以以个别参数特性进行单一评价。动态路由协议度量值的几个比较常用的特征如下。

（1）跳数（Hop Count）：IP 数据包到达目的地必须经过的路由器个数。

（2）带宽（Bandwidth）：链路的数据传输能力。

（3）延迟（Delay）：将数据从源地址送到目的地址所需的时间。

（4）负载（Load）：网络中（如路由器中或链路中）信息流的活动数，如 CPU 使用情况和每秒处理的分组数。

（5）可靠性（Reliability）：数据传输过程中的差错率。

（6）最大传输单元（MTU）：路由器接口所能处理的、以字节为单位的包的最大尺寸。

（7）开销（Cost）：一个变化的数值，通常可以由网络管理员根据建设费用、维护费用、使用费用等因素指定。

目前，网络中存在多种动态路由协议。虽然所有动态路由协议的作用都是为互联网中的每一个路由器找出通往互联网的最短路径，但不同动态路由协议对最短路径的定义、对路由消息格式和内容的约定等都是不同的。对于特定的动态路由协议，计算路由的度量并不一定全部使用这些参数，有的使用一个参数，有的使用多个参数。例如，后面要介绍的路由信息协议（Routing Information Protocol，RIP）只使用跳数作为路由度量值的计算参数；开放最短通路优先（Open Shortest Path First，OSPF）协议会使用接口的带宽作为路由度量值的计算参数。

5.27.2 动态路由协议的工作过程

路由器启动路由协议后，由路由协议完成以下工作过程。

（1）向其他路由器传递网络可达性信息。任何一个路由器都可以将自己可达的网络及到达这些网络的路径距离通报给其他路由器。

（2）从其他路由器接收网络可达性信息。任何一个路由器都能够接收其他路由器发送给自己的网络可达性信息，网络可达性信息主要包括发送路由器能够到达的网络及到达这些网络的路径距离。

（3）确定最佳路由。任何路由器都能够根据自己识别的网络可达性信息和从其他路由器接收到的网络可达性信息，推导出可以到达的每一个网络的最佳路由。

（4）适应网络拓扑结构变化。当网络拓扑结构发生变化时，检测到网络拓扑结构变化的路由器能够及时向其他路由器通报检测到的拓扑结构的变化。每一个路由器根据变化后的拓扑结构及时更新网络可达性信息，并向其他路由器传递更新后的网络可达性信息。任何路由器都能够重新根据自己更新后的网络可达性信息和其他路由器传递的更新后的网络可达性信息，推导出新的可以到达的每一个网络的最佳路由。

5.27.3 动态路由协议的分类

动态路由协议按照作用范围和目标的不同，可以被分成内部网关协议（Interior Gateway Protocols，IGP）和外部网关协议（Exterior Gateway Protocols，EGP）。要了解 IGP 和 EGP 的概念，应该首先了解自治系统（Autonomous System，AS）的概念，如图 5.50 所示。AS 是共享同一路由选择策略的路由器集合，也称为路由域。AS 的典型示例是公司的内部网络和 ISP 的网络。

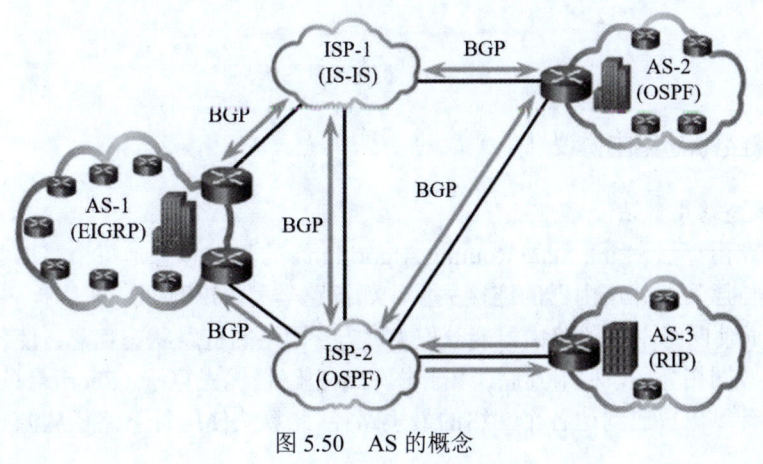

图 5.50 AS 的概念

互联网基于 AS 概念，因此需要以下两种路由协议。

（1）IGP，在 AS 中实现路由，也称为 AS 内路由。公司、组织甚至服务提供商，都在各自的内部网络上使用 IGP。IGP 包括 RIP、增强型内部网关路由协议（Enhanced Interior Gateway Routing Protocol，EIGRP）、OSPF 协议和中间系统到中间系统（Intermediate System to Intermediate System，IS-IS）协议等。

（2）EGP，在 AS 间实现路由，也称为 AS 间路由。服务提供商和大型企业可以使用 EGP 实现互联。边界网关协议（Border Gateway Protocol，BGP）是目前唯一可行的 EGP，也是互联网使用的官方路由协议。

另外，根据动态路由协议所执行的算法的不同，动态路由协议一般分为以下两类：距离矢量路由协议（如 RIP 等）和链路状态路由协议（如 OSPF 协议等）。

5.27.4 距离矢量路由协议

RIP 最初是基于距离矢量算法（Distance Vector Algorithm）为 Xerox 网络系统的 Xerox PARC 通用协议而设计的，即路由器根据距离选择路由，所以也称为距离矢量路由协议。距离矢量路由算法源于 1969 年的 ARPANET，是贝尔曼-福特（Bellman-Ford）提出的，故也称为 Bellman-Ford 算法。其基本思想是路由器周期性地向其相邻路由器广播自己知道的路由信息，用于通知相邻路由器自己可到达的网络及到达该网络的距离，相邻路由器根据收到的路由信息修改和刷新自己的路由表。运行距离矢量路由协议的路由器向它的邻居通告路由信息时包含两项内容：一项是距离（是指分组经历的路由器跳数）；另一项是方向（是指从下一跳路由器的哪一个接口转发）。距离矢量图解如图 5.51 所示。在图 5.51 中，R1 知道到达网络 172.16.3.0/24 的距离是 1 跳，方向是从接口 S0/0/0 到 R2。使用距离矢量路由协议的路由器并不了解到达目的网络的整条路径，距离矢量协议将路由器作为通往最终目的地路径上的路标，这就好比在高速公路上行车，驾驶员仅根据前方的路牌指示了解下一站是哪里。RIP 路由器使用广播（使用的 IP 地址为 255.255.255.255）方式在相邻路由器之间每隔 30s 交换一次路由信息，允许的最大跳数是 16，因此 RIP 适用于小规模的网络。

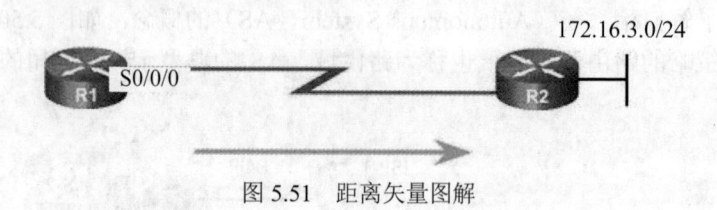

图 5.51 距离矢量图解

5.27.5 链路状态路由协议

1. 链路状态路由算法

链路状态路由算法（Link State Routing Algorithm）的基本思想是每个路由器周期性地向其他路由器广播自己与相邻路由器的连接关系，如链路类型、IP 地址、子网掩码、带宽、延迟、可靠性等，从而使网络中的各路由器能获取"远方"网络的链路状态信息，使各个路由器都可以得出一张互联网拓扑图。利用互联网拓扑图和最短路径优先算法（Shortest Path First，SPF），路由器就可以计算出自己到达各个网络的最短路径。此算法使用每条路径从源到目标的累计开销来确定路由的总开销，SPF 开销计算如图 5.52 所示，每条路径都标有一个独立的开销值，例如 R2 发送数据包至连接到 R3 的 LAN 的最短路径的开销是 27。每台路由器会自行确定通向拓扑图中每个目的地的开销。换句话说，每台路由器都会站在自己的角度计算 SPF 算法并确定开销。

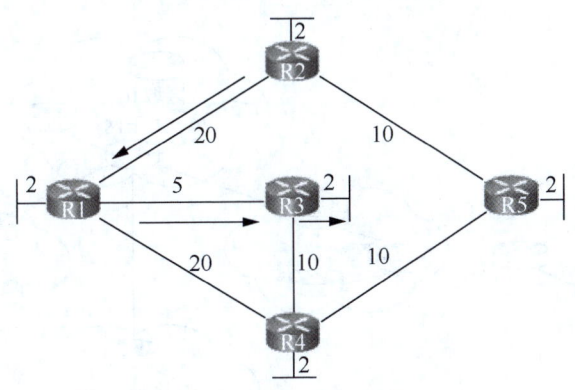

图 5.52　SPF 开销计算

2. 链路状态路由协议的度量

在 OSPF 协议中，最短路径树的树干长度，即 OSPF 路由器至每一个目的路由器的距离，称为 OSPF 协议的开销（Cost），其算法为 Cost=10^8÷链路带宽。在这里，链路带宽以单位 bit/s 来表示。也就是说，OSPF 协议的 Cost 与链路的带宽成反比，带宽越高，Cost 值越小，表示 OSPF 到目的网络的距离越近。例如，100Mbit/s 或快速以太网的 Cost 值为 1 [计算公式：1×10^8/(100×1000×1000)]；E1 串行链路的 Cost 值为 48 [计算公式：1×10^8/(2.048×1000×1000)]；10Mbit/s 以太网的 Cost 值为 10 等。

课堂同步

1. 64kbit/s 串行链路的开销值为_____。
2. 讨论：OSPF 协议在工作过程中是如何体现"分布式"精神的？

3. OSPF 协议的优点

与 RIP 相比，OSPF 协议的优越性非常突出，其在越来越多的网络中取代 RIP 成为首选的路由协议。OSPF 协议的优越性主要表现在以下 4 个方面。

（1）协议的收敛时间短。当网络状态发生变化时，执行 OSPF 协议的路由器之间能够很快重新建立起一个全网一致的关于网络链路状态的数据库，能快速适应网络变化。

（2）不存在路由环路。OSPF 协议中的最佳路径信息通过对路由器中的拓扑数据库（Topological Database）运用最短路径优先算法得到。通过运用该算法，会在路由器上得到一棵没有环路的 SPF 树，从该树中提取的最佳路径信息可避免路由环路的出现。

（3）节省网络链路带宽。OSPF 协议不像 RIP 那样使用广播发送路由更新信息，而是使用多播技术发布路由更新信息，并且只是发送有变化的链路状态更新信息。

（4）网络的可扩展性强。首先，在 OSPF 协议的网络环境中，对数据包所经过的路由器数目（即跳数）没有进行限制。其次，OSPF 为不同规模的网络分别提供了单域（Single Area）和多域（Multiple Area）两种配置模式，前者适用于小型网络。而在中大型网络中，网络管理员可以通过良好的层次化设计将一个较大的 OSPF 网络划分成多个相对较小且较易管理的区域。单域 OSPF 与多域 OSPF 的示意如图 5.53 所示。

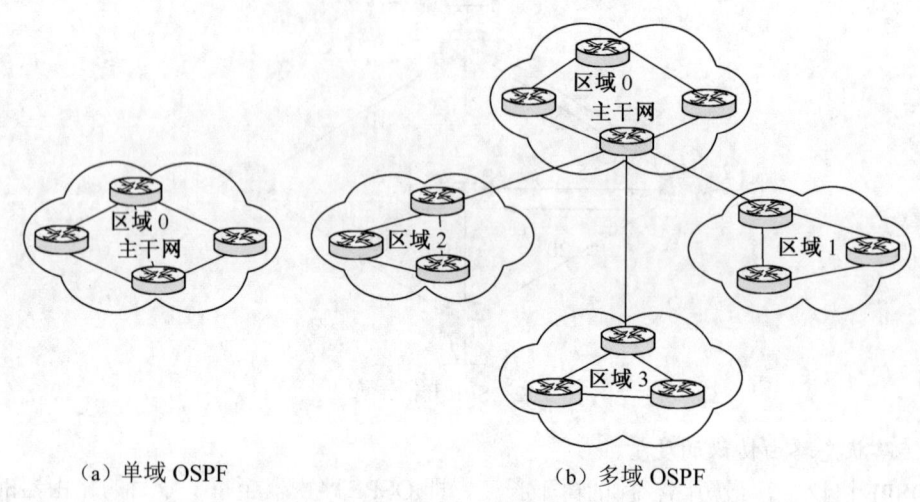

(a) 单域 OSPF　　　　　　(b) 多域 OSPF

图 5.53　单域 OSPF 与多域 OSPF 的示意

5.27.6　边界网关协议

边界网关协议（Border Gateway Protocol，BGP）是运行在互联网 AS 间的路径向量路由选择协议，通过 CIDR 和路由聚合来减少路由表的规模。不同 AS 内路由的度量值（跳数、带宽等）可能不同，因此对于 AS 间的路由选择，使用统一的度量值来寻找最佳路由是不行的。AS 间的路由选择策略还必须考虑相关策略，这些策略可能是政治、经济、安全等方面的，是由网络管理员对每一个路由器进行设置的，但这些策略本身并不是 AS 间的路由选择协议本身，因此 BGP 只能力求寻找一条能够到达目的网络且比较好的路由，而非寻找一条最佳路由。

1. BGP 概述

一个 AS 内至少有一台路由器作为 AS 的 BGP 发言人，BGP 发言人和 AS 的关系如图 5.54 所示。这个发言人可以是 BGP 边界路由器（如图 5.54 中的 R11、R13、R22 和 R33），也可以不是 BGP 边界路由器（如图 5.54 中的 R12），BGP 发言人可以代表整个 AS 与其他 AS 交换路由信息。BGP 存在外部 BGP（eBGP）和内部 BGP（iBGP）2 种对等体，不同 AS 的 BGP 发言人之间建立 eBGP 关系，如图 5.54 中的 R11 和 R22、R33 和 R13 为 eBGP；相同 AS 的 BGP 发言人之间建立 iBGP 关系，如 R11、R12 和 R13 之间是 iBGP。对等体在交换路由信息之前，要建立 TCP 连接，通过建立好的 TCP 连接来交换 BGP 报文创建 BGP 会话，利用 BGP 会话来交换路由信息。再利用 BGP 邻居关系建立完成后，BGP 路由器只发增量更新或触发更新。BGP 邻居关系的建立之所以采用 TCP，是为了简化路由选择协议，提供可靠的服务。每一个 BGP 发言人不仅需要运行 BGP 协议，还要运行它们 AS 内使用的内部协议，如 RIP 或 OSPF 协议等。

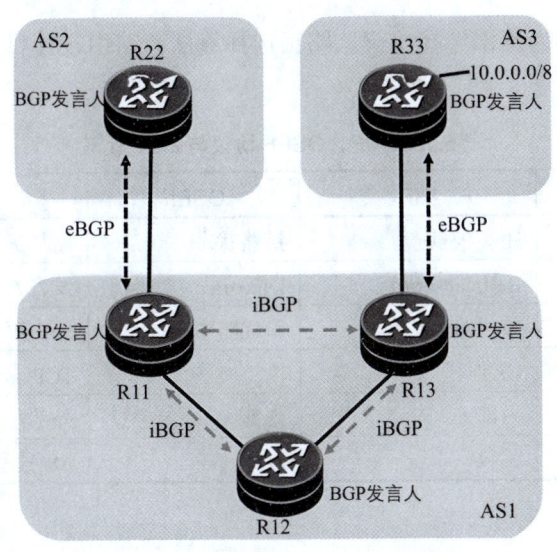

图 5.54　BGP 发言人和 AS 的关系

2. BGP 的工作过程

BGP 的基本工作过程如下。

（1）BGP 发言人之间建立 TCP 会话。

（2）通过 BGP 报文的交互建立 BGP 的邻居关系，生成邻居表。

（3）交换 BGP 路由信息。

（4）根据选路规则将 BGP 表中最优路径加载于路由表。

（5）BGP 邻居关系建立后，周期性探测与邻居的 TCP 会话。

此后，若出现网络拓扑结构变化（如增加了新的路由，或撤销过时的路由等），则触发更新过程。

3. BGP 路由信息交换

BGP 发言人通过 eBGP 学习到外部路由，意味着通过该 BGP 发言人可以转发这些网络前缀。BGP 将学习到的外部路由通过 iBGP 告知相同 AS 内所有其他运行 BGP 的路由器，例如图 5.54 中的 R13 通过其 eBGP 邻居 R33 学习到外部路由 10.1.0.0/8，将此路由信息通过 iBGP 告知与其相同 AS 内的 BGP 发言人 R12。BGP 的路由通告规则如下。

（1）当存在多条路径时，路由器只选取最优（best）的 BGP 路由来使用（没有激活负载均衡的情况下）。

（2）BGP 只把自己使用的路由，即自己认为最优的路由传递给对等休。

（3）路由器从 eBGP 对等体获得的路由会传递给它所有的 BGP 对等体（包括 eBGP 对等体和 iBGP 对等体）。

（4）路由器从 iBGP 对等体获得的路由不会传递给它的 iBGP 对等体（存在反射器的情况除外）。

（5）路由器从 iBGP 对等体获得的路由是否通告给它的 eBGP 对等体要视 BGP 同步的情况来决定。

4. 路由协议的比较

下面对互联网中使用的 RIP、OSPF 和 BGP 这 3 种路由协议的核心内容进行归纳比较，如

表 5.10 所示。比较内容为路由选择协议、路由选择算法、路由设计目标、封装位置、内部或外部路由、度量值。

表 5.10 RIP、OSPF 协议与 BGP 比较

比较内容	RIP	OSPF	BGP
路由选择协议	距离矢量	链路状态	路径矢量
路由选择算法	Bellman-Ford	Dijkstra	发言人交换可达信息
路由设计目标	最优路由	最优路由	路由可达性
封装位置	UDP	IP	TCP
内部或外部路由	内部	内部	外部
度量值	跳数	时延	AS 号序列长度

课堂同步

直接封装 RIP、OSPF、BGP 报文的协议分别是（   ）。
A．TCP、UDP、IP   B．TCP、IP、UDP
C．UDP、TCP、IP   D．UDP、IP、TCP

5.27.7 管理距离

考虑一个问题：在路由器上同时运行了 RIP 和 OSPF 协议，这两种路由协议都通过更新得到了有关某一网络的路由，但下一跳的地址是不一样的，路由器会如何转发数据包？有人可能想通过路由度量值进行衡量，这是不对的。只有在同种路由协议下，才能用 Metric 的标准来作比较。例如，在 RIP 中，只通过跳数来作为 Metric 的标准，跳数越少，也就是 Metric 的值越小，认为这条路径越好。而在不同的协议中，计算标准是不同的，例如在 OSPF 协议中，并不是简单地用跳数来衡量的，而是用带宽来计算 Metric 值的，所以不同协议的 Metric 值没有可比性，就如同问 1kg 和 13cm 哪个大一样，没有意义。

管理距离（Administrative Distance，AD）是路由器用来评价路由信息可信度（最可信意味着最优）的一个指标。每种路由协议都有一个默认的管理距离，管理距离值越小，协议的可信度越高，相当于这种路由协议学习到的路由最优。为了使人工配置的路由（静态路由）和动态路由协议发现的路由处在同等的可比原则下，静态路由有默认管理距离，参见表 5.11。默认管理距离的设置原则如下：人工配置的路由优于路由协议动态学习到的路由；算法复杂的路由协议优于算法简单的路由协议。从表中可以看到，RIP 和 OSPF 协议的管理距离分别是 120 和 110。如果在路由器上同时运行这两种协议，路由表中只会出现 OSPF 协议的路由条目，这是因为 OSPF 协议的管理距离比 RIP 的小，OSPF 协议发现的路由更可信，路由器只使用最可靠协议的最佳路由。虽然路由表中没有出现 RIP 的路由，但这并不意味着 RIP 没有运行，它仍然在运行，只是它发现的路由在和 OSPF 协议发现的路由比较时落选了。

表 5.11　默认管理距离

路由来源	管理距离
直连路由	0
静态路由	1
内部 EIGRP	90
IGRP	100
OSPF	110
IS-IS	115
RIP	120
外部 EIGRP	170
未知（不可信路由）	255（不被用来传输数据流）

动手实践

动态路由配置

课后检测

模块 5 主题 8 课后检测

拓展提高

互联网寻址、路由体系面临的挑战

TCP/IP 互联网从实验室诞生至今，发展速度远远超出人们的想象，在短短半个世纪的时间里就发展成为全球最重要的信息网络基础设施，极大地促进了人类文明的进步，根本地改变了人类生活的面貌。可以说，互联网的最大意义是它在真实的物理空间之外构建了一个虚拟的数字空间，这是以往任何技术和发明都无法做到的。这个空间既不是物理世界的缩影，又不是物理世界的模拟。

互联网越成功，人们对其的依赖性越强，TCP/IP 所代表的互联网体系结构、组网方式和协议标准面临的挑战就越大。目前，TCP/IP 已经变成一个庞大的协议栈，常用的协议就有近

100 种，尤其是针对协议栈中发挥关键作用的网络层进行了许多修订和增补。

IPv4 通过不断"打补丁"的办法来完善，但是其框架一直没有发生根本性的改变。当互联网规模发展到一定程度时，局部的修改已无济于事，人们不得不研究一种新的网络层协议 IPv6。IP 重载和复杂化如图 5.55 所示。

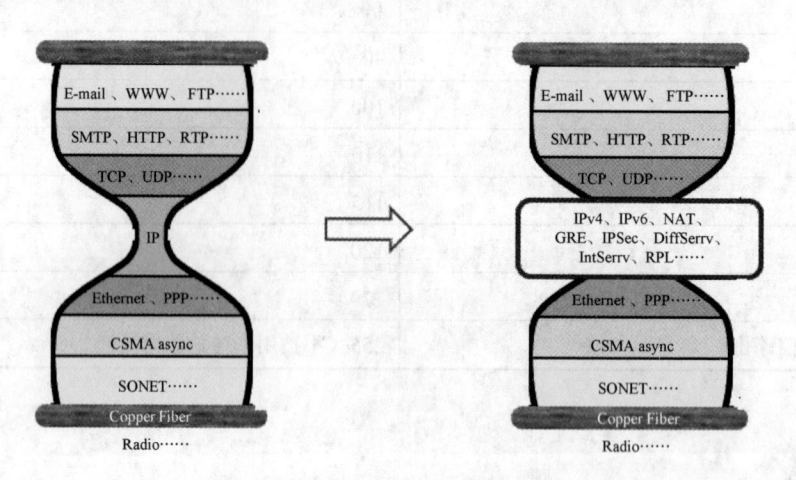

图 5.55　IP 重载和复杂化

请读者围绕网络层的基本功能——寻址和路由，认真梳理 IP 地址、路由技术的发展背景与发展阶段，探究当前在实际网络中使用 IPv6 地址体系和采用"自治系统与分层路由"的必要性，并说明从中得到的启示。

建议：本部分内容课堂教学为 1 学时（45 分钟）。

模块 6　续写网络美丽篇章——Internet 的应用

学习情景

IP 将异构的计算机网络相互连接起来，实现不同网络中的主机间的通信。但是，最终的网络通信对象并不是主机，而是主机中的应用进程，IP 是无法完成把数据提交给进程这个功能的，那主机中是哪一个进程发送的数据？又是哪一个进程接收的数据？IP 提供的是一种"尽力而为"的通信服务，还有很多细节问题有待解决，例如 IP 数据包可能未按序到达接收方，那么接收方如何重组无序到达的数据；发送方发送数据太快，导致接收方来不及接收数据等。因此，要解决上述问题需要设置传输层，在主机通信服务的基础上提供可靠的进程之间的通信服务功能，如连接管理、差错控制、流量控制、拥塞控制等。

互联网上的应用多种多样，对网络的要求各不相同，但 IP 不针对应用进行定制，因此需要在传输层通过增加不同的服务机制来为应用提供差异化的服务，如 DNS、WWW、FTP、E-mail 等。

学习提示

本模块包含传输层概述、传输层的连接管理及控制技术、搭建网络应用平台和网络资源共享服务 4 个主题，围绕"网络进程—网络进程"可靠的数据传输这一任务，将计算机网络从数据通信层次拓展为资源应用层次，讨论传输层实现的基本工作任务、网络应用系统与应用层协议的实现方法。本模块的学习路线图如图 6.1 所示。

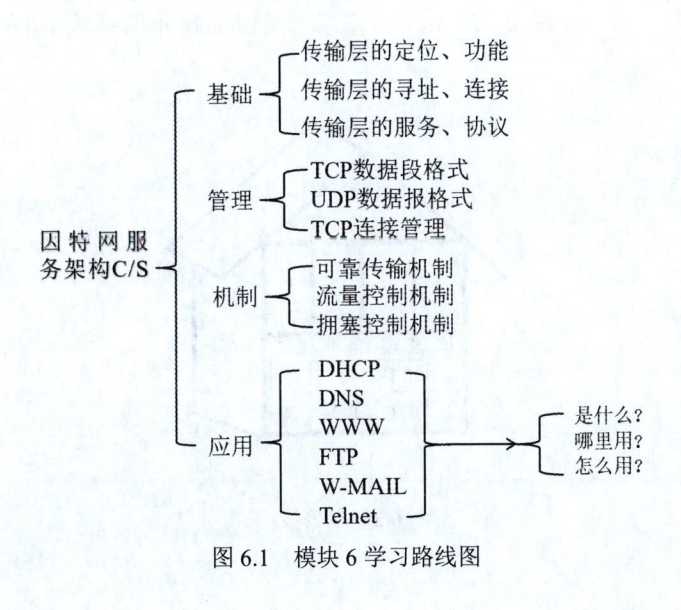

图 6.1　模块 6 学习路线图

主题 1　传输层概述

学习目标

通过对本主题的学习达到以下目标。

知识目标：

- 了解传输层在 OSI 参考模型中的地位。
- 掌握传输层的功能及其提供的服务。

技能目标：

- 能使用网络命令查看网络连接状态。

素质目标：

- 通过对面向连接和无连接概念的介绍，明确这两种思维方式只有在特定时间、特定场合下有其存在的原因，引导学生树立正确的发展观。

课前评估

以寄快递为例，快递员通常根据收件人地址向目的地投递包裹，包裹到达目的地以后，根据收件人的信息，将包裹交给接收人，如图 6.2 所示。互联网上信息的传输采用了类似的处理方式，信息从源主机发送到目的主机后，还需要交给不同的应用程序进行处理，这是传输层需要解决的问题。我们已经知道传输层上有两种协议，分别是_____和_____，它们分别提供_____服务和_____服务，类似邮政通信系统中的平信服务和挂号信服务。

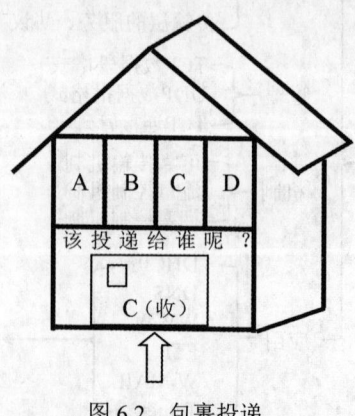

图 6.2　包裹投递

6.1 传输层协议概述

网络层涉及"主机到主机"的通信范围，但主机间的通信并不是最后的结果，产生和消耗数据的并不是主机，而是某项网络应用，真正需要通信的是主机中的应用进程（Application Process）。传输层是 TCP/IP 的关键层，主要为两台主机中进程之间的通信提供服务。一台主机可以同时运行多个进程，如可以同时运行 QQ、微信等，因此传输层应具有复用和分用功能。传输层在主机之间提供透明的数据传输，向上层提供可靠的数据传输服务，其可靠性是通过流量控制、分段/重组和差错控制等措施来保证的。另外，传输层上有一些协议是面向连接的，这就意味着传输层能保持对分段的跟踪，并且能重新传输那些失败的分段，这也确保了数据传输服务的可靠性。

6.1.1 传输层的地位和上下层之间的关系

传输层的地位如图 6.3 所示。

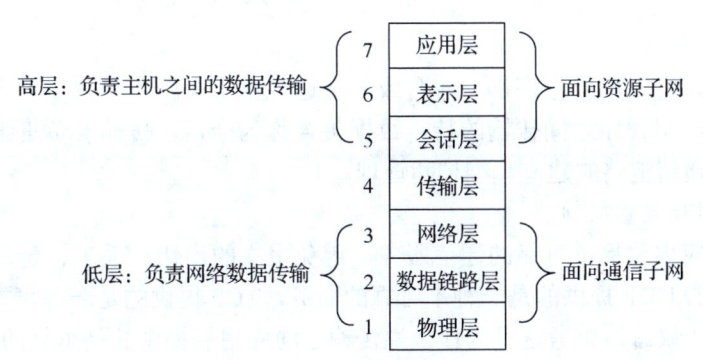

图 6.3 传输层的地位

传输层是整个网络体系结构中的关键，传输层向高层应用屏蔽了底层通信子网的实现细节（如采用的网络拓扑结构、协议和技术等），使应用进程"看见"的好像是两个传输实体之间有一条端到端的逻辑通信信道。因此，从通信和信息处理的角度看，传输层是负责网络数据传输的高层，同时是负责主机之间的数据传输的最底层，是通信子网和资源子网的"分水岭"，起到了承上启下的作用。

6.1.2 传输层的功能

传输层端到端通信如图 6.4 所示，主机 A 与主机 B 的进程之间（AP_1 与 AP_4、AP_2 与 AP_3）要互相通信，不仅必须知道对方的 IP 地址（为了找到对方的主机），而且还要知道对方的端口号（为了找到对方主机中的应用进程）。从作用范围上看，传输层和网络层之间的区别是很大的。对于网络层，通信的两端是两个主机，用 IP 地址标识两个主机的网络连接，并且可以把数据包传输到目的主机，但该数据包还是停留在主机的网络层，而没有交给主机的应用进程。对于传输层，通信的真正端点应该是主机中的应用进程，端到端通信就是应用进程之间的通信。下面介绍传输层的主要功能。

图 6.4 传输层端到端通信

1. 分割与重组数据

大多数网络对单个数据包能承载的数据量都有限制，因此将应用层的报文分割成若干子报文并封装为数据段或数据报。

2. 按端口号寻址

为了将数据流传输到适当的应用程序，传输层必须使用标识符来标识应用层的不同进程，此标识符称为端口号。因此，在两个应用进程开始通信之前，不但要知道对方的 IP 地址，还要知道对方的端口号。

3. 跟踪各个会话

在传输层中，每个应用程序都与一台或多台远程主机上的一个或多个应用程序通信，源应用程序和目的应用程序之间传输的特定数据集合称为会话。传输层负责维护并跟踪这些会话，完成端到端通信链路的建立、维护和管理。

4. 差错控制和流量控制

传输层要向应用层提供可靠的通信服务，避免报文的出错、丢失、延迟、重复、乱序等现象。后面讨论的 UDP 提供的是一种不可靠的服务，TCP 提供的是一种可靠的服务，它们为传输层上的两种协议。请思考这里为什么说传输层向应用层提供的是可靠的通信服务。

6.1.3 传输层提供的服务

传输层主要提供两种服务：一种是面向连接服务（Connection-Oriented Service），由 TCP 实现，它是一种可靠的服务；另一种是无连接服务（Connectionless Service），由 UDP 实现，它是一种不可靠的服务。

1. 面向连接服务

面向连接服务的特点如下。

（1）在进行服务之前，必须建立一条逻辑链路，再进行数据传输，传输完毕后，再释放连接。在数据传输过程中，好像一直占用了一条逻辑链路。这条逻辑链路就像一个管道，发送方在一端放入数据，接收方从另一端取出数据，如图 6.5 所示。

（2）所有报文都在管道内传输，因此报文按序到达目的地，即先发送的报文先到达。

（3）通过可靠传输机制（跟踪已传输的数据段、确认已接收的数据、重新传输未确认的数据）保证报文传输的可靠性。

（4）由于通信过程中需要管理和维护连接，协议变得复杂，导致通信效率不高。

面向连接服务方式适用于对数据的传输可靠性要求非常高的场合，如文件传输、网页浏览、电子邮件等。

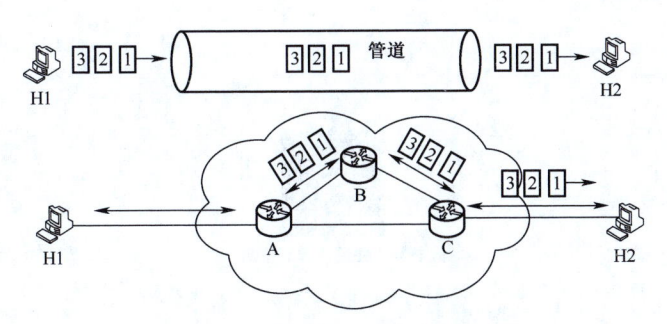

图 6.5 传输层提供面向连接服务

2. 无连接服务

无连接服务是指在进行服务之前，通信双方不需要事先建立一条通信链路，而是直接把每个带有目的地址的数据报送到网络上，由网络（如路由器）根据目的地址为分组选择一条恰当的路径将其传输到目的地，如图 6.6 所示。

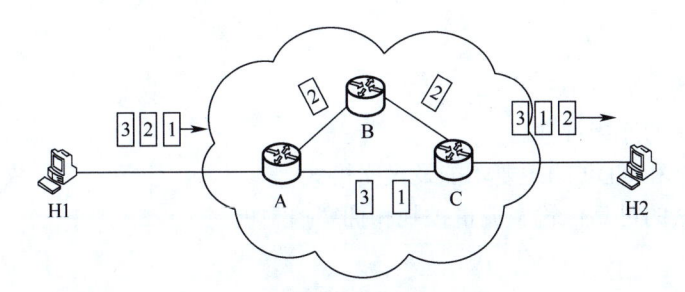

图 6.6 传输层提供无连接服务

无连接服务的特点如下。
（1）数据传输之前不需要建立逻辑链路。
（2）每个分组都携带完整的目的节点地址，各分组在网络中的传输是独立的。
（3）分组的传递是无序的，即后发送的分组有可能先到达目的地。
（4）可靠性差，容易出现分组丢失的现象，但是协议相对简单，通信效率较高。

传输层上的 UDP 提供的无连接服务是网络层"尽最大努力投递"服务的进一步延伸，无法保证数据报能够正确到达目的应用进程。

课堂同步

传输层上 TCP 的协议数据单元是（　　）。
A. 分组　　　　B. 数据报　　　　C. 数据段　　　　D. 帧

动手实践

Netstat 的使用

课后检测

模块 6 主题 1 课后检测

主题 2　传输层的连接管理和控制技术

学习目标

通过对本主题的学习达到以下目标。

知识目标：

- 掌握传输层端口的概念。
- 掌握 TCP 的连接管理。
- 了解 TCP 和 UDP 的主要功能及报文格式。
- 掌握 TCP 的可靠传输、流量控制和拥塞控制机制。

技能目标：

- 能够使用协议分析工具捕获并分析 TCP 数据段。

素质目标：

- 通过介绍 TCP 与 UDP 之间的关系，明确世界上的一切事物都处在普遍的联系之中，引导学生学会用"工程学"的方法来分析问题和解决复杂的网络问题。

课前评估

1. 不同网络中的主机之间依靠_____地址进行通信，每台主机上可能运行多个应用程序？当主机接收到来自其他主机发来的信息时，主机会交给谁来处理呢？如果能够识别出这些信息来自哪个应用程序，问题将会变得很简单。如果人们在浏览器的地址栏中输入类似 http://www.cqupt.edu.cn:8080 这样的信息并访问，就能浏览网页信息；输入 ftp://www.cqupt.edu.cn:8023 这样的信息并访问，就可以下载共享文件。虽然访问的是同一目的主机，但获得了不同服务，其中地址信息中包含的数字起到了关键作用。言外之意，特殊数字是可以用来标识不同的应用程序的，在计算机网络中将这些数字称为_____。

2. 人们在生活中可能会有这样的经历：当两个素未谋面的人见面后，其中 A 想认识 B，于是 A 主动向 B 挥手（意味着接下来有握手的冲动），而 B 也向 A 挥手去握 A 的手（对刚才 A 挥手的回应，同时发出愿意握手的信号给 A，询问 A 是否准备好了握手），这时候 B 表示同意与 A 握手，A 确认了 B 愿意握手后，才走过去与 B 握手。请思考，如果将以上方法应用到传输层中，则其解决了数据传输过程中的什么问题？

6.2 传输层的端口

TCP/UDP 使用端口来标识通信的进程。应用程序（即进程）通过系统调用与某（些）端口绑定（Binding）后，传输层传输给该端口的数据都被应用进程所接收。

1. 端口的概念

传输层必须能够划分和管理具有不同传输要求的多种通信。当传输层收到网络层交上来的数据时，要根据端口号（Port Number）来决定上交给哪一个应用程序。传输层上的端口如图 6.7 所示，端口号的取值范围为 0～65535。端口号只有本地意义，在 Internet 中，不同主机中相同的端口号之间是没有联系的。

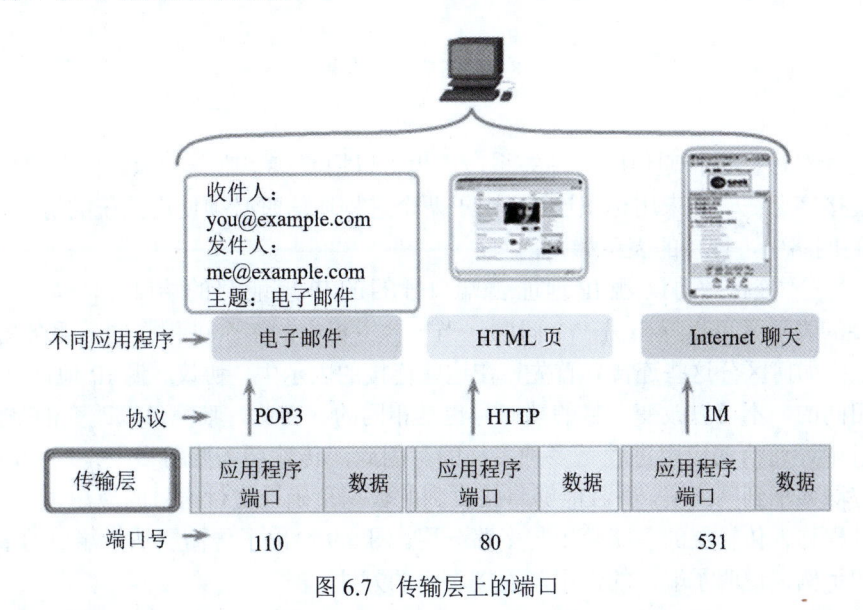

图 6.7 传输层上的端口

2. 源端口和目的端口

在传输层的协议数据单元——数据段或数据报的报头中，都含有源端口（Source Port）和目的端口（Destination Port）字段。源端口是与本地主机上始发应用程序相关联的通信端口；目的端口是此通信与远程主机上目的应用程序关联的端口，如图 6.8 所示。

在 TCP/IP 网络中，可用 IP 地址标识网络中的一台主机，用端口号标识主机中运行的应用程序，这样"IP 地址+端口号"就可以唯一地标识进程了。考虑到网络中有多协议的特点，如 UDP、TCP，要唯一地标识进程，还应加上协议类型，即"协议类型+IP 地址+端口号"，也就是套接字（Socket）。

有了套接字后，可以方便地使用某台特定主机上的各种网络服务，如图 6.8 中的 FTP 和 Web 服务。但是，如果有多个用户要同时使用同一台主机上的同一种服务，如收发邮件服务，那么邮件服务器如何正确区分邮件来源和目的呢？也就是说，邮件服务器如何将各台主机发送来的邮件信息区分开且不会产生通信混乱呢？这个问题实际上是如何标识连接的问题。

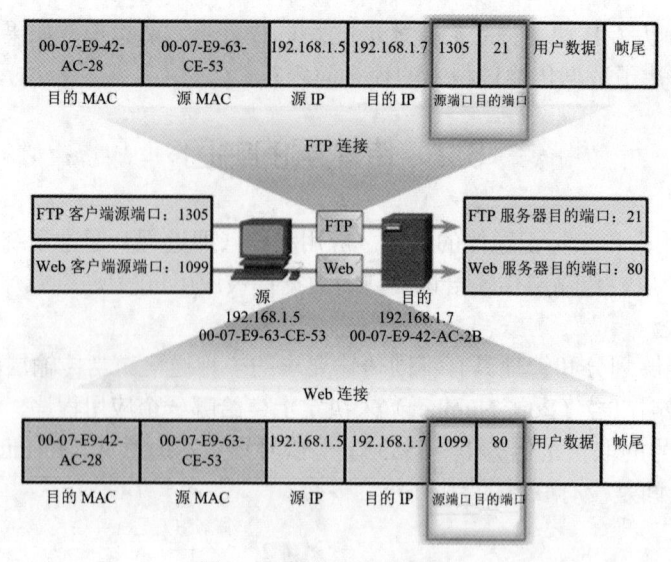

图 6.8　源端口与目的端口

3. 连接技术

连接是一对进程进行通信的一种关系，进程可以用套接字唯一标识，因此可以将连接两端进程的套接字合在一起来用标识连接。由于两个进程通信时必须使用系统的协议，故在基于 TCP/IP 栈的网络中，连接的表示如下：

连接={协议,源 IP 地址,源端口号,目的 IP 地址,目的端口号}

从连接的表示又可以提出另一个问题：当一台主机中的多个进程与同一服务器的同一进程连接时，应如何区分这些连接？首先，在这些连接的表示中，协议、源 IP 地址、目的 IP 地址肯定是相同的，不可以改变，目的端口号也是相同的。因此，唯一可以改变的是源端口号。

在主机中，通信的应用进程是多种多样的。因此，传输层需要将多个不同的应用进程通过复用的方法共享到网络层，并且能够将接收到的数据正确地交付给目的应用进程。传输层的这种工作过程称为传输层的多路复用与多路分用。图 6.9 给出了传输层基于端口的多路复用和多路分用的示例，说明了端口的作用与连接表示的方法。

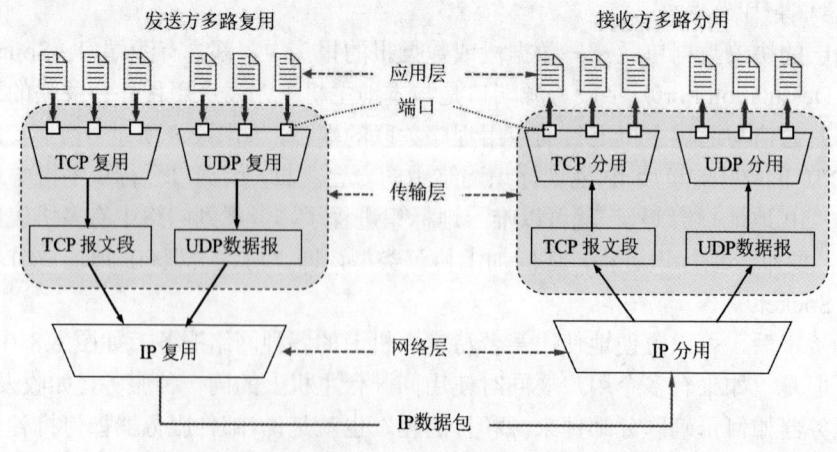

图 6.9　传输层基于端口的多路复用和多路分用的示例

4. 端口的分类

TCP 和 UDP 都使用端口与上层的应用进程进行通信，每个端口都由一个称为端口号的整数标识符来进行区分。按照 TCP 和 UDP 的规定，两者均允许长达 16 位的端口号，所以都可以提供 2^{16}（65536）个不同的端口，端口号的取值范围是 0~65535。端口分为 3 种类型：熟知端口（公认端口）、注册端口、动态端口，其端口号的取值范围划分如图 6.10 所示。

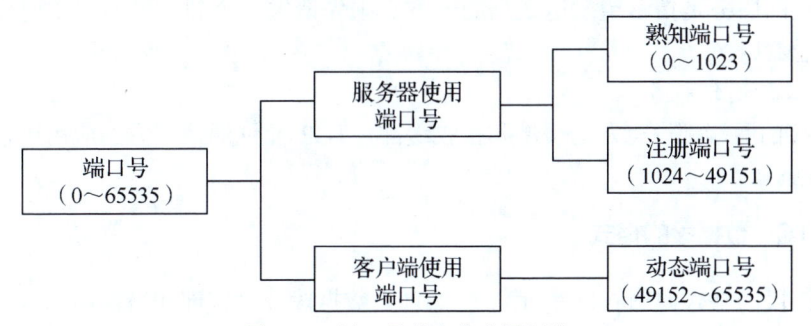

图 6.10 端口号的取值范围划分

（1）熟知端口：端口号的取值范围是 0~1023，由 ICANN 分配和控制。

（2）注册端口：端口号的取值范围是 1024~49151，不由 ICANN 分配与控制，但必须在 ICANN 登记，以防止重复。

（3）动态端口：端口号的取值范围是 49152~65535，既不用指派，也不用注册，可以由任意应用进程使用。

5. 常见的端口号

常见的端口号如表 6.1 所示。

表 6.1 常见的端口号

应用程序	FTP（控制）	FTP（数据）	SMTP	DNS	TFTP	HTTP	POPv3	SNMP
熟知端口	21	20	25	53	69	80	110	161

6.3 传输控制协议

传输层提供应用进程之间的通信。TCP/IP 栈包含两种传输层协议：传输控制协议（TCP）和用户数据报协议（UDP）。

6.3.1 TCP 的主要功能

TCP 提供的是一种可靠的、端到端的、面向连接的、全双工的通信服务，每一个连接可靠地建立，友好地终止，在终止发生之前的数据都会被可靠地传输。

1. 可靠的服务

TCP 通过按序传输（序列号）、消息确认（确认号）、超时重传（计时器）等机制确保发送的数据能被正确地送到目的端且不会发生数据丢失或乱序的情况。

2. 端到端的服务

每一个 TCP 连接有两个端点。这里的端点不是主机、主机的 IP 地址、主机的应用进程，也不是端口，而是套接字。端到端表示 TCP 连接只发生在两个进程之间，因此 TCP 不支持组播和广播。

3. 面向连接的服务

面向连接的服务是指希望发送数据的一方必须先请求一个到达目的地的连接，再利用这个连接来传输数据。

4. 全双工的通信服务

TCP 连接的两端都设有发送缓冲和接收缓冲，TCP 允许通信双方的应用进程在任何时候都能发送数据。

6.3.2 TCP 数据段的格式

TCP 数据段的格式如图 6.11 所示。一个 TCP 数据段分为首部和数据两部分，TCP 数据段首部的前 20 字节是固定的，后面的 4N（其中 N 为整数）字节根据需要来增加。因此，TCP 首部的最小长度是 20 字节，首部提供了可靠服务所需的字段。

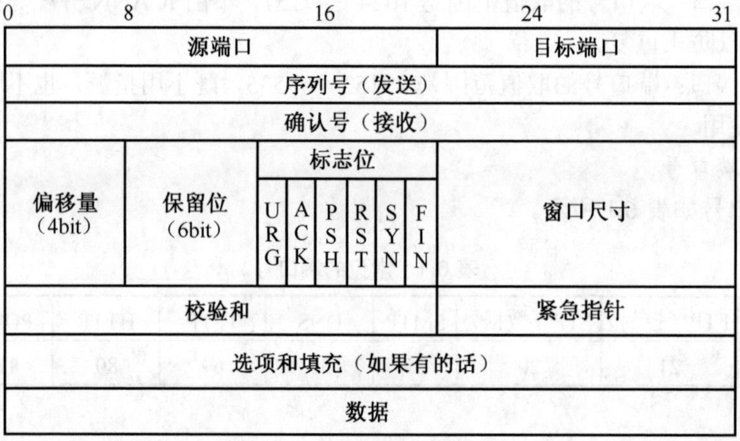

0	8	16	24	31
\multicolumn{2}{c|}{源端口}	\multicolumn{3}{c|}{目标端口}
\multicolumn{5}{c|}{序列号（发送）}
\multicolumn{5}{c|}{确认号（接收）}
偏移量（4bit）	保留位（6bit）	标志位 URG ACK PSH RST SYN FIN	\multicolumn{2}{c|}{窗口尺寸}
\multicolumn{2}{c|}{校验和}	\multicolumn{3}{c|}{紧急指针}
\multicolumn{5}{c|}{选项和填充（如果有的话）}
\multicolumn{5}{c|}{数据}

图 6.11 TCP 数据段的格式

下面简单地对各个字段的含义进行解释。

（1）源端口（Source Port）：一个标识发送方上发送应用程序的数字。

（2）目标端口（Destination Port）：一个标识接收方上接收应用程序的数字。

（3）序列号（Sequence Number）：TCP 以字节作为最小处理单位，数据是按照一个个字节（字节流）来传输的，因此在一个 TCP 连接中要对传输的字节流进行编号。该字段指出了 TCP 数据段中携带数据的第一个字节在发送字节流中的位置。

（4）确认号（Acknowledgement Number）：接收方希望从发送方接收的下一个字节，意思是接收方已收到该字节之前的所有字节。

（5）偏移量（Offset）：标识数据段首部后数据开始的位置，该字段占 4 比特（十进制最大值为 15），以 4 字节为单位，用于指出 TCP 数据段首部的长度。如果 TCP 数据段没有选项，则偏移量字段取值为 5，表示 TCP 数据段首部长度为 20 字节。

（6）保留位（Reserved）：该字段占 6 位，为 TCP 将来的发展预留空间，目前必须全部为 0。

（7）标志位（Flag Bit）：TCP 数据段首部包含 6 个标志位，它们的含义如下。

1）URG：紧急数据标志。如果 URG 为 1，则表示本数据段中有紧急数据，应尽快传输。

2）ACK：确认标志位。如果 ACK 为 1，则表示数据段中的确认号字段是有效的。

3）PSH：如果有 PSH 标志位，则接收方应尽快把数据传输给应用进程，而不是等到整个缓存都填满后再向上交付。

4）RST：用来复位一个连接。RST 标志置位的数据包称为复位包。如果 TCP 收到一个报文段明显不是属于该主机上的任何一个连接，则向远端主机发送一个复位包。

5）SYN：用来建立连接，让连接双方同步序列号。如果 SYN=1 而 ACK=0，则表示该数据段为连接请求；如果 SYN=1 而 ACK=1 则表示接受连接。

6）FIN：表示发送方已经没有数据要求传输了，希望释放连接。

（8）窗口尺寸（Window Size）：占 16 位，用于通告对方自己能够接收的数据量。

（9）校验和（Checksum）：占 16 位，校验的范围包括首部和数据部分。

（10）紧急指针（Urgent Pointer）：只有当 URG 位为 1 时才有效，用来指向该数据段紧急数据的末尾。将该指针加到序列号中，可以产生该数据段紧急数据的最后字节数。如果紧急指针的值为 5，则表示 TCP 数据段的数据中的第 4 字节为紧急数据。

（11）选项和填充（Options and Padding）：TCP 头部的选项字段和填充字段是用于在 TCP 头部传递额外信息的。选项字段允许发送方和接收方协商特定的 TCP 参数，而填充字段用于确保 TCP 头部长度是 32 位的整数倍。

6.3.3　TCP 连接的建立

TCP 使用 3 次握手（Three-way Handshake）协议来建立连接，如图 6.12 所示。连接可以由任何一方发起，也可以由双方同时发起。一旦一台主机上的 TCP 软件主动发起连接请求，运行在另一台主机上的 TCP 软件就被动地等待握手。

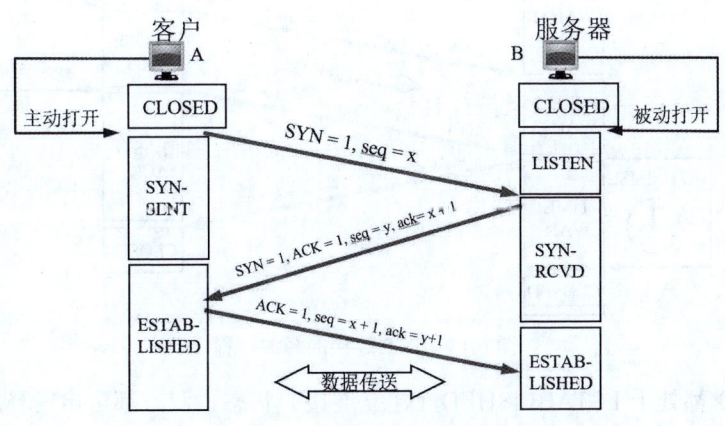

图 6.12　TCP 的 3 次握手

1. 第 1 次握手（同步请求阶段）

发送方向接收方发出连接请求的报文段，并在所发送的报文段中将标志位字段中的同步标志位 SYN 置为 1，确认标志位 ACK 置为 0。同时分配一个序列号 seq=x，表明待发送数据第一个数据字节的起始位置，序列号的确认号 ack＝0，因为此时未收到数据。

2. 第 2 次握手（回应同步请求阶段）

接收方收到该报文段，若同意建立连接，则发送一个接受连接的应答报文，其中标志位字段的 SYN 和 ACK 位均被置 1，指示对第一个 SYN 报文段的确认，以继续握手操作；否则，要发送一个将 RST 位置为 1 的应答报文，表示拒绝建立连接。确认号 ack＝x+1，表示已收到 x 之前的数据，期望从（x+1）开始接收数据，并产生一个随机的序列号 seq=y，表示本方发送的数据从序列号 y 开始。

3. 第 3 次握手（同步确认阶段）

发送方收到接收方发来的同意建立连接报文段后，还有再次进行选择的机会，若其确认要建立这个连接，则向接收方发送确认报文段，用来通知接收方双方已完成建立连接；若其不想建立这个连接，则可以发送一个将 RST 位置为 1 的应答报文来告知接收方拒绝建立连接。此时 ACK=1，SYN=0，表示同意建立连接。确认号 ack=y+1，表示已收到序列号 y 之前的数据，期望从（y+1）开始接收数据。

建立 TCP 连接后，随后进入数据传输阶段。

6.3.4　TCP 连接的释放

TCP 是全双工通信的，相当于一条 TCP 连接上有 2 条数据通路。TCP 连接的释放过程通常称为 "4 次挥手"。参与 TCP 连接的两个进程中的任何一方都能终止该连接，但发送了 FIN 的一方可以接收数据，不能再发送数据。TCP 连接的释放过程如图 6.13 所示。

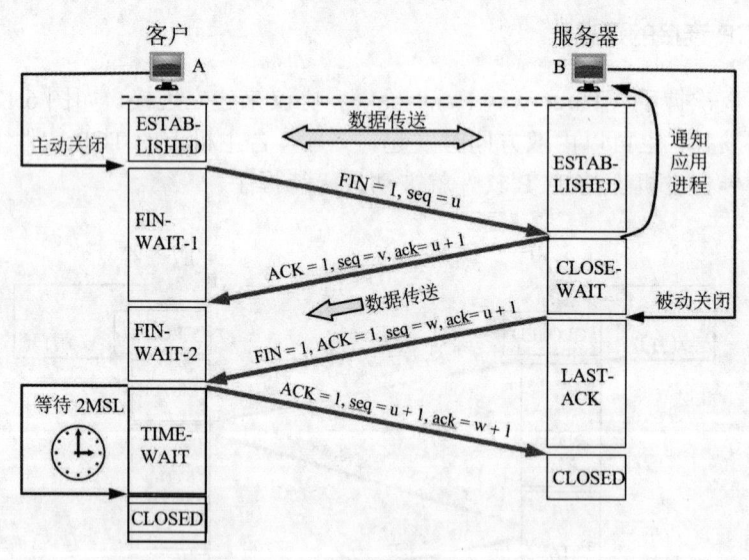

图 6.13　TCP 连接的释放过程

主机 A 和 B 都处于 ESTABLISHED（建立连接）状态，双方都可申请释放连接。现假定 A 先停止发送数据，发出了连接释放报文段，主动关闭 TCP 连接。报文段首部的 FIN=1，seq=u（A 已传数据中最后一个字节的序号加 1），此时 A 处于 FIN-WAIT-1（终止等待 1）状态。TCP 规定 FIN 报文段即便不携带数据，也要消耗一个序号。主机 B 收到连接释放报文段后，向主机 A 发出确认（ACK=1，ack=u+1），并且携带自己的序号 v。主机 B 进入 CLOSEWAIT（关闭等待）状态，并通知高层应用进程。主机 A 收到确认后，进入 FIN-WAIT-2（终止等待）状态。此时从主机 A 到主机 B 这个方向的连接就已经释放了，TCP 连接处于半关闭的状态。

此后，主机 B 还可以发送数据，主机 A 仍要接收数据。当主机 B 也不需要发送数据时，发出连接释放报文段（FIN=1，ACK=1），除了携带当前自己的序号 w 外，还要重复上次已发送过的确认号 ack=u+1。B 进入 LAST-ACK（最后确认）状态。主机 A 收到主机 B 的连接释放报文段后，对此发出确认（ACK=1，ack=w+1）。然后主机 A 进入 TIME-WAIT（时间等待）状态。主机 B 收到确认后，进入 CLOSED（关闭）状态，关闭连接。主机 A 还需经过 2 个最长报文段生命（Maximum Segment Lifetime，MSL）时间后才能进入 CLOSED 状态。

6.4 用户数据报协议

UDP 几乎直接使用 IP，在 IP 提供主机之间通信服务的基础上通过端口机制提供应用进程之间的通信功能，不提供任何其他更高级的功能。

6.4.1 UDP 概述

UDP 是无连接的协议，即通信双方并不需要建立连接，这种通信显然是不可靠的，但是 UDP 简单、数据传输速率快、开销小。虽然 UDP 只能提供不可靠的数据传递，但与 TCP 相比，UDP 仍具有一些独特的优势，具体如下。

（1）UDP 无须建立连接和释放连接，因此主机无须维护连接状态表，从而减少了连接管理开销，无须建立连接也减少了发送数据之前的时延。

（2）UDP 数据报只有 8 字节的首部，比 TCP 的 20 字节的首部要短得多。

（3）UDP 没有拥塞控制，因此 UDP 的传输速率很快，即使网络出现拥塞也不会降低传输速率。这对实时应用（如 IP 电话、视频点播等）是非常重要的。

（4）UDP 支持单播、组播和广播的交互通信，而 TCP 只支持单播通信。

6.4.2 UDP 报文格式

UDP 的报文格式由两部分构成：首部和数据，如图 6.14 所示。首部字段很简单，只有 8 字节，由 4 个字段构成，每个字段的长度都是 2 字节，各字段含义如下。

0	16	31
源端口号	目的端口号	
长度	校验和	
数据 ……		

图 6.14 UDP 报文格式

（1）源端口号：标识本主机应用进程的端口号。
（2）目的端口号：标识目的主机应用进程的端口号。
（3）长度：UDP 用户数据报的长度。
（4）校验和：用于检验 UDP 用户数据报在传输中是否出错。

> 课堂同步

如果用户程序使用 UDP 进行数据传输，那么（　　）协议必须承担可靠性方面的全部工作。

  A．数据链路层　　　　　　　　B．网络层
  C．传输层　　　　　　　　　　D．应用层

6.4.3 基于 TCP 与 UDP 的一些典型应用

TCP 能提供面向连接的可靠服务，而 UDP 具有无须建立、简单高效且开销小的特点，两者均得到了广泛的应用，表 6.2 所示为基于 TCP 与 UDP 的一些典型应用。

表 6.2 基于 TCP 与 UDP 的一些典型应用

应用	应用层协议	传输层协议
域名服务	DNS	UDP、TCP
路由信息协议	RIP	UDP
动态主机配置	DHCP	UDP
简单网管	SNMP	UDP
电子邮件发送	SMTP	TCP
远程登录	Telnet	TCP
Web 浏览	HTTP	TCP
文件传输	FTP	TCP

6.5 TCP 的可靠传输

TCP 是一种传输控制协议，作用在传输层，利用校验和、序号、确认和重传等机制，向应用层提供可靠的数据传输服务，以确保接收方收到的数据与发送方发出的数据完全相同。

6.5.1 序号机制

某条 TCP 连接要传送 5000 字节的文件，分为 5 个 TCP 数据段进行传输，每个 TCP 数据段携带 1000 字节的数据。假设该条 TCP 连接建立时随机选择的初始序号为 1000，那么 TCP 对该文件按字节进行序化的编号从 1001 开始，TCP 的数据段字节编号如图 6.15 所示。由此可以看出，应用程序将交付的报文按字节进行序列化后交付给 TCP，每一个 TCP 连接之间传输的是一连串无结构的字节流，而不是数据段（有信息的边界）。TCP 使用这样的序号机制，既能标识不同的数据段，也能使接收方根据序号字段判断所接收数据段的次序，以便最后能按照数据原始的发送顺序递交给应用层。

数据段 1 序号 = 1001	（数据字节编号范围：1001～2000）
数据段 2 序号 = 2001	（数据字节编号范围：2001～3000）
数据段 3 序号 = 3001	（数据字节编号范围：3001～4000）
数据段 4 序号 = 4001	（数据字节编号范围：4001～5000）
数据段 5 序号 = 5001	（数据字节编号范围：5001～6000）

图 6.15　TCP 的数据段字节编号

6.5.2　确认机制

TCP 使用确认机制来证实收到数据段。接收方可以在合适的时机单独发送确认报文段 ACK，也可以在发送数据时把确认信息捎带上。TCP 使用肯定的累积确认，例如确认号为 501，表示 501 号之前的所有数据都已被正确接收，希望接收的下一个字节是 501 号字节。TCP 接收方返回发送方 ACK 的时候，是对最后一个连续收到的 TCP 数据段的确认，不能"跳"着确认。例如，假设发送方连续发送了 A、B、C、D 4 个数据段（图 6.16），其中 A 的序号为 0，4 个数据段都包含 100 字节，则 B、C、D 的序号分别为 100、200 和 300。假设数据段 A、C、D 都顺利到达接收方，而 B 在传输过程中丢失了，此时接收方向发送方返回的确认号为 100，而不是 300，否则发送方认为 A、B、C、D 4 个数据段都已收到（事实上接收方没有收到 B 数据段）。换言之，TCP 接收方只能用连续收到的最大字节编号加 1 作为 ACK 的确认号。

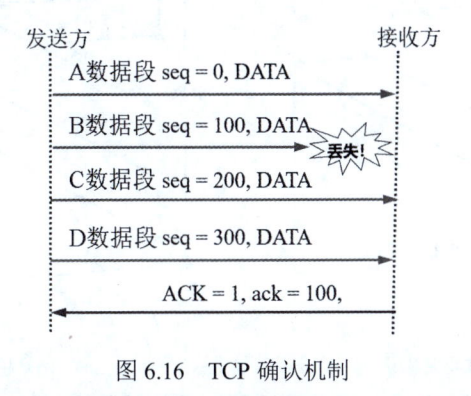

图 6.16　TCP 确认机制

6.5.3　重传机制

TCP 是一个可靠的数据传输协议，要求接收方收到 TCP 数据段后必须应答。但 TCP 只能用确认号来表示该序号前的所有字节都已正确被接收，而没有其他否定应答或选择重发的功能，而当接收方 TCP 实体收到一个出错的 TCP 报文后，只是将其丢弃而不作应答，因此发送方必须采用重传机制来重发久未应答的数据段。

1. 重传定时器

超时重传（Retransmission Time Out，RTO）是 TCP 可靠传输的基本要素之一。发送方对每一个发送出去的 TCP 数据段均设置一个 RTO 定时器，如果在 RTO 时间内，发送方没有收到接收方对该 TCP 数据段的确认，那么发送方必须重传这个 TCP 数据段。显然，RTO 时间的选择非常重要。如果 RTO 设置得太小，TCP 数据段还未到达接收方，发送方又重传了 TCP 数据段；如果 RTO 设置太大，接收方需要等待较长的时间才能收到重传的、已经丢失的 TCP 数据段。

2. 有效的重复确认

计时器超时而触发的重传在网络状况较好的情况下，会影响网络传输效率。因为当网络状况比较好时，发送方连续发送多个数据段后，如果其中的某个数据段丢失了，而其后面的数据段都顺利到达接收方，则接收方对于收到的比所期待数据段序号大的无序数据段，会重复发送一个确认号（也就是丢失的那个数据段的序号），表明期待的下一个数据段是按序接收条件下丢失的那个数据段。当发送方收到 3 次重复确认时，便可知道该确认号所指向的数据段已丢失，需要尽快启动重传，而无须等待该丢失数据段对应的计时器超时，这种机制也称为快速重传。在图 6.17（a）中，当收到序号为 24 的字节时，需要发送确认信息 ack=23，告知发送方序号小于 22 的字节全部接收，期望接收到序号为 23 的字节；当接收方再次收到失序的序号为 25 的字节时，确认信息 ack=23 又被发送一次。需要注意的是，接收方在收到序号为 22 的字节时，确认信息 ack=23 已经被发送一次，即确认信息 ack=23 被发了 3 次（重复 2 次）。

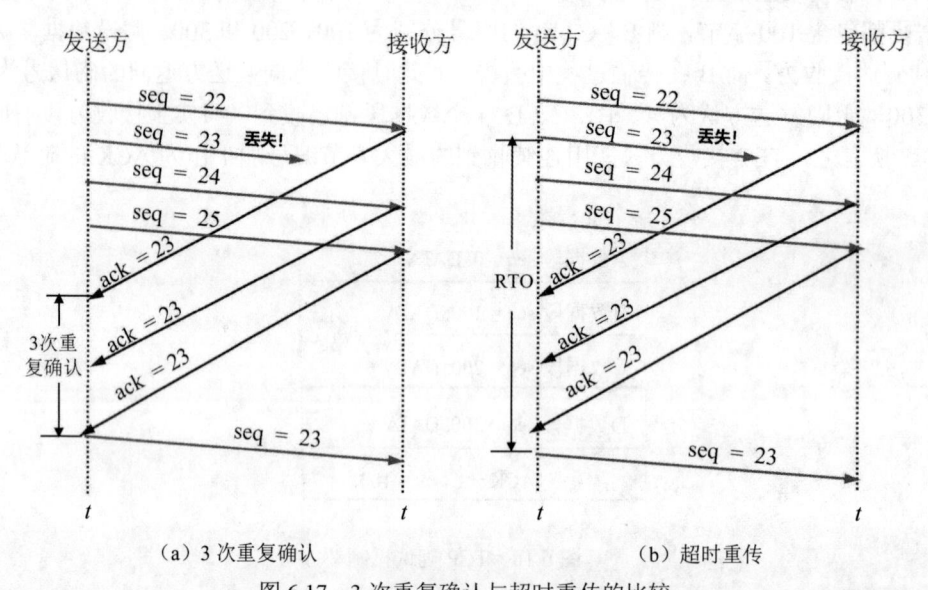

图 6.17　3 次重复确认与超时重传的比较

图 6.17（a）和（b）对比了 3 次重复确认和超时重传。使用 3 次重复确认机制可以使发送方更早地重传丢失的序号为 23 的字节，而超时重传机制则需要等到计时器超时才会重传丢失的序号为 23 的字节。

6.6　TCP 流量控制

流量控制可以在数据链路层和传输层上实现，范围涉及两个相邻节点或端节点，属于网络的局部控制。TCP 的流量控制是在传输层上实现的，它使用动态缓存分配和滑动窗口机制来解决收发双方处理能力不匹配的问题，即解决低处理能力（如慢速、小缓存等）的接收方无法处理过快到达的数据的问题。

6.6.1 滑动窗口机制

当接收方收到一个正确的 TCP 数据段时，它会拆分该 TCP 数据段，并将数据存放在 TCP 的接收缓存中，应用进程将从接收缓存中读取数据。实际上，接收方的应用进程并不会立即读取刚刚写入接收缓存中的数据，或许会等待一段时间再去读取接收缓存中的数据。如果应用进程读取数据的速度较慢，而发送的数据多且快，那么这些数据最终会导致接收方的接收缓存溢出。

在前面介绍 TCP 的首部时已经了解到，接收方可以通过在确认数据段中头部的接收窗口（rwnd）字段设置 rwnd 值告知发送方自己当前的接收容量，从而使发送方根据最新收到的 rwnd 值调整自己的发送窗口大小，以将未确认的数据量控制在 rwnd 值之内，使接收方的接收缓存区不会出现数据溢出的问题。发送方这种动态调整发送窗口的机制也称为滑动窗口机制。TCP 提供了一种基于滑动窗口的流量控制机制来避免发送方发送数据的速率与接收方应用进程读取数据的速率不匹配而导致缓存溢出的问题。

6.6.2 发送方缓存与窗口之间的关系

滑动窗口机制通过发送方窗口与接收方窗口的配合来完成传输控制。TCP 发送方缓存与窗口的关系如图 6.18 所示。

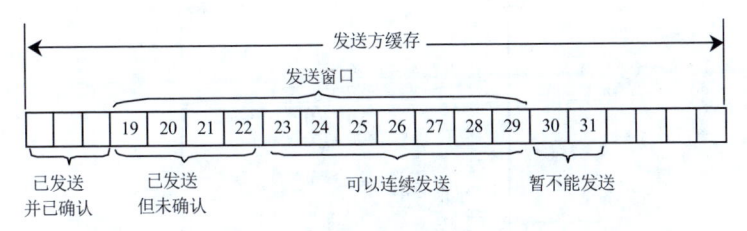

图 6.18 TCP 发送方缓存与窗口的关系

在发送方缓存中是一组顺序编号的字节数据，这些数据的一部分在发送窗口中，另一部分在发送窗口外。在图 6.18 中，发送方缓存左端和右端空白处表示可以填入数据的空闲缓存，实际上可以将缓存视为左端和右端相连的环。发送窗口前面是已经发送而且收到确认的数据，因此，缓存被释放。在发送窗口中，左边是已经发送但尚未得到确认的数据，右边是尚未发送但可以连续发送的数据。窗口外的数据是暂不能发送的数据。

一旦窗口内的部分数据得到确认，窗口便向右滑动，将已确认的数据移到窗口的外面。这些数据所对应的缓冲单元成为空闲单元。窗口右边沿的移动使新的数据又落入到窗口中，成为可以被连续发送的数据的一部分。

6.6.3 接收方缓存与窗口之间的关系

接收方的窗口反映当前能够接收的数据量。图 6.19 给出了接收方缓存与窗口的关系。

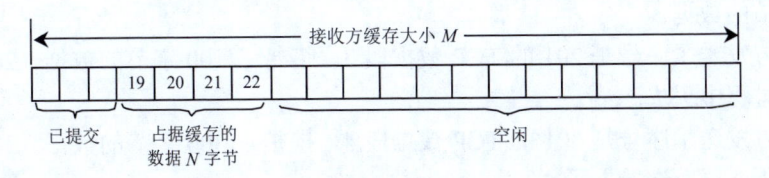

图 6.19 TCP 接收方缓存与窗口的关系

接收窗口的大小 W 对应接收方缓存可以继续接收的数据量，它等于接收缓存大小 M 减去缓存中尚未提交的数据字节数 N，即 $W=M-N$。接收窗口的大小取决于接收方处理数据的速度和发送方发送数据的速度，当从缓存取走数据的速度低于数据进入缓存的速度时，接收窗口逐渐缩小，反之则逐渐扩大。接收方将当前窗口大小通告给发送方（利用 TCP 段首部的窗口大小字段），发送方根据接收窗口大小调整其发送窗口大小，使发送方窗口始终小于或等于接收方窗口的大小。

通过使用滑动窗口机制限制发送方一次可以发送的数据量，即可实现 TCP 流量控制。这里的关键是要保证发送方窗口小于或等于接收方窗口的大小。当发送方窗口大小为 1 时，每发送一个字节的数据都要等待对方的确认，这便是简单的停—等协议。

6.6.4 利用滑动窗口机制实现流量控制的过程

图 6.20 所示为利用滑动窗口机制实现流量控制的示例。每个 TCP 数据段携带 100 字节的数据，接收方的缓存是 400 字节，则发送方的发送窗口初始化为 400 字节，ack 是确认号，seq 是序号。注意，发送方为每一个已经发送的 TCP 数据段启动超时重传定时器，图 6.20 中仅给出了序号是 201 的 TCP 报文段的超时重传定时器。

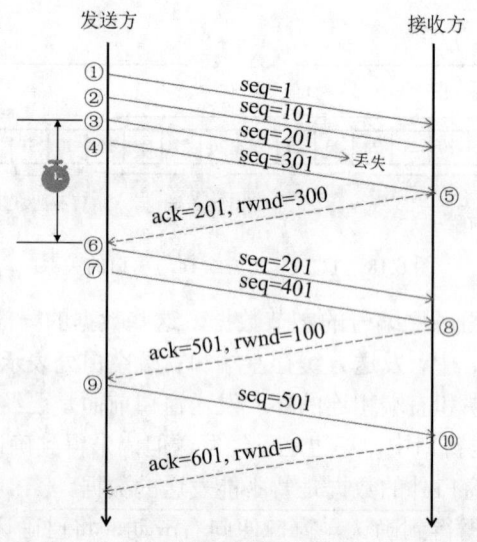

图 6.20 利用滑动窗口机制实现流量控制示例

图中各步骤说明如下。

①：发送方发送了序号是 1 的 TCP 数据段 1，携带了 100 字节的数据（1～100），还可以发送 300 字节的数据。

②：发送方发送了序号是 101 的 TCP 数据段 2，携带了 100 字节的数据（101～200），还可发送 200 字节的数据。

③：发送方发送了序号是 201 的 TCP 数据段 3，携带了 100 字节的数据（201～300），该数据段在传输过程中丢失。

④：发送方发送了序号是 301 的 TCP 数据段 4，携带了 300 字节的数据（301～400），缓存配额用完，不能再发送数据了。

⑤：接收方收到数据段 4 时，感觉失序了（也可能是累计确认时机到了），向发送方通报数据段 1、数据段 2 和数据段 4 已经收到，需要数据段 3，并且接收方感觉自己的缓存紧张，所以通知发送方将发送窗口更改为 300 字节（第 1 次流量控制），即可以接收序号是 201~500 的数据字节（300 字节）。同时收到 ack=201 的确认信息，发送方释放数据段 1 和数据段 2 的缓存。

⑥：发送方收到确认，根据要求调整发送窗口的大小和位置，此时发送窗口卡在 201~500 的位置上。序号是 201 的 TCP 数据段 3 的超时重传定时器超时，重新发送序号是 201 的 TCP 数据段 2，携带了 100 字节的数据（201~300），还可以发送 200 字节的数据。序号是 301 的 TCP 数据段 4 的超时重传定时器未超时，已经发送了 100 字节的数据（301~400），还可以发送 100 字节的数据。

⑦：发送方继续发送序号是 401 的 TCP 报文段 5，至此，发送方已经发送了序号是 201、301 和 401 的 TCP 数据段，共发送了 300 字节的数据，缓存配额用完，发送方停止发送数据。

⑧：接收方收到 TCP 数据段 5 后，感觉自己的缓存更加紧张，给出确认 ack=501，并通知发送方将发送窗口改为 100 字节（第 2 次流量控制），即可以接收序号是 501~600 的数据字节（100 字节）。发送方收到确认 ack=501，释放 300 字节的缓存。

⑨：发送方发送序号是 501 的 TCP 报文段 6，发送方停止发送数据。

⑩：接收方收到 TCP 数据段 6 后，感觉自己再无力保存更多的数据，所以给出确认 ack=601，并通知发送方将发送窗口改为 0（第 3 次流量控制），表示接收方的接收缓存已经没有空间来接收数据，此时发送方不能再发送数据。

6.6.5 可能出现的死锁问题

TCP 允许接收方将发送方的窗口大小调整为 0，但有时会因此产生一些问题。例如图 6.21 中接收方向发送方发送了 0 窗口的报文段后不久，接收方的接收缓存又有了一些存储空间。于是接收方向发送方发送了 rwnd=300 的报文段，很不幸这个报文段在传送过程中丢失了，从而导致发送方一直等待收到接收方发送的非 0 窗口的通知，而接收方也一直等待发送方发送的数据。如果没有其他措施，这种互相等待的死锁局面将一直延续下去。

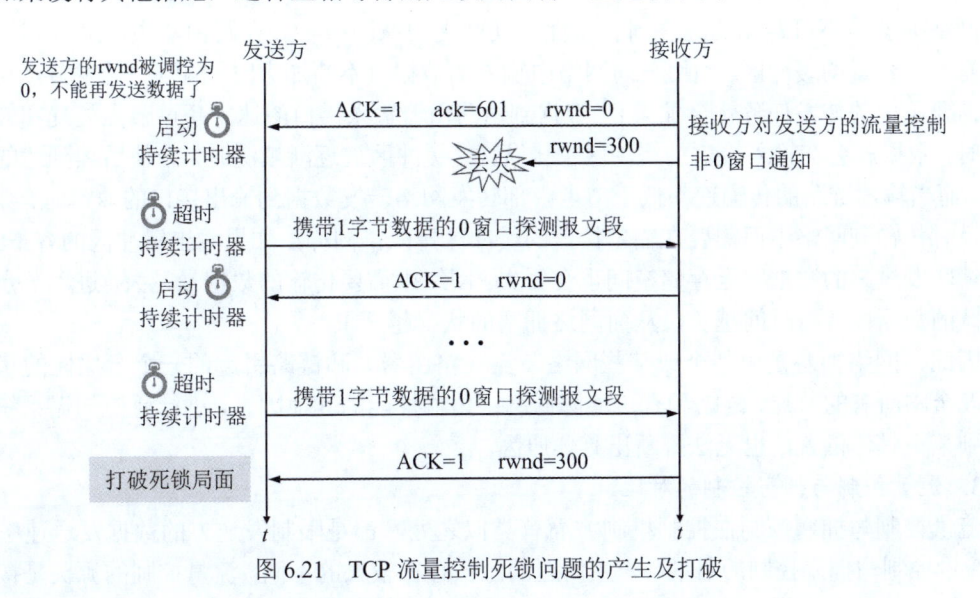

图 6.21　TCP 流量控制死锁问题的产生及打破

为了解决这个问题，TCP 为每一个连接设置了一个持续计时器（Persistence Timer）。只要 TCP 连接的一方收到对方的 0 窗口通知，就启动该持续计时器。若持续计时器设置的时间到期，则发送一个 0 窗口探测报文段（仅携带 1 字节的数据），而对方则在确认这个探测报文段时给出了现在的窗口值。若窗口仍然是 0，则收到这个报文段的一方就重新设置持续计时器。若窗口不是 0，则死锁的僵局就可以打破了。

6.7 TCP 的拥塞控制机制

TCP 的拥塞控制是确保网络传输稳定性和效率的关键机制。它通过一系列算法来调整发送方的数据发送速率，以适应网络的承载能力，避免过度拥塞和数据丢失。

6.7.1 拥塞控制概述

实际上，最初的 TCP 只考虑了接收方的接收能力，而没有考虑网络的传输能力，因此会导致"拥塞崩溃"。1986 年，互联网发生了第一次网络"拥塞崩溃"的问题。拥塞控制的目的是防止过多的数据注入网络，进而防止网络中的路由器、交换机或链路过载。在最早开始出现比较明显的拥堵状况的很长一段时间内，互联网的实际吞吐量出现大幅下降。面对这种情况，许多研究者开始考虑如何在已有的 TCP/IP 框架下进行补救。拥塞控制涉及的网络层次有数据链路层、网络层和传输层，不同层次上产生网络拥塞的因素及避免策略是不同的。

1. 网络拥塞的概念

网络拥塞是指当向网络注入太多数据时，由于网络转发节点的资源有限而造成网络传输性能下降的情况。网络拥塞反映了网络的数据传输能力，包括链路带宽、节点存储容量及处理能力等网络资源的需求超过网络承受能力，使网络处于持续过载的状态。网络拥塞主要发生在网络的中间节点上，因此对端系统而言，对网络拥塞状况的了解主要是通过通信过程中数据传输时延变长而感知的。

2. 产生网络拥塞的原因

网络拥塞是不可避免的网络固有属性，其产生的原因很多。在路由器中，输入和输出接口都有一定容量的缓冲区。当用户向网络中输入的数据量不断加大时，网络的转发节点——路由器需要承担的转发任务就会加大。当数据到达路由器输入接口的速率超过节点处理和转发的速率时，数据就会在输入接口的缓冲区中排队，当缓冲区被逐渐填满时，会使后续到达的数据丢失。而当输出链路的传输速率低于节点内部转发网络转发数据到输出接口的速率时，数据因不能及时传输到网络中而需要在输出接口的缓冲区排队；同样，如果输出缓冲区的容量满了，则后续转发过来的数据因无存储空间也会丢失。网络中需要传输的数据量越大，进入节点缓冲区排队的数据段等待时间越长，从而网络拥塞的状况越严重。

因此，网络拥塞是由某个或某些网络节点（路由器）和链路引起的一个全局性的状况，它涉及全网所有的节点、链路和有可能降低网络传输性能的其他因素，进行通信的端系统很难定位到某个具体位置，也无法推断出具体原因。

3. 流量控制与拥塞控制的对比

流量控制与拥塞控制在控制机制方面有类似之处，都是限制发送方的数据发送速率。但是，流量控制与拥塞控制的目的、产生问题的源头存在较大的不同。流量控制的源头是接收方无法顺利接收大批量数据，其是防止发送方的数据发送速率超过接收方的数据接收能力而对发送方的发送行为进行的限制，是一种点到点的通信量的控制（局部控制）。而拥塞控制的源头是网络无法正常工作，其是防止注入网络的数据量超过网络中的路由器和链路可以承受的能力而增加的一种端到端的通信控制（全局控制）。下面举例说明流量控制与拥塞控制的主要区别。

例如，某个局域网的链路传输速率为 10Gbit/s，某个时刻只有一台超级计算机向一台 PC 以 100Mbit/s 的速率传送文件。显然，局域网本身有足够的带宽来传输文件。但超级计算机的处理能力远高于 PC，因此需要进行流量控制，即超级计算机必须时常暂停向链路输出数据，以保障 PC 有时间处理接收缓存中的数据，避免丢包。但如果同时有 5000 台计算机向另外 5000 台计算机以 10Mbit/s 的速率传送文件，接收方主机有足够的能力及时接收数据。但整个网络的输入负载已经超过了网络所能承受的范围，此时需要进行拥塞控制。

6.7.2 拥塞控制机制

虽然引发拥塞控制和流量控制的原因不同，但它们的处理方式却类似，都是通过调整发送方发送数据的速率解决的。也就是说，TCP 的发送方在确定数据段发送速率时，既要考虑接收方的接收能力，也要兼顾网络的整体承受能力。

1. 拥塞窗口的概念

为了实施拥塞控制，TCP 发送方引入 2 个变量：一个是拥塞窗口 cwnd；另一个是慢启动门限 ssthresh。引入 cwnd 后，TCP 的最大发送窗口 MaxWindows 由 2 个窗口值决定：接收方通过数据段头部的接收窗口（rwnd）值所告知的接收缓冲区大小，以及发送方自己预估的反映网络拥塞程度的拥塞窗口（cwnd）值，即 MaxWindows=min(rwnd,cwnd)。

2. 拥塞控制思路

TCP 中的发送方是如何感知网络拥塞并调整其 cwnd 的呢？其主要思想是，当网络没有出现拥塞时，逐步加大 cwnd，使发送出去的数据段数量增大，从而提高网络利用率；但当感知到网络出现拥塞或有可能出现拥塞时，则调小 cwnd，以减少发往网络中的数据段，从而缓解网络拥塞状况。为此，发送方拥塞窗口的大小表现为波浪式变化。

3. 网络拥塞的判断

发送方判断网络是否出现拥塞的主要依据是重传计时器超时和收到 3 次重复确认。如果重传计时器超时，则发送方认为是网络拥塞导致了 TCP 数据段或确认数据段的丢失，并且拥塞程度比较严重。如果收到 3 次重复确认，则发送方认为网络拥塞导致某个 TCP 数据段丢失，但因为还能收到对于其他数据段的确认数据段，所以网络拥塞的程度还不算很严重。

4. 网络拥塞控制算法

下面具体介绍 TCP 的拥塞控制过程。为方便讨论，只讨论数据单向流动的情况，也就是假设发送窗口中总有数据需要发送。同时，假设接收方的缓冲区足够大，因此发送窗口只需要考虑 cwnd 的大小。TCP 的拥塞控制包括 4 个阶段：慢启动（Slow-Start）、快速重传（Fast Retransmit）、快速恢复（Fast Recovery）和拥塞避免（Congestion Avoidance），每个阶段有对应的算法。

（1）慢启动。慢启动是应对 TCP 连接刚建立时准备向网络中发送数据的情况，由于尚不清楚网络当前的负载情况，应以尝试的方式发送数据。先发送少一点的数据，如果顺利收到确认数据段，则可以认为网络的状况比较好而逐步加大拥塞窗口（也就是发送窗口）。慢启动阶段工作过程如下。

1）TCP 连接建立好后，先进行初始化，cwnd=1MSS，表明可以传输一个最大报文段尺寸（Maximum Segment Size，MSS）大小的数据。

2）每当收到一个 ACK，cwnd 加 1。

3）每当过了一个 RTT，令 cwnd=cwnd×2。

慢启动阶段如图 6.22 所示，发送方 A 向接收方 B 发数据，A 的初始 cwnd 为 1 MSS，A 发送完 1 个数据段后，收到 B 对第 1 个数据段的确认数据段，A 把 cwnd 从 1 MSS 增大到 2 MSS，A 接着发送 2 个数据段，收到 B 对这 2 个数据段的确认数据段后，将 cwnd 从 2 MSS 增大到 4 MSS，接下来可以一次连续发送 4 个数据段。依此类推，cwmd 在每个传输轮次（是指连续发送一批待确认的数据段并收到这一批次数据最后一个数据段确认的一个 RTT 时间段）后都会加倍。

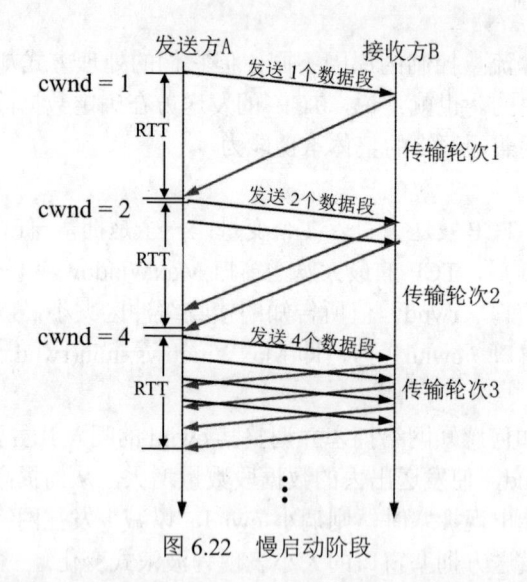

图 6.22　慢启动阶段

如果在慢启动阶段发生 ACK 超时，则 TCP 发送方首先重传丢失数据段，然后将 ssthresh 设置为 cwnd 大小的一半，即 ssthresh=cwnd/2，并将 cwnd 重新设置为 1 个 MSS；再复位重复 ACK 计数器，同时将重传定时器的值设置为原来的 2 倍。TCP 发送一旦发生 ACK 超时事件，ssthresh 就变为当前 cwnd 的一半，这就表明 sthresh 是按照指数递减的，称之为乘性减小（Multiplicative Decrease，MD）。如果在慢启动阶段收到重复 ACK，则将重复 ACK 计数器 dupACKcount 加 1。

TCP 何时结束慢启动阶段呢？当 TCP 发送方遇到下列 2 种情形之一时，就会结束慢启动阶段并转入其他阶段。

1）当 TCP 发送方发现 cwnd 到达或者超过 ssthresh（即 cwnd≥ssthresh）时，TCP 发送方结束慢启动阶段，转入拥塞避免阶段。

2）如果 TCP 发送方收到 3 个重复 ACK，这时 TCP 发送方由慢启动阶段转入快速恢复阶段。

（2）拥塞避免。进入拥塞避免阶段后，TCP 发送方的 cwnd 是上次遇到拥塞时的值的一半。如果 TCP 发送方仍然采用慢启动，则每过 1 个 RTT 时间 cwnd 翻倍增大，有可能很快又发生拥塞。因此，TCP 发送方进入拥塞避免阶段后，采取一种较为保守的方法，即每经过 1 个

RTT 时间只将 cwnd 的值增加 1 个 MSS。在拥塞避免阶段，cwnd 的计算方法如下。

1）收到一个 ACK 时，cwnd =(cwnd+ 1/cwnd)×MSS。

2）当每过一个 RTT 时，cwnd =(cwnd+1)×MSS。

这种方法的一种较为简单的实现方式是，TCP 发送方每收到一个新的 ACK，就将 cwnd 增加 1 个 MSS×MSS/cwnd。假设 MSS 为 1460 字节，而此时 cwnd 为 10 个 MSS，等于 14600 字节，这意味着 TCP 发送方可以在 1 个 RTT 内发送 10 个 TCP 报文。每当 TCP 发送方收到 1 个 ACK，将 cwnd 增加 1/10 个 MSS，最终 TCP 发送方收到 10 个 ACK 后，cwnd 将增加 1 个 MSS，这种增加 TCP 拥塞窗口的方式称为加性增加（Additive Increase，AI）。

同样的道理，TCP 何时结束拥塞避免阶段呢？

1）如果发生 ACK 超时事件，首先将 ssthresh 设置为目前拥塞窗口 cwnd 的一半（ssthresh=cwnd/2），同时将 cwnd 值设置为 1（cwnd=1）。同样的道理，只要发生 ACK 超时，TCP 发送方还会将 ACK 超时定时器的值设置为原来的 2 倍。

2）如果 TCP 发送方收到 3 个重复 ACK，这时 TCP 发送方由慢启动阶段转入快速重传和恢复阶段。

无论在慢启动阶段还是在拥塞避免阶段，只要发送方判断网络出现拥塞（其根据就是没有收到确认），就把 ssthresh 设置为出现拥塞时发送方窗口值的一半（但不能小于 2）。然后把 cwnd 重新设置为 1，执行慢启动算法。这样做的目的是要迅速减少主机发送到网络中的数据量，使发生拥塞的路由器有足够的时间把队列中积压的分组处理完。

图 6.23 所示 TCP 拥塞控制举例说明了上述拥塞控制的过程。

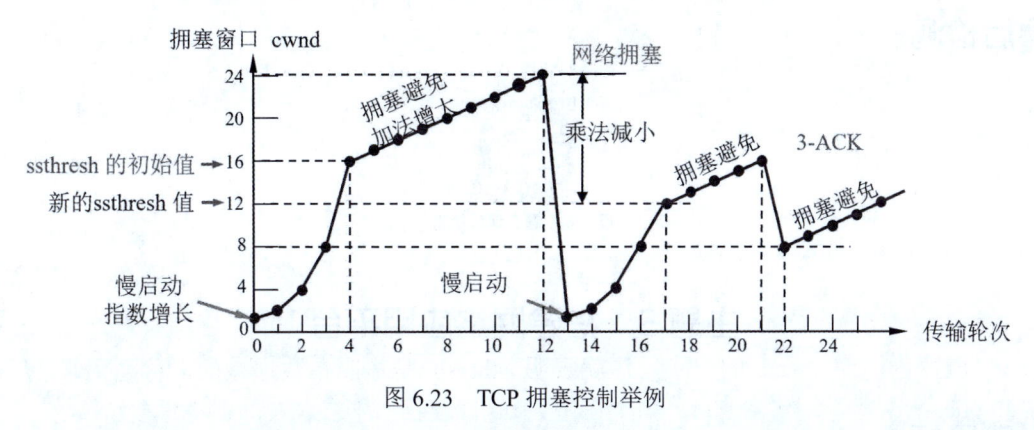

图 6.23 TCP 拥塞控制举例

1）当 TCP 连接进行初始化时，把 cwnd 设置为 1。为了便于理解，图中的窗口单位不使用字节面而使用数据段的个数。ssthresh 的初始值设置为 16 个报文，即 ssthresh=16 MSS。

2）在执行慢启动算法时，cwnd 的初始值为 1。以后 TCP 发送方每收到个 ACK，将 cwnd 加 1，然后开始下一轮的传输（图中横坐标为传输轮次）。因此，cwnd 随传输轮次按指数规律增长。当 cwnd 增长到与 ssthresh 相等时（即当 cwnd=16 MSS 时），将改为执行拥塞避免算法，拥塞窗口按线性规律增长。

3）假定当 cwnd 增长到 24 个 MSS 时，网络出现超时（这很可能是网络发生了拥塞）。更新后的 ssthresh 变为 12 MSS（即变为出现超时时的 cwnd 的一半），cwnd 再重新设置为 1 MSS，并执行慢启动算法。当 cwnd=ssthresh=12 MSS 时，改为执行拥塞避免算法，拥塞窗口按线性规律增长，每经过一个往返时间增加 1 个 MSS 的大小。

需要注意的是，拥塞避免并非指完全能够避免拥塞。因此，利用以上的措施，要完全避免拥塞还是不可能的。拥塞避免是指在拥塞避免阶段使拥塞窗口按线性规律增长，使网络不容易出现拥塞。

（3）快速重传与快速恢复。无论是在慢启动阶段还在拥塞避免阶段，如果 TCP 发送方连续收到 3 个重复 ACK，例如图 6.23 中的第 21 个传输轮次，这意味着某个 TCP 数据段丢失了，此时 TCP 发送方不必等待该 TCP 报文超时，而是立即重传该报文，这就是快速重传。利用这种方式可以避免当出现超时时，发送方误认为出现了网络拥塞的情况。使用快重传可以使整个网络的吞吐量提高约 20%。

同时，将 ssthresh 设置为当前 cwnd（16 MSS）的一半（即 ssthresh=8 MSS），并把 cwnd 设置为调整后的 ssthresh（cwnd=ssthresh=8 MSS），称这种调整拥塞窗口的方式为乘法减小（Multiplicative Decrease，MD）。此时，发送方进入拥塞避免阶段，拥塞窗口以线性方式缓慢增长。因为没有直接返回到 cwnd 为 1 的慢启动阶段，所以称为快速恢复阶段。

动手实践

分析 TCP 的 3 次握手过程

课后检测

模块 6 主题 2 课后检测

主题 3　搭建网络应用平台

学习目标

通过对本主题的学习达到以下目标。

知识目标：

- 了解 C/S 和 P2P 工作模式。
- 掌握 DHCP 的作用及工作过程。
- 了解 Internet 信息服务的基本概念。
- 掌握 DNS 的作用、层次结构及查询方式。

技能目标：

- 能够配置 Web、DHCP 和 DNS 服务。

素质目标：

- 通过对 Web 作用的介绍，让学生明白每个人既是信息资源的接收者和享用者，又是信息资源的发布者和贡献者，引导学生树立"我为人人，人人为我"的道德准则。

课前评估

1．随着 Internet 的发展，商业化的服务越来越多。虽然不同的网络服务有不同的通信方式，但是总体上有一个共同的方式，即_____。为了完成一次具体的网络服务，总有一方是先发起通信的，而另一方是被动发起通信的。请尽可能列举类似工作模式的常见网络服务。

2．计算机网络终端之间的通信依赖 IP 地址，随着网络规模的扩大，终端的数量大于可供分配的 IP 地址的数量。随着移动终端的广泛应用且位置不断变化，相应的 IP 地址也必须更新。IP 地址在更新过程中面临工作量大、容易出错等问题，是否有应对这些问题的解决方案？请举例说明。

3．在数据通信网络中，使用 IP 地址标记连接以便通过网络发送和接收数据；在 Internet 上，IP 地址不计其数且很难记忆；如果需要修改主机的 IP 地址，通常不能做到对用户透明，请问如何解决这些问题呢？

4．企业希望建立一个对外宣传的窗口，在 Internet 中实现企业产品的对外宣传和远程终端业务数据处理，实现办公自动化和无纸化办公，提高办公效率和节约成本。请思考如何满足企业的这些需求。

6.8 C/S 工作模式与 P2P 工作模式

应用层在 TCP/IP 模型的最上层，应用层并不是网络应用，这一点如同网络层不是物理媒体一样。网络应用是为了解决某一网络问题而产生的，应用层则规定了网络应用应该遵循的规则和标准。目前，计算机网络中网络应用模式有客户机/服务器（Client/Server，C/S）工作模式和对等（Peer to Peer，P2P）工作模式。

6.8.1 C/S 工作模式

C/S 工作模式如图 6.24 所示，其基本组件包括提供服务的服务器和请求服务的客户机、服务器软件和客户机软件、支持服务器和客户机信息传输的网络。一个网络应用程序分布在两个或多个端系统中。例如，Web 应用中的浏览器软件和服务器软件分别部署在不同的主机中，而多方视频会议应用中的每个参与会议的主机上都配置视频会议软件。客户机与服务器建立通信关系后，一般是双向通信，极少情况下是单向通信（单向通信是指服务器接收并处理请求后，并不需要反馈相关的结果给客户机），例如水利部门通过收集各地江河的水文资料分析江河的旱汛情况。

图 6.24　C/S 工作模式

6.8.2　P2P 工作模式

随着计算机技术的快速发展，用户计算机的硬件资源变得越来越强大，在 C/S 工作模式应用中，处于网络中心的服务器可能不堪重负，处于网络边缘的客户机存在大量闲置资源问题，使得网络负载分布不均衡，由此产生了 P2P 工作模式。P2P 工作模式是指网络中的任意一对主机之间可以直接通信，并不区分哪一个是服务的请求方，哪一个是服务的提供方，每台主机同时具有上传和下载功能，如图 6.25 所示。

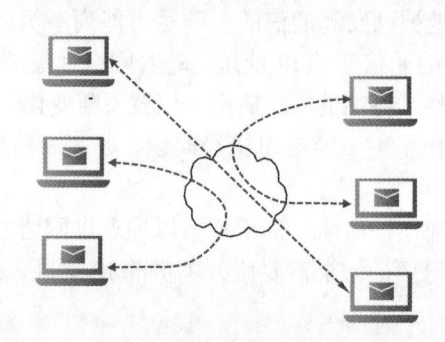

图 6.25　P2P 工作模式

在 P2P 工作模式下，虽然各个主机之间的地位是平等的，但是网络中的每个主机既可作为客户机访问其他主机的资源，又可作为服务器提供资源给其他主机访问，因此 P2P 工作模式从本质上看仍然是 C/S 工作模式。P2P 工作模式最初主要用于小型工具软件，如电驴下载软件等，现在的即时通信软件如 QQ、微信等也属于 P2P 工作模式的通信，P2P 工作模式在一些大型的科学计算上具有良好的市场。

6.9　动态主机配置协议

主机的网络接口必须正确配置 IP 地址等信息才能够接入互连网络。动态主机配置协议（DHCP）能够为主机自动分配 IP 地址、子网掩码、默认网关及 DNS 服务器地址等。DHCP 采用 C/S 工作模式，指定的 DHCP 服务器负责分配 IP 地址并将配置参数传输给客户机。

6.9.1　使用 DHCP 的主要目的

在较大的网络中，一般会使用 DHCP 服务器对 IP 地址实行自动管理和配置。在日常的网络管理工作中，使用 DHCP 主要有以下 3 个方面的原因。

1. 安全可靠的配置

DHCP 避免了要在每台主机上输入值引起的配置错误。DHCP 还有助于防止当在网络上配置新的主机时重用以前指派的 IP 地址引起的地址冲突。

2. 减少配置管理

由于一些用户经常移动办公，会给网络管理员造成很多管理和配置方面的负担，使用 DHCP 可以大大减少用于配置和重新配置网络中主机相关信息的时间。

3. 动态分配 IP 地址可以解决 IP 地址不够用的问题

因为 IP 地址是动态分配的，所以只要 DHCP 服务器上有空闲的 IP 地址可供分配，DHCP 客户机就可获得 IP 地址。当客户机不需要使用此 IP 地址时，DHCP 服务器就收回此 IP 地址，并提供给其他的 DHCP 客户机使用。

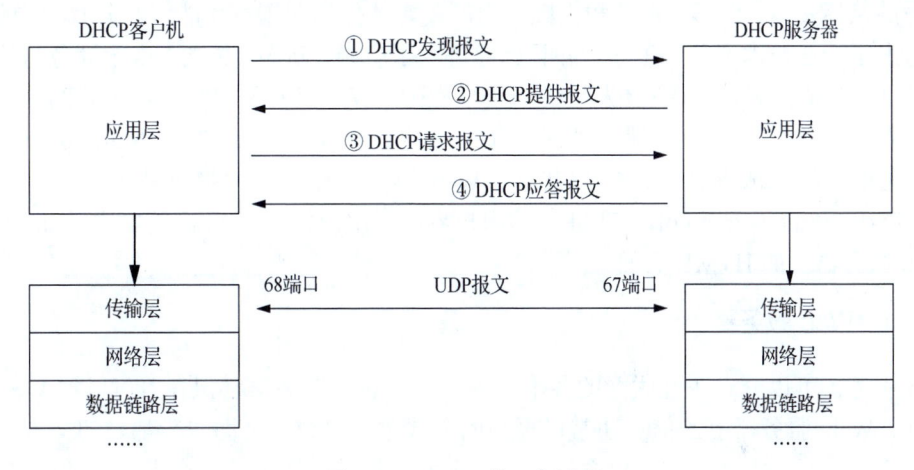

6.9.2 DHCP 的工作过程

DHCP 的工作过程如图 6.26 所示，主要包括以下 4 个阶段。

DHCP 的工作原理

图 6.26 DHCP 的工作过程

1. 发现阶段

DHCP 工作的第一个过程是 DHCP 发现（Discover）报文阶段。DHCP 客户机向 DHCP 服务器发出请求，要求租借一个 IP 地址。此时的 DHCP 客户机上的 TCP/IP 还没有初始化，还没有一个 IP 地址，因此只能使用广播的手段向网络中所有 DHCP 服务器发出租借请求。DHCP 发现报文阶段的作用是查找网络中的 DHCP 服务器。

2. 提供阶段

DHCP 工作的第二个过程是 DHCP 提供（Offer）报文阶段。当网络中的任何一台 DHCP 服务器（同一个网络中可能存在多个 DHCP 服务器）在收到 DHCP 客户机的 DHCP 发现报文时，如果该 DHCP 服务器能提供 IP 地址，则利用广播方式通告给 DHCP 客户机。DHCP 提供报文阶段的作用是告诉 DHCP 客户机"我是 DHCP 服务器，我能给你提供协议配置参数"。

3. 请求阶段

DHCP 工作的第三个过程是 DHCP 请求（Request）报文阶段。一旦 DHCP 客户机收到第一个由 DHCP 服务器提供的响应信息后，就进入此过程。当 DHCP 客户机收到第一个 DHCP 服务器响应信息后就以广播的方式发送一个 DHCP 请求信息给网络中所有的 DHCP 服务器。在 DHCP 请求信息中包含所选择的 DHCP 服务器的 IP 地址。DHCP 请求报文阶段的作用是请求对应的 DHCP 服务器给它配置协议参数。

4. 应答阶段

DHCP 工作的最后一个过程便是 DHCP 应答（ACK）报文阶段。一旦被选择的 DHCP 服务器接收到 DHCP 客户机的 DHCP 请求信息后，就将已保留的这个 IP 地址标识为已租用，然后也以广播的方式发送一个 DHCP 应答信息给 DHCP 客户机。DHCP 客户机在接收 DHCP 服务器的应答信息后，就完成了获得 IP 地址的过程，便开始利用这个已租借到的 IP 地址与网络中的其他计算机进行通信。

6.10 Web 服务

Web 服务也称为万维网服务，是目前互联网上最方便和最受欢迎的信息服务类型之一，它可以提供包括文本、图形、声音和视频在内的多媒体信息的浏览功能。事实上，它的影响力已远远超出了专业技术本身的范畴，并且已经进入了广告、新闻、销售、电子商务与信息服务等诸多领域，它的出现是 Internet 发展中一个里程碑。Web 是基于 C/S 工作模式的信息发布技术和超文本技术的综合。Web 服务器通过超文本标记语言（Hyper Text Markup Language，HTML）把信息组织成图文并茂的超文本，Web 浏览器则为用户提供基于超文本传输协议（Hyper Text Transfer Protocol，HTTP）的用户界面。用户使用 Web 浏览器通过 Internet 访问远端 Web 服务器上的 HTML 页面。

6.10.1 Web 服务器

Web 服务器可以分布在互联网的各个位置，每个 Web 服务器都保存着可以被 Web 用户共享的信息。Web 服务器上的信息通常以页面的方式进行组织，页面一般都是超文本文档，也就是说，除了普通文本外，它还包含指向其他页面的指针（通常称这个指针为超链接）。利用 Web 页面上的超链接，可以将 Web 服务器上的一个页面与互联网上其他服务器的任意页面及图形图像、音频、视频等多媒体进行关联，使用户在检索一个页面时，可以方便地查看其他相关页面和信息。

Web 服务器不但需要保存大量的 Web 页面，而且需要接收和处理 Web 浏览器的请求。通常，Web 服务器在 TCP 的 80 端口侦听来自 Web 浏览器的连接请求。当 Web 服务器接收到 Web 浏览器对某一页面的请求信息时，Web 服务器搜索该页面，并将该页面返回给 Web 浏览器。

6.10.2 Web 浏览器

Web 的用户程序称为 Web 浏览器（Browser），它是用来浏览 Web 服务器中页面的软件。在 Web 服务系统中，Web 浏览器负责接收用户的请求（如用户的键盘输入或鼠标输入），并利用 HTTP 将用户的请求传送给 Web 服务器。在 Web 服务器请求的页面送回到 Web 浏览器后，Web 浏览器再将页面进行解释，显示在用户的屏幕上。

通常，利用 Web 浏览器，用户不仅可以浏览 Web 服务器上的页面，而且可以访问互联网中其他服务器（如 FTP 服务器等）的资源。

6.10.3 页面地址

互联网中存在着众多的 Web 服务器，而每台 Web 服务器中又包含有很多页面，那么用户如何指明要请求和获得的页面呢？这就要求助统一资源定位符（Uniform Resource Locator，URL）了。利用 URL，用户可以指定要访问什么协议类型的服务器、互联网上的哪台服务器及服务器中的哪个文件。URL 一般由 4 部分组成：协议类型、主机名、路径及文件名和端口号。例如，重庆电子科技职业大学网络实验室 Web 服务器中一个页面的 URL 如下：

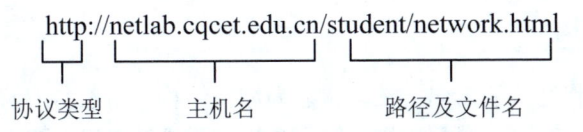

> http://netlab.cqcet.edu.cn/student/network.html
> 协议类型　　　主机名　　　　路径及文件名

其中，"http:"指明要访问 http 类型的服务器；netlab.cqcet.edu.cn 指明要访问的服务器的主机名，主机名可以是该主机的 IP 地址，也可以是该主机的域名；而/student/network.html 指明要访问页面的路径及文件名；HTTP 默认的 TCP 端口号为 80，可省略不写。

实际上，URL 是一种较为通用的网络资源定位方法。除了指定 http 访问 Web 服务器之外，URL 还可以通过指定其他协议来访问其他协议类型的服务器。例如，可以通过指定 ftp 访问 FTP 文件服务器，通过指定 gopher 访问 Gopher 服务器等。表 6.3 给出了 URL 可以指定的主要协议类型。

表 6.3　URL 可以指定的主要协议类型

协议类型	描述
http	通过 HTTP 协议访问 Web 服务器
ftp	通过 FTP 协议访问 FTP 服务器
gopher	通过 GOPHER 协议访问 Gopher 服务器
telnet	通过 TELNET 协议进行远程登录
file	在所连的计算机上获取文件

6.10.4 超文本标记语言

HTML 是 ISO 标准 8879——标准通用标记语言（Standard Generalized Markup Language，SGML）在 Web 上的应用。标记语言就是格式化的语言，它使用一些约定的标记对 Web 上各种信息（包括文字、声音、图形、图像、视频等）、格式及超链接进行描述。当用户浏览 Web 信息时，浏览器会自动解释这些标记的含义，并将其显示为用户在屏幕上所看到的网页。

6.11　域 名 系 统

IP 地址是 Internet 上的一个连接标识符，数字型的 IP 地址对于计算机网络自然是最有效的，但是对于使用网络的用户具有不便记忆的缺点。与 IP 地址相比，人们更喜欢使用具有一定含义的字符串来标识 Internet 上的主机。因此，在 Internet 中，用户可以使用各种方式命名自己的主机。但是这样做就可能在 Internet 上出现重名，例如提供 Web 服务的主机都命名为 WWW，提供 E-mail 服务的主机都命名为 EMAIL 等，不能唯一地标识 Internet 上主机的位置。为了避免重名，因特网协会采取了在主机名后加上后缀名的方法，这个后缀名就称为域名，用来标识主机的区域位置，域名是通过申请合法得到的。

DNS 的作用就是帮助人们在 Internet 上用名字来唯一标识自己的主机，并保证主机名和 IP 地址是一一对应的关系。DNS 的本质是提出一种分层次、基于域的命名方案，并且通过一个分布式的数据库系统，以及使用查询机制来实现域名服务。

6.11.1 域名的层次命名结构

在 Internet 上，采用层次树状结构的命名方法，称之为域树结构。图 6.27 所示为域名的层次结构，整个形状如一棵倒立的树。每一层构成一个子域名，子域名之间用圆点"."隔开，自上而下分别为根域、顶级域、二级域……子域及最后一级的主机名。根节点不代表任何具体的域，被称为根域。

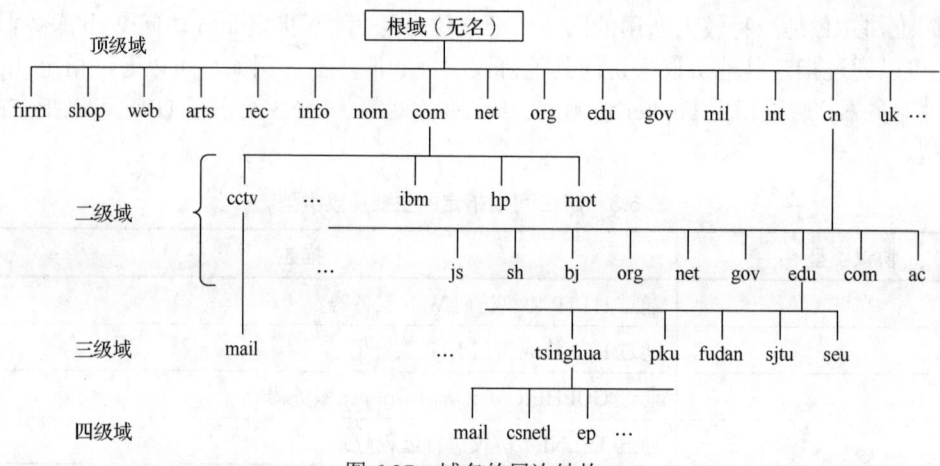

图 6.27 域名的层次结构

在 Internet 中，首先由中央管理机构（又称顶级域）将顶级域名划分成若干部分，包括一些国家代码；又因为 Internet 的形成有其历史的特殊性，主要是在美国发展壮大的，Internet 的主干网都在美国，因此在顶级域名中还包括各种机构的域名，它们与其他国家的国家代码同级，都作为顶级域名。常见的顶级域名如表 6.4 所示。

表 6.4 常见的顶级域名

域名	说明	域名	说明
com	商业组织	edu	教育机构
gov	政府机构	mil	军事机构
net	网络服务机构	int	国际组织
org	非盈利机构	cn	中国顶级域名

6.11.2 域名的表示方法

Internet 的域名结构是由 TCP/IP 栈的 DNS 定义的。域名结构也和 IP 地址一样，采用典型的层次结构，其通用的格式如图 6.28 所示。

| 第四级域名 | . | 第三级域名 | . | 第二级域名 | . | 第一级域名 |

图 6.28　域名的通用格式

例如，在 www.cqcet.edu.cn 这个名字中，www 为主机名，由服务器管理员命名；cqcet.edu.cn 为域名，由服务器管理员合法申请后使用。其中，cqcet 表示重庆电子科技职业大学；edu 表示国家教育机构部门；cn 表示中国。www.cqcet.edu.cn 就表示中国教育机构重庆电子科技职业大学的 www 主机。

课堂同步

DNS 的组成不包括（　　）。
A．域名空间　　　　　　　　　　　B．分布式数据库
C．域名服务器　　　　　　　　　　D．从内部 IP 地址到外部 IP 地址的翻译程序

6.11.3　域名服务器和域名解析过程

1．域名和 IP 地址的映射方法

实现域名和 IP 地址的相互转换有以下两种方法。

（1）通过改写 Windows 目录 C:\WINDOWS\system32\drivers\etc 下的 hosts 文件实现。例如，要实现域名 www.cqcet.edu.cn 和 IP 地址 222.11.0.89 之间的相互转换，只需在 hosts 文件中增加一行"222.11.0.89　www.cqcet.edu.cn"即可。但这种方法只在本地有效，其他主机无法使用这种映射关系。当主机很多时，该方法不仅工作量大，而且查询速度慢。

（2）在网络通信中，采用 DNS 服务器来实现每台主机的域名和 IP 地址的一一对应关系。DNS 服务器的主要功能是回答有关域名、地址、域名到 IP 地址或 IP 地址到域名的映射询问，以及维护关于询问类型、分类或域名的所有资源记录列表。

2．域名的解析方式

域名的解析方式分为正向解析和反向解析。

（1）正向解析是将主机名解析成 IP 地址，例如将 www.sina.com.cn 解析成 113.207.45.9。

（2）反向解析是将 IP 地址解析成主机名，例如将 113.207.45.9 解析成 www.sina.com.cn。

3．DNS 的查询方式

DNS 的查询方式分为递归查询与迭代查询两种。

（1）递归查询：客户机送出查询请求后，DNS 服务器必须告诉客户机正确的数据（IP 地址）或通知客户机找不到其所需要的数据。如果 DNS 服务器内没有客户机所需要的数据，则 DNS 服务器会代替客户机向其他 DNS 服务器查询。客户机只需接触一次 DNS 服务器系统，就可得到所需节点的 IP 地址。

（2）迭代查询：客户机送出查询请求后，若该 DNS 服务器中没有客户机所需要的数据，它会告诉客户机另外一台 DNS 服务器的 IP 地址，使客户机自动转向另外一台 DNS 服务器查询，依此类推，直到查到所需要的数据，否则由最后一台 DNS 服务器通知客户机查询失败。

对比这两种查询方式，其主要差别是由客户机还是客户机的本地域名服务器主动向各级域名服务器发起查询请求。

6.11.4 域名、端口号、IP 地址、MAC 地址之间的关系

域名是应用层使用的主机名字；端口号是传输层的进程通信中用于标识进程的号码；IP 地址是网络层使用的逻辑地址；MAC 地址是以太网帧传输过程中使用的地址。如果一台主机通过浏览器访问另一台主机的 Web 服务，则需要使用域名、端口号、IP 地址、MAC 地址来唯一地标识主机、寻址、路由、传输，实现网络环境中的分布式进程通信，完成 Internet 的访问过程。图 6.29 所示为域名、端口号、IP 地址、MAC 地址关系示意图。

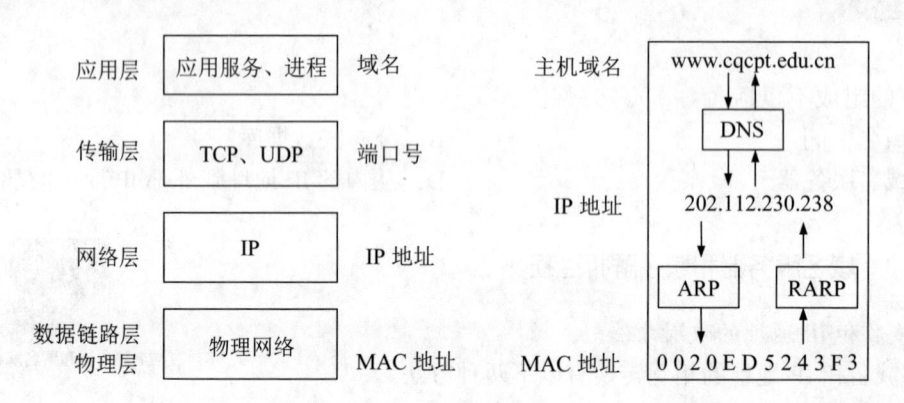

（a）网络中的地址及其层次对应关系　　（b）主机域名、IP 地址和物理地址之间转换的关系

图 6.29　域名、端口号、IP 地址、MAC 地址关系示意图

动手实践

构建网络应用基础平台

课后检测

模块 6 主题 3 课后检测

主题 4　网络资源共享服务

学习目标

通过对本主题的学习达到以下目标。

知识目标：

- 了解电子邮件服务的组件及工作原理。
- 掌握 FTP 服务的应用及工作原理。
- 了解 Telnet 服务的作用及工作原理。

技能目标：

- 能够搭建 FTP 服务器。

素质目标：

- 通过介绍 FTP 的概念和作用，倡导资源共享理念以实现网络资源效用最大化，引导学生树立共享发展理念。

课前评估

1. FTP 对大家而言并不陌生，FTP 采用_____工作模式，它既是应用层上基于_____协议的一种应用，也是应用层上的一种_____。要使用 FTP 传输数据，需要建立_____次 TCP 握手。

2. @符号简洁、生动、直观，正好是英文 at（在……）的缩写，无论是书写、朗读，还是主机解析，它都显得完美无瑕。请尽可能列举信息通信中关于@的应用。

6.12　E-mail 服务

电子邮件（Electronic mail，E-mail）是 Internet 上最受欢迎、最为广泛的应用。E-mail 服务是一种通过计算机网络与其他用户进行联系的快速、简便、高效、廉价的通信手段。

6.12.1　电子邮件系统

电子邮件系统采用 C/S 工作模式。电子邮件服务器（简称为邮件服务器）是邮件服务系统的核心，一方面负责接收用户送来的邮件，并根据目的地址，将其传输到对方的邮件服务器中；另一方面则负责接收从其他邮件服务器发来的邮件，并根据不同的收件人将邮件分发到各自的电子邮箱（简称为邮箱）中。

邮箱是在邮件服务器中为每个合法用户开辟的一个存储用户邮件的空间，类似人工邮递系统中的信箱。邮箱是私人的，拥有账号和密码属性，只有合法用户才能阅读邮箱中的邮件。

在电子邮件系统中，用户发送和接收邮件需要借助装载在客户机中的电子邮件应用程序来完成。电子邮件应用程序一方面负责将用户要发送的邮件送到邮件服务器；另一方面负责检查用户邮箱，读取邮件。

6.12.2 电子邮件的传送过程

在互联网中，邮件服务器之间使用 SMTP 相互传递电子邮件。而电子邮件应用程序使用 SMTP 向邮件服务器发送邮件，邮件服务器之间也会使用 SMTP 相互通信，以便邮件从一个域转发到另一个域。也就是说，当发送电子邮件时，电子邮件客户机并不会直接与另外一个电子邮件客户机通信，而是双方客户机均依靠邮件服务器来传输邮件。客户机使用 POPv3 或因特网报文存取协议（Internet Message Access Protocol，IMAP）从邮件服务器的邮箱中读取邮件。电子邮件系统如图 6.30 所示。

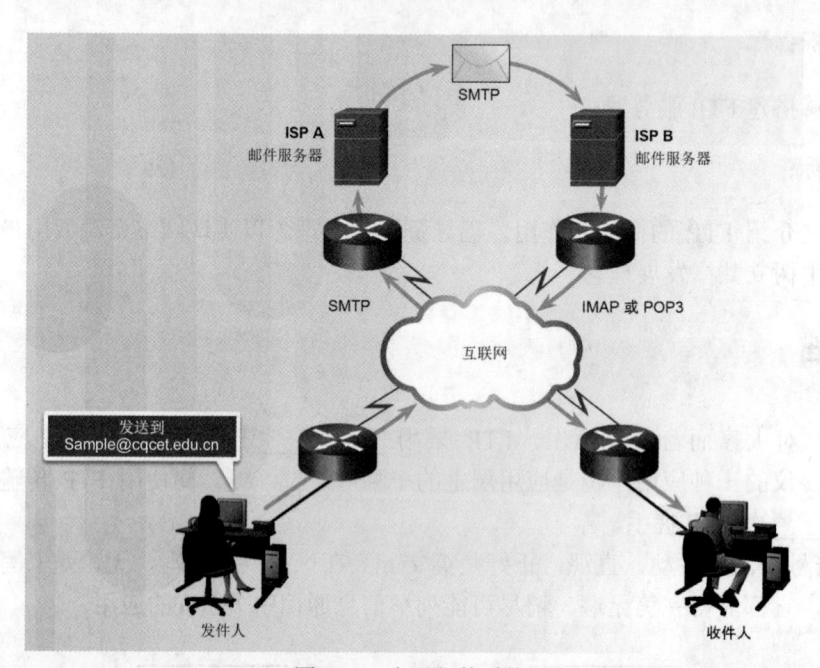

图 6.30　电子邮件系统

从邮件在 TCP/IP 互联网中的传递和处理过程可以看出，利用 TCP 连接，用户发送的电子邮件可以直接由源邮件服务器传递到目的邮件服务器。因此，互联网的电子邮件系统具有很高的可靠性和传递效率。

6.12.3 电子邮件地址

传统的邮政系统要求发信人在信封上写清楚收件人的姓名和地址，这样邮递员才能投递信件。互联网上的电子邮件系统也要求用户有一个电子邮件地址。互联网上电子邮件地址的一般形式如下：

<用户名>@主机域名

其中，用户名指用户在某个邮件服务器上注册的用户标识，通常由用户自行选定，但在同一个

邮件服务器上用户名必须是唯一的；@为分隔符，一般将其读为英文 at；主机域名是指邮箱所在的邮件服务器的域名。例如，wang@sina.com 表示在新浪邮件服务器上的用户名为 wang 的用户邮箱。

6.13 文件传送服务

文件传送服务将文件从一台主机传输到另一台主机上，并且保证其传输的可靠性，人们也把文件传送服务看作用户执行 FTP 所使用的应用程序。因为 Internet 采用了 TCP/IP 栈作为其基本协议，所以与 Internet 连接的两台主机无论地理位置上相距多远，只要都支持 TCP，它们之间就可以随时随地相互传送文件。更为重要的是，Internet 上许多公司、大学的主机上都存储有数量众多的公开发行的各种程序与文件，这是 Internet 上巨大且宝贵的信息资源。利用文件传送服务，用户就可以方便地访问这些信息资源。

6.13.1 FTP

FTP 是用在基于 TCP/IP 栈的网络上的两台主机间进行文件传输的协议，它位于 TCP/IP 栈的应用层，也是最早用于 Internet 上的协议之一。FTP 允许在两个异构体系之间进行 ASCII 码或 EBCDIC 码（扩充的二—十进制交换码）字符集的传输，这里的异构体系指的是采用不同操作系统的两台主机。

6.13.2 FTP 的工作过程

与大多数的 Internet 服务一样，FTP 也使用 C/S 工作模式，即由一台主机作为 FTP 服务器提供文件传输服务，而由另一台主机作为 FTP 客户机提出文件服务请求并得到授权的服务。FTP 服务器与客户机之间使用 TCP 作为实现数据通信与交换的协议。然而，与其他 C/S 的工作模式不同的是，FTP 客户机与服务器之间建立的是双重连接。其中，一个是控制连接（Control Connection）；另一个是数据传送连接（Data Transfer Connection）。控制连接主要用于传输 FTP 控制命令，告诉服务器将传送哪个文件；数据传送连接主要用于数据传送，完成文件内容的传输。图 6.31 所示为 FTP 的工作模式。

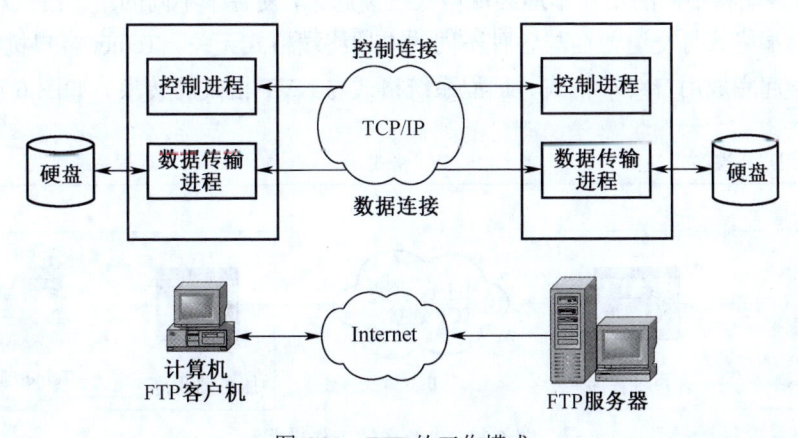

图 6.31 FTP 的工作模式

> **课堂同步**
>
> FTP 客户机发起对 FTP 服务器连接的第一阶段是建立_____，使用的端口号是_____。匿名 FTP 访问通常使用_____作为用户名。

6.14　远程登录服务

在分布式计算环境中，常常需要调用远程主机的资源同本地主机协同工作，这样就可以用多台主机来共同完成一个较大的任务。这种协同操作的工作方式就要求用户能够登录到远程主机中去启动某个进程，并使进程之间能够相互通信。为了达到这个目的，人们开发了远程终端协议，即 Telnet 协议。Telnet 协议是 TCP/IP 栈的一部分，它精确地定义了客户机远程登录服务器的交互过程。

6.14.1　Telnet 的工作原理

Telnet 采用 C/S 的工作模式。当人们用 Telnet 登录远程主机系统时，相当于启动了两个网络进程。一个是在本地终端上运行的 Telnet 客户机进程，它负责发出 Telnet 连接的建立与拆除请求，并完成作为一个仿真终端的输入输出功能，例如从键盘上接收所输入的字符，将输入的字符串变成标准格式并送给远程服务器，同时接收从远程服务器发来的信息并将信息显示在屏幕上等。另一个是在远程主机上运行的 Telnet 服务器进程，该进程以后台进程的方式守候在远程主机上，一旦接到客户机的连接请求，就马上活跃起来完成连接建立的有关工作，建立连接之后，该进程等候客户机的输入命令，并把执行客户机命令的结果送回给客户机。

在远程登录过程中，用户的实际终端采用用户终端格式与本地 Telnet 客户机程序通信，远程主机采用远程系统格式与远程 Telnet 服务器程序通信。通过 TCP 连接，Telnet 客户机程序与 Telnet 服务器程序之间采用了网络虚拟终端（Network Virtual Terminal，NVT）来进行通信。网络虚拟终端将不同的用户本地终端格式统一起来，使各个不同的用户终端格式只与标准的网络虚拟终端格式打交道，而与各种不同的本地终端格式无关。Telnet 客户机程序与 Telnet 服务器程序一起完成用户终端格式、远程系统格式与 NVT 格式的转换，如图 6.32 所示。

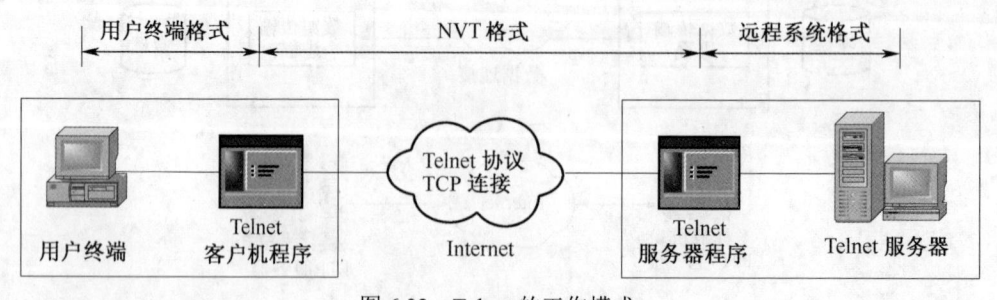

图 6.32　Telnet 的工作模式

6.14.2 Telnet 的使用

为了防止非授权用户或恶意用户访问或破坏远程主机上的资源，在建立 Telnet 连接时会要求用户提供合法的登录账号，只有通过身份验证的登录请求才可能被远程主机所接受。

因此，用户进行远程登录时应具备两个条件。

（1）用户在远程主机上应该具有自己的用户账户，包括用户名与用户密码。

（2）远程主机提供公开的用户账户，供没有账户的用户使用。

用户在使用 Telnet 命令进行远程登录时，首先应在 Telnet 命令中给出对方主机的主机名或 IP 地址，然后根据对方系统的询问正确输入自己的用户名与用户密码，有时还要根据对方的要求回答自己所使用的仿真终端的类型。

Internet 上有很多信息服务机构提供开放式的远程登录服务，登录到这样的主机时，不需要事先设置用户账户，使用公开的用户名就可以进入系统。这样，用户就可以使用 Telnet 命令，使自己的主机暂时成为远程主机的一个仿真终端。用户一旦成功地实现了远程登录，就可以像远程主机的本地终端一样进行工作，并可使用远程主机对外开放的全部资源，如硬件、程序、操作系统、应用软件及信息等。

用户可以使用 Telnet 远程检索大型数据库、公众图书馆的信息资源库或其他信息。Telnet 也经常用于公共服务或商业服务。

动手实践

文件服务的配置与应用

课后检测

模块 6 主题 4 课后检测

拓展提高

计算机之间是如何通过互联网传输信息的

学习一门课程如同爬一座高山，是一个非常艰辛的过程。本书以 TCP/IP 模型这座"高山"为目标，沿着"从下向上"的路径一直朝前，跨越物理层、数据链路层、网络层、传输层，到达 TCP/IP 模型的最高层——应用层，结束爬山之旅。"会当凌绝顶，一览众山小"，在山顶上，每个人看到风景后的感受是不一样的。学习与此类似，在学完知识后既要朝前看，又要朝后看。

现在以 TCP/IP 模型为线索，总结计算机网络的层次划分，如图 6.33 所示。

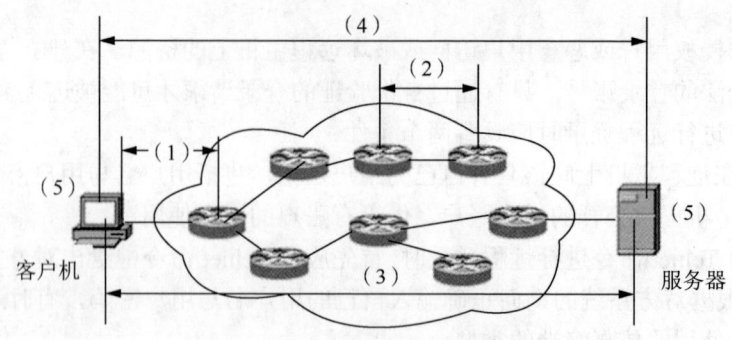

图 6.33　计算机网络的层次划分

（1）主机、端系统、通信子网和网络中节点间的物理连接处，应划分为一个层次，用于实现物理连接，位置在网络中的各个节点上，实现（点到点）比特流的透明传输。

（2）网络中相邻节点（点到多点）之间实现可靠的数据传输，应划分为一个层次，位置在相邻节点上。

（3）源主机和目的主机节点之间（主机到主机）实现跨网络（异构网络）的数据传输，应划分为一个层次，位置在传输路径上的各个节点上。

（4）源主机和目的主机上实现不同应用进程（端到端）的可靠传输，应划分为一个层次，位置在端节点上。

（5）网络应用进程（分布式进程）之间分布式通信的可靠传输，应划分为一个层次，位置在端节点上。

因此，要掌握互联网的工作过程，需要具备以上 5 个层次的知识，本书也根据上述 5 个层次的知识体系来组织内容，最终实现把主机中运行的网络应用程序所产生的数据，通过互联网安全、可靠地传输到远端主机（服务器）对应的网络程序上进行处理。

请根据以上提示，系统回顾所学内容，解释图 6.33 中客户机生成的数据是怎样通过网络传输到服务器的 Web 应用程序的。

建议：本部分内容课堂教学为 1 学时（45 分钟）。